高等职业院校教学改革创新教材
中软国际卓越人才培养系列丛书　·软件开发系列

Java 程序设计

（第 3 版）

孙　祥　王晓华　主　编◎

韩凤云　杨晓岚　副主编◎

电子工业出版社·

Publishing House of Electronics Industry

北京·BEIJING

内 容 简 介

熟练掌握 Java 语言是 Java 应用开发的第一个台阶，能够深入理解 Java 程序设计是学习 Java 系列技术的必要前提。本书结合编者多年的开发和教学经验，从入门者的学习特点出发，循序渐进地带领读者走进 Java 世界。

全书分为 7 个部分，包括 Java 语言的类、类之间的关系、异常处理、核心 API 的使用、特性总结、JDK8 及以后版本特性总结和编程实战。其中，编程实战部分提供了连连看游戏的完整实现过程，帮助读者借助教材自主实现该案例，快速提高 Java 程序设计实践能力。书中内容打破了传统的堆砌知识点的方式，从解决问题的角度诠释面向对象程序设计，涵盖了企业实际工作中常用的技能与知识点，简单明了，易读易懂。

本书适合 Java 语言初学者及 Java 程序员阅读。

图书在版编目（CIP）数据

Java 程序设计 / 孙祥，王晓华主编. —3 版. —北京：电子工业出版社，2024.1

ISBN 978-7-121-46956-5

Ⅰ. ①J… Ⅱ. ①孙… ②王… Ⅲ. ①JAVA 语言—程序设计—高等学校—教材 Ⅳ. ①TP312.8

中国国家版本馆 CIP 数据核字（2023）第 242021 号

责任编辑：杨　波　　　文字编辑：张　彬

印　　刷：大厂回族自治县聚鑫印刷有限责任公司

装　　订：大厂回族自治县聚鑫印刷有限责任公司

出版发行：电子工业出版社

　　　　　北京市海淀区万寿路 173 信箱　邮编　100036

开　　本：787×1 092　1/16　印张：18.25　字数：467.2 千字

版　　次：2011 年 9 月第 1 版

　　　　　2024 年 1 月第 3 版

印　　次：2024 年 1 月第 1 次印刷

定　　价：48.00 元

凡所购买电子工业出版社图书有缺损问题，请向购买书店调换。若书店售缺，请与本社发行部联系，联系及邮购电话：（010）88254888，88258888。

质量投诉请发邮件至 zlts@phei.com.cn，盗版侵权举报请发邮件至 dbqq@phei.com.cn。

本书咨询联系方式：（010）88254584，yangbo@phei.com.cn。

前 言

本书第 1 版自 2011 年 9 月面世以来，与《Java EE 主流开源框架》和《Java EE 架构与程序设计》一起，获得了广大师生的欢迎和好评。

本书编者在实际工作中发现，很多 Java 初学者甚至有开发经验的 Java 程序员，对 Java 语言的掌握都不够系统，没有一个完整的知识体系，仅仅掌握一些片面的内容。本书配套了 PPT 讲义，以便读者能够快速了解每个章节的主要内容，建立起 Java 的完整知识体系，对整体掌握 Java 程序设计起到非常好的作用。本书也非常适合作为高校 Java 程序设计相关课程的教材使用，配套 PPT 可以单独下载，这样能够保证教师授课思路和顺序完全与教材对应，取得良好的教学效果。附录部分提供了企业关注的技能，并从企业的角度给予了解析，能够帮助读者进一步整理书中的内容，掌握企业需要的技能。为与程序代码保持一致，本书变量均为正体。

本书分为 7 个部分，每个部分都专注于一个大的主题，而各个主题都是前后关联、相辅相成的关系。读者按照这 7 个部分进行学习，不仅能循序渐进地掌握 Java 编程语言的核心知识点，还能真正建立面向对象的编程思想，实际完成一个编程项目。

第一部分：Java 语言的类。既然 Java 应用都是由 Java 类组成的，所以首先需要了解 Java 类的相关知识，如 Java 类由哪些元素组成，以及这些组成元素所涉及的知识点。本部分学习结束后，读者将对一个 Java 类的各个组成部分有深入理解。

第二部分：类之间的关系。第一部分已经对一个独立的 Java 类进行了深入介绍。然而，一个 Java 应用中不可能只有一个类，一定由多个类组成。既然有多个类，类与类之间就一定存在着各种关系。本部分将详细讲解类与类之间的各种关系，如关联、依赖、继承、实现。

第三部分：异常处理。学习完前两部分后，读者对于封装、继承、多态的概念已经掌握。异常处理是保证程序鲁棒性的一个有效方法，本部分主要学习 Java 的异常处理机制。

第四部分：核心 API 的使用。学习完前三部分后，读者对于 Java 语言的核心概念已经掌握。本部分主要关注 Java 语言核心 API 的使用，包括集合、输入/输出、GUI、线程等。本部分学习结束后，读者能够熟练使用常用的 API 进行编程。

第五部分及第六部分：特性总结。本部分集中讨论一些特性，如泛型、枚举、可变参数、Annotation 等，以及 JDK8 及以后版本的相关特性，客观讨论每种特性的适用场合。

第七部分：编程实战。本部分完整展示连连看游戏的实现过程。

本次改版，编者为关键知识点录制了 100 多个微视频课件，读者通过扫描关键知识点二维码，即可通过移动终端在线播放和观看。建议在无线网络环境下播放和观看微视频课件。教材相关的 PPT、源代码及视频均可到华信教育资源网下载，还可以在线免费申请样书。

本书由临沂科技职业学院孙祥和北京中软国际教育科技股份有限公司王晓华担任主编，由德州科技职业学院韩凤云和山西职业技术学院杨晓岚担任副主编，全书由王晓华统稿。其中，孙祥编写了第 1 章～第 10 章，王晓华编写了第 11 章～第 22 章，韩凤云编写了第 23 章～第 30 章，杨晓岚编写了第 31 章和附录 A。

由于编者水平有限，书中一定存在一些不尽如人意的地方，甚至会有一些错误。如果您发现了任何内容方面的问题，烦请一定通知编者（wangxh@chinasofti.com），我们争取尽快勘误。

编　者

目 录

第一部分 Java 语言的类

Java 程序设计（第 3 版）

第二部分　类之间的关系

第三部分　异　常　处　理

第四部分　核心 API 的使用

第五部分　特　性　总　结

第六部分　JDK8 及以后版本特性总结

第七部分　编　程　实　战

Java 语言的类

要学习 Java 程序设计，首先要熟悉 Java 应用的基本组成单位。作为一门面向对象的语言，可以说 Java 应用都是由若干类（class）组成的。无论多简单或多复杂的 Java 应用，都由若干 Java 类组成，所以先学习 Java 类的相关知识非常有必要。本部分首先介绍 Java 语言的特点及环境搭建，帮助读者快速入门，然后介绍 Java 类的主要组成元素，帮助读者对 Java 类有较完整的了解。在后面的几章将介绍 Java 类中的一些重要且通用的知识点，如访问权限修饰符、数据类型、static 修饰符、final 修饰符、操作符、流程控制等。学习本部分后，读者能熟练掌握并理解一个 Java 类的相关语法，也能初步了解面向对象的编程思想。

第 **1** 章

Java 语言概述

本章主要介绍 Java 语言的特点、开发环境的安装以及如何编译运行一个简单的 Java 类。通过学习本章，读者将能快速上手，揭开 Java 语言的面纱。

1.1 Java 语言的特点

Java 语言是 Sun 公司（已被 Oracle 公司收购）于 1995 年正式推出的面向对象的编程语言。本书秉承"简单明了"的编写原则，不再赘述 Java 语言的发展历史。下面就从了解 Java 语言的主要特点开始，走进 Java 的世界。Java 语言有很多优秀的特点，本节只列出几种重要的，总结如下。

Java 平台介绍与特点

1. 可移植性

可移植性又称跨平台性、平台无关性，即"一次编写，处处运行"，可以说是 Java 语言较为闪光的特点，在任何场合介绍 Java 语言，都少不了这一特点。可移植性的意思是开发 Java 应用，无须为不同平台开发不同的程序，只要开发一次，就可以在任何平台运行。要理解可移植性，首先需要了解 Java 程序的运行过程：Java 程序的源文件都被存储在以.java 为后缀的文本文件中，要运行 Java 程序，首先需要对源文件进行编译（compile）；编译后将生成类文件（.class 文件）。类文件是字节码文件，不是机器码文件，是个"半成品"。CPU 执行类文件前需要将类文件解释成符合当前平台规范的字节码文件。负责将字节码解释成机器码的是JVM（Java 虚拟机）中的解释器。而 Sun 公司为主流平台都提供了相应版本的 JVM。JVM 负责根据平台特征，将编译生成的字节码解释成符合当前平台规范的机器码，从而实现"只要一次编写，就能在不同平台上运行"的效果。可以说，要运行 Java 程序，首先必须安装 JVM，因为只有 JVM 中的解释器能将编译生成的字节码成功解释为符合当前平台规范的机器码，才能保证在当前平台上正常运行 Java 应用。

什么是 JVM？JVM 即 Java 虚拟机，是一个想象中的机器，在实际的计算机上通过软件模拟来实现功能。JVM 有自己想象中的硬件，如处理器、堆栈、寄存器等，还有相应的指令系统。只要在计算机上安装了 JDK（Java 开发工具包），该计算机就拥有了 JVM。

2. 面向对象

Java 语言是一门面向对象（object oriented）的语言，也就是说，Java 程序都以对象为基本组成单元。面向对象语言都有三大特征：封装、继承和多态。这三大特征将在后面的章节中展开介绍。要了解面向对象的思想，首先需要理解一系列相关的概念，详见第 1.2 节。

3. 自动垃圾回收

众所周知，内存的有效使用对于程序设计是非常重要的。对于不再被使用的数据，就应该及时释放其占据的内存，以提高内存的使用效率，这个过程被称为"垃圾回收"。Java 语言的垃圾回收机制采用后台线程自动完成的方式，不需要程序员通过代码完成，称为"自动垃圾回收"。后台线程将跟踪并检查内存使用情况，对于不再被引用的数据，将自动进行内存释放。然而，值得注意的是，虽然 Java 语言有自动垃圾回收机制，但是不能保证不出现内存泄露。如果源代码的结构或算法等有问题，同样可能发生内存泄露。

4. 鲁棒性

鲁棒性又称健壮性（robustness）。Java 语言在编译和运行时，要对可能出现的问题进行检查，以消除错误的产生机会。Java 语言提供自动垃圾回收机制来进行内存管理，防止程序员在管理内存时出现容易产生的错误；通过异常处理机制，帮助程序员正确地处理异常，以防止系统崩溃。异常处理的相关知识参见本书第三部分。

5. 简单性

Java 语言取消了指针，内存管理通过后台线程自动进行；不再使用 goto 语句，不支持多继承（继承的相关知识参见本书第二部分）。这些特点都保证了 Java 语言的简单性。

1.2 面向对象的基本概念

本节将介绍与面向对象相关的几个重要概念，包括对象、类、引用。

1. 对象

对象（object）这个词在很多地方都会出现。到底什么是对象？可以说"万物皆对象"，这句话虽然看似玄妙，实则是对对象非常准确的描述。可以说，现实世界中任何一个存在的事物，都可以称为对象，如桌子、鼠标、人、苹果等。想象一下，如果一个外星人问地球人"什么是汽车"，

面向对象的基本概念

地球人可以说"汽车有 4 个轮子，有刹车系统，可以前进、后退……"如果问"什么是近视眼镜"，可以说"眼镜有两个镜片，能够让近视的人看清物体……"总之，对任何一个对象的描述，其实都是从对象的属性和行为出发的，属性就是对象的数据，如汽车的 4 个轮子、刹车系统等；行为是对象能做的事情，如汽车能前进、后退。可以理解为，对象就是属性加行为。也可以说，对象封装了属性和行为。

Java 是面向对象的语言，即使用 Java 语言开发应用，从需求到设计，再到编程实现，都以对象为驱动。一个真正的面向对象的应用是严格反映现实世界的，即在现实的业务系统中存在的实际对象，计算机应用系统中都有相应语言对象。反之也成立，即在现实业务系统中不存在的对象，计算机应用系统中也不应该存在该对象。

2. 类

类是对象的蓝图，对象都是通过类创建出来的，这个过程也称为实例化。Java 应用都由若干类组成，而在运行过程中，都通过类实例化出的若干对象相互协作，从而实现业务逻辑。

3. 引用

Java 语言取消了指针，却有一个概念类似于指针，即引用（reference）。如 String s="hello"，声明创建了一个字符串类型的对象，其中 s 即引用。Java 语言中没有明确的指针定义，实质上用来创建对象的每个语句返回的都是一个类似指针的引用，只不过大多时候在 Java 中不用关心如何操作这个"指针"。引用也可以被称为"虚地址"，如果两个对象的引用相同，那么在物理内存上就认为是一个对象。如果两个对象的引用不同，那么在物理内存上就认为是两个对象。对对象的属性、方法的调用，都是通过引用来实现的。如 s.length()，即调用对象 s 的 length()方法。

1.3 第一个 Java 类

1.3.1 环境搭建

通过前面两节的学习，读者已经了解了 Java 语言的基本知识，接下来写一个简单的 Java 类，并成功编译、运行。本节将从环境安装开始，完成简单的 Java 类。

环境搭建

1. 安装 JDK

要编译运行 Java 程序，必须先安装相应版本的 JDK。按照默认步骤进行安装即可，成功安装后，相关文件将存放在 Program Files 目录下，如图 1-1 所示。

要使用 JDK 编译 Java 源代码，需要先设置环境变量。首先设置 path 环境变量，指定 JDK 的 bin 目录所在位置，如图 1-2 所示。

图 1-1　JDK 安装后的目录

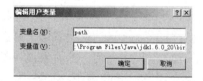

图 1-2　设置 path 环境变量

要运行类文件，需要设置 classpath 环境变量，指定类文件路径。接下来，设置 classpath 环境变量，指定.class 文件所在的位置，可以设置多个路径，用分号隔开，使用"."表示当前路径，如图 1-3 所示。

2. 安装开发工具

Java 源代码可以在任意文本编辑器中编写，但在开发企业级应用过程中，一般会采用 IDE（集成开发环境）工具以提高效率，如 Eclipse 等。在学习 Java 语言的初期，

图 1-3　设置 classpath 环境变量

不必使用 IDE 工具，建议使用简单的编辑器，以强化对语言基础的理解和掌握，如 EditPlus
编辑器，其工作界面如图 1-4 所示。

图 1-4　EditPlus 编辑器工作界面

　　当对 Java 语言有了基本了解后可以使用 IDE 工具，目前使用较多的是 Eclipse。其工作界
面如图 1-5 所示。

图 1-5　Eclipse 工作界面

1.3.2 编译运行 Java 类

第一个 Java 类

1. 编译代码

通过上面的步骤，已经成功安装了 Java 开发运行环境，并设置了必要的环境变量，本节将编写一个 Java 类，并编译、运行。使用 EditPlus 编辑器新建一个 Java 文件，填写相应代码，命名为 First.java。该类只有一个 main 方法，运行后将输出字符串 "Hello from ETC!"，代码如下：

```java
class First{
    public static void main(String[] args){
        System.out.println("Hello from ETC!");
    }
}
```

2. 编译

运行 cmd 命令，转到 First.java 文件目录下，使用 javac 命令编译 First.java，如图 1-6 所示。

编译成功后，会生成 First.class 文件，即类文件。

```
D:\WINDOWS\system32\cmd.exe
Microsoft Windows [版本 5.2.3790]
<C> 版权所有 1985-2003 Microsoft Corp.

D:\Documents and Settings\Administrator>e:

E:\>cd pro*

E:\project>cd java*

E:\project\javacore>cd ch*

E:\project\javacore\chapter01>javac First.java

E:\project\javacore\chapter01>_
```

图 1-6　编译 First.java

3. 运行

使用 Java 命令可以运行 Java 类，这里运行 First 类，如图 1-7 所示。

图 1-7　运行 First 类

 　　　为什么会输出"Hello from ETC！"？运行一个 Java 类，都会默认执行其中的 main 方法，main 方法必须按照规范声明，即 public static void main(String[] args)，否则将会出现运行错误。该类中有一个符合规范的 main 方法，所以运行后输出"Hello from ETC！"。

1.4 本章小结

本章主要起到快速入门的作用，帮助读者快速了解 Java 语言的特点，能够顺利安装和设置开发运行环境，并能成功编译、运行第一个 Java 类。学习本章后，读者将对 Java 语言的主要特点有所了解，理解可移植性、面向对象等特点，同时对面向对象的相关概念有初步理解，为继续深入学习打下基础。

第 **2** 章
Java 类的组成

学习第 1 章后，读者已经对 Java 语言有了初步的了解，本章将具体解析 Java 类的组成元素。任何一个 Java 类，都有 5 种基本组成元素：属性、方法、构造方法、块和内部类。其中属性、方法、构造方法是使用较多的元素，而块、内部类使用较少。本章将对各种元素进行介绍。

Java 类基本结构

2.1 类

要学习 Java 类的组成，首先要了解 Java 类的声明形式。类的声明形式如下（【】代表可选项）：

类的声明形式及作用

```
【访问权限修饰符】【修饰符】class 类名{
类体
}
```

假设有一个员工类，类名为 Employee，则声明形式如下：

```
public class Employee{
}
```

其中 public 是访问权限修饰符，Employee 是类名。访问权限修饰符的相关知识将在后面章节详细介绍。该类的类体目前为空，类体往往包括属性、方法、构造方法、块、内部类等元素，下面将详细介绍。

Java 语言中的标识符有哪些规则？标识符可以由字母、数字、下画线、$字符等组成，但是不能以数字开头。标识符中可以包含关键字，但是不能直接使用关键字。例如，类名 Employee、方法名 getName 都是合法且规范的标识符，而 1test、class 都是不合法的标识符。

2.2　属性

类是对象的模板，对象都会有不同的属性，所以类中应该声明该类所具有的属性。属性即对象的数据，如员工的姓名、薪水、数量，都是员工类的属性。属性的声明形式如下（【 】代表可选项）：

属性的声明形式及作用

　【访问权限修饰符】【修饰符】数据类型 属性名【=初值】；

在 Employee 类中声明姓名、薪水、数量 3 个属性，代码如下：

```
private String name;
private double salary;
private static int count=0;
```

其中，private 是访问权限修饰符的一种，表示私有权限；static 是修饰符的一种，表示静态变量，二者都不是必须使用的。String、double、int 均为数据类型，name、salary、count 均为属性名称，其中 count 的初值为 0。访问权限修饰符、修饰符、数据类型均在后面章节详细介绍。

2.3　方法

2.3.1　方法的声明形式

对象除了具有属性外，还有自己的行为，即方法。所以类里除了要声明属性，还要声明方法。如员工对象可以修改姓名、修改薪水、查看姓名、查看薪水，这些就是 Employee 类应该声明的方法。方法的声明形式如下（【 】代表可选项）：

方法的声明形式及作用

　【访问权限修饰符】【修饰符】返回值数据类型 方法名(形式参数列表){
　方法体
　}

在 Employee 类中声明修改姓名、修改薪水、查看姓名、查看薪水 4 个方法，代码如下：

```
public String getName(){
    return name;
}
public void setName(String name){
    this.name=name;
}
public double getSalary(){
    return salary;
}
public void setSalary(double salary){
    this.salary=salary;
```

```
    }
```

上述代码中声明了 4 个方法，其中 getName 和 getSalary 是有返回值的方法，必须以一个带值的 return 语句返回；若方法没有返回值，则返回值类型用关键字 void 表示，如 setName 和 setSalary 方法。若方法需要参数，则需要声明形式参数，如 setName 方法的 String name 为该方法的形式参数列表，形式参数可以有多个，用逗号隔开即可。方法中的细节问题，请参见后文中的相关章节。

 this 是什么意思？this 关键字，在此处代表的是当前对象的引用，由于方法的局部变量与类的属性同名，所以就必须借助 this 来区分。this.salary 的 salary 是类的属性，=后的 salary 是方法的形式参数。

至此，Employee 类的类体已经不再是空的，它包含了 3 个属性、4 个方法。代码如下：

```java
public class Employee{
    private String name;
    private double salary;
    private static int count;
    public String getName(){
        return name;
    }
    public void setName(String name){
        this.name=name;
    }
    public double getSalary(){
        return salary;
    }
    public void setSalary(double salary){
        this.salary=salary;
    }
}
```

2.3.2 方法重载

假设 Employee 的薪水调整还有一种方案，即根据员工级别，按照一定比例调整，那么在 Employee 类中增加如下方法：

方法重载

```java
public void setSalary(char level){
    switch(level){
        case 'a':salary=salary*1.1;break;
        case 'b':salary=salary*1.2;break;
        case 'c':salary=salary*1.3;break;
    }
}
```

至此，Employee 类中就有两个名为 setSalary 的方法，只不过参数不同。在 Java 语言的类中，有多个同名但是不同参的方法，称为 "方法重载（overload）"。所谓不同参数，可能是形式参数的个数不同，也可能是类型不同。方法重载能够增强程序的可读性。如 Employee 类中的 setSalary(char level) 方法，命名为 setSalary2 也可以，不会影响使用，但是可读性将会降低。两个方法都跟薪资调整有关，只是算法不同、参数不同，所以应该使用同样的名称，提高可读性。

一个类中可以出现两个同名、同参但是返回值不同的方法吗？答案是否定的，这种情况会导致出现编译错误。因为调用方法是通过指定方法名和参数实现的，如果两个方法的名称和参数都相同，那么调用的时候就会混淆，所以方法的返回值是不具备区分性的。

目前，Employee 类已经完成，那么，如何使用该类的方法或属性？对于任何一个类，最终使用的时候都需要实例化该类的对象，通过对象调用相应方法，从而实现相应的功能。所以，要使用类，首先就需要掌握创建对象的方法。创建对象的语句如下：

```
类名 对象名=new 类的构造方法;
```

创建 Employee 类的对象，可由以下语句完成：

```
Employee e=new Employee();
```

其中 Employee 是要创建的对象的类型，即类名；e 是对象名，即引用；new 后面的 Employee() 是 Employee 类的构造方法。构造方法的相关知识参见第 2.4 节。

2.4　构造方法

构造方法的声明形式及作用

构造方法重载

要想使用 Java 类，就必须创建类的对象，即对类进行实例化。而要创建对象，就必须使用构造方法，因此，构造方法在 Java 类中有举足轻重的作用。构造方法的声明形式如下（【】代表可选项）：

```
【访问权限修饰符】类名(形式参数列表){方法体}
```

构造方法有两个显著特征：①名称必须与类名相同，且对大小写敏感；②没有返回值类型。声明 Employee 类中无参的构造方法的形式如下：

```
public Employee(){
}
```

值得注意的是，任何一个 Java 类都默认有一个如上所示的无参构造方法。也就是说，即使 Employee 类中没有声明无参的构造方法，照样可以直接使用。如第 2.2 节展示的 Employee 类，其中没有任何构造方法的声明，但是可以使用如下代码：

```java
public static void main(String[] args){
    Employee e=new Employee();
    e.setName("Gloria");
    e.setSalary(5000);
    System.out.println(e.getName()+e.getSalary());
}
```

上述代码首先使用 Employee 类的无参构造方法 Employee()创建了一个对象，名为 e。接下来，使用圆点调用了 e 的方法，其中用 e.setName 方法为 e 指定了姓名为 Gloria，用 e.setSalary 方法将 e 的薪水赋值为 5000，最后调用 get()方法返回 e 的姓名和薪水。输出结果如下：

```
Gloria 5000.0
```

如果希望在创建 Employee 对象时，直接为该对象指定姓名，而不是使用 setName 方法指定，该如何实现？这种情况下，就可以在 Employee 类中声明带形式参数的构造方法。代码如下：

```java
public Employee(String name){
    this.name=name;
}
```

同理，也可以创建具有其他参数的构造方法，使得在创建对象的同时，能够直接对姓名、薪水赋值。代码如下：

```java
public Employee(String name, double salary){
    this.name=name;
    this.salary=salary;
}
```

需要注意的是，无参的构造方法，只有在该类没有声明任何构造方法的时候，才是默认存在的；只要声明了其他带参的构造方法，无参的构造方法将不会默认存在，而是必须声明才可以使用。至此，Employee 类的代码如下：

```java
public class Employee{
    private String name;
    private double salary;
    private static int count;
    public Employee(){
    }
    public Employee(String name){
        this.name=name;
    }
    public Employee(String name, double salary){
        this.name=name;
        this.salary=salary;
    }
```

```java
public String getName(){
    return name;
}
public void setName(String name){
    this.name=name;
}
public double getSalary(){
    return salary;
}
public void setSalary(double salary){
    this.salary=salary;
}
}
```

该类中声明了 3 个属性、3 个构造方法、4 个方法。可以使用如下代码测试该类：

```java
public static void main(String[] args){
    //使用无参构造方法创建对象
    Employee e=new Employee();
    e.setName("Gloria");
    e.setSalary(5000);
    System.out.println(e.getName()+" "+e.getSalary());
    //使用带一个参数的构造方法创建对象
    Employee e1=new Employee("Alice");
    System.out.println(e1.getName()+" "+el.getSalary());
    //使用带两个参数的构造方法创建对象
    Employee e2=new Employee("John",6000);
    System.out.println(e2.getName()+" "+e2.getSalary());
}
```

运行结果如下：

```
Gloria 5000.0
Alice 0.0
John 6000.0
```

Java 类的主要组成部分就是属性、方法、构造方法。属性用来表示对象的数据，方法用来表示对象具有的行为，构造方法用来创建对象。反之也成立，即构造方法只能用来创建对象。

类名、属性名、方法名有什么命名规范？建议类名每个单词的首字母都大写，如 CustomerService。建议属性名第一个单词的首字母小写，其他单词的首字母大写，如 accountType。方法名与属性名的建议相同，如 getName。即使违反了命名规范，也不会发生编译、运行错误，但是将严重影响代码的可读性。

2.5 块

块是在 Java 类中不太常见的一种元素。块的声明形式与方法体类似，分实例块和静态块（static 块）两种。static 的具体含义将在相关章节详细展开。

块与内部类

1. 实例块

实例块的声明形式如下：

```
{
    块体
}
```

在 Employee 类中增加实例块，代码如下：

```
{
    count++;
    System.out.println("创建了一个对象");
}
```

实例块不能直接调用，每次调用构造方法创建对象时，都会在调用构造方法前自动调用实例块的代码。所以实例块常常用来包含所有构造方法都需要执行的功能，而这些功能只在调用构造方法前执行。此时再次运行第 2.4 节的测试代码，结果如下：

```
创建了一个对象
Gloria 5000.0
创建了一个对象
Alice 0.0
创建了一个对象
John 6000.0
```

可见，不管使用哪个构造方法创建对象，在调用构造方法前，都默认执行了实例块代码。一个类中可以有多个实例块，都将按照声明顺序被执行。

2. 静态块

静态块的声明形式如下：

```
static{
    块体;
}
```

静态块与实例块的区别在于，静态块是只运行一次，而实例块是每次创建对象时都会运行。因此，静态块往往用来包含该类必须执行且只执行一次的代码。在 Employee 类中加入如下静态块：

```
static{
    System.out.println("静态块");
}
```

再次运行第 2.4 节的测试代码，结果如下：

```
静态块
创建了一个对象
Gloria 5000.0
创建了一个对象
Alice 0.0
创建了一个对象
John 6000.0
```

可见，虽然创建了 3 个对象，但是静态块只运行了一次，而且在开始处运行。

2.6　内部类

　　内部类（inner class）即在类体中声明的类，包含内部类的类被称为外部类（outer class）。内部类作为外部类的成员存在，可以像方法一样使用外部类的属性和方法。内部类具有类的特征，可以声明属性、方法、构造方法等，需要创建对象才能使用类中的方法或属性等成员。

　　如以下代码中的 Inner 类即 Outer 类的内部类：

```
Public class Outer{
    private int size;
    class Inner{
        public void print(){
            System.out.println(size);
        }
    }
}
```

内部类的具体应用，请参考第 17 章。

2.7　本章小结

　　Java 程序都由若干类组成，所以先了解 Java 类的主要组成元素非常关键。本章主要介绍了类中常见的 5 种元素，包括属性、方法、构造方法、块和内部类。学习本章后，读者能够对 Java 类有清晰的认识，对各元素的声明形式、含义、作用也有所了解。类和 5 种元素有很多通用的知识点，如类、属性、方法、构造方法都使用了访问权限修饰符，属性、方法都涉及数据类型等。在接下来的章节中，将针对这些通用的知识点逐一展开介绍。

第 3 章
访问权限修饰符

Java 程序中的类、属性、方法都需要使用访问权限修饰符，本章将详细讲解访问权限修饰符的使用。

3.1 包

要理解访问权限修饰符，首先需要掌握包的概念。包在物理上是文件夹，在逻辑上是有逻辑关系的类的集合。包的作用有两个方面：①避免类重名；②控制访问权限。

包的概念与作用

要为一个类指定包，在类文件的第一行用 package 语句声明即可。如以下代码：

```
package com.etc.chapter03;
public class Employee{
}
```

上述代码中，使用 package com.etc.chapter03 语句指定了包。编译 Employee 后，其类文件将被编译在 com/etc/chapter03 目录下。包名是名称空间的一部分，也就是说，Employee 类的名称将不再是 Employee，而是 com.etc.chapter03.Employee。如果在其他包里调用 Employee 类，需要使用 import 语句将其引入。如以下代码：

```
package com.etc.chapter03.test;
import com.etc.chapter03.Employee;
public class TestEmployee{
}
```

如果使用 import com.etc.chapter03.*;语句，则表示同时引入 com.etc.chapter03 包里所有的类。实际工作中，会在开发规范中指定包的命名规范，往往包名中会包含公司或组织的简称及模块名称。规范不同模块的包名，可以避免由于类重名发生的冲突，也可以控制访问权限，第 3.2 节将介绍每种访问权限修饰符的使用。

3.2 4 种访问权限修饰符

访问权限修饰符

Java 语言有 4 种访问权限修饰符，权限从大到小依次如下。

1. 公共权限：public

此种权限可修饰类、属性、方法；可以被任意类访问。

2. 受保护的权限：protected

此种权限可修饰属性、方法；可以被同包类访问，如果不是同包类，则必须是该类的子类才可以访问。

3. 同包权限：default

此种权限可修饰类、属性、方法，并不使用关键字 default，意思是不写访问权限修饰符时，默认情况下的权限；只能被同包类访问。

4. 私有权限：private

此种权限可修饰属性、方法；只能在本类中访问。

可见，类（专指外部类）只可以使用同包权限或公共权限，而属性、方法却可以使用 4 种权限中的任意一个。

3.3 封装性

封装性是一种信息隐藏技术，往往有两个含义：①对象的全部属性和全部方法结合在一起，形成一个不可分割的独立单位；②尽可能隐藏对象的内部结构。具体表现是，在 Java 类中，属性都尽量使用 private 权限，这样可以保证属性不会被任意修改；而对属性的操作都封装到方法中，方法往往使用 public 权限。如以下代码：

Java 中的封装

```java
public class Employee{
    private String name;
    private double salary;
    private static int count;
    public String getName(){
        return name;
    }
    public void setName(String name){
        this.name=name;
    }
}
```

可见，Employee 类的属性 name、salary、count 都使用了 private 权限，不能够直接修改。而对属性的操作都封装到方法中，如 getName、setName 方法，都使用了 public 权限。

3.4 本章小结

　　从本章开始逐一介绍 Java 类中一些通用的知识点，本章主要介绍访问权限修饰符。Java 语言有 4 种访问权限修饰符，分别是 public、protected、default、private。访问权限修饰符其实决定的是"被访问"的权限。如有 public 权限的类，可以被任何类访问，而不可以访问任何其他类。另外，本章还介绍了两个与访问权限修饰符相关的知识点：包和封装性。至此，读者就可以根据不同需求，对类、属性、方法等使用适合的访问权限修饰符。

第 **4** 章
数据类型

属性、方法等都需要使用数据类型。例如，属性必须指定数据类型，方法必须指定返回值类型，如果有形式参数，则必须指定形式参数的数据类型。Java 语言的数据类型有两种，即基本数据类型和引用类型。本章将详细介绍与数据类型相关的知识点。

4.1 基本数据类型

基本数据类型

基本数据类型不需要通过 new 关键字来创建，而是可以直接赋值，数据值存放在栈（stack）内，在空间的分配和释放上都有较高的效率。基本数据类型有 4 类，共 8 种。

1. 整型：byte/short/int/long

整型有 4 种，分别为字节型（byte），长度为 8 位；短整型（short），长度为 16 位；整型（int），长度为 32 位；长整型（long），长度为 64 位。整数默认以 int 类型存储。

2. 浮点型：float/double

浮点型有两种，分别为单精度浮点型（float），长度为 32 位；双精度浮点型（double），长度为 64 位。小数默认以 double 类型存储。如 float f=2.3;将有编译错误，因为 2.3 默认为 double 类型，将高精度数值直接赋给低精度变量会出现编译错误。解决办法有两种：①float f=2.3f; 这种方式使用后缀 f 指定 2.3 的类型为 float；② float f=(float)2.3;这种方式称为强制类型转换，强制将 2.3 转换为 float 类型。

3. 字符型：char

字符型用于表示一个单一的字母，在 Java 语言中不常用，一般使用单引号包含字母，如 char c='a';。

4. 逻辑型：boolean

逻辑型也叫布尔型，有两个值，分别是 true（表示真）和 false（表示假）。需要注意的是，在 Java 语言中，0 和 1 不再表示逻辑值，仅表示数值。

Java 语言中的基本数据类型长度都是固定的，不会随着平台不同而改变。

4.2 引用类型

引用类型

Java 语言中的数据类型有两种，基本数据类型以外的类型都是引用类型，也叫类类型。简言之，对象都是引用类型。需要注意的是，不仅 API（应用程序编程接口）里的类是引用类型，程序员自己声明的类也是引用类型，如 Employee 就是引用类型。以下代码即声明创建了一个引用类型的变量 e：

```
Employee e=new Employee();
```

其中 e 被称为引用，其类型是 Employee。引用类型都是对象，对象都需要使用 new 关键字调用构造方法创建，而基本数据类型都使用=直接赋值，如 int i=10。使用 new 关键字创建的对象都存放在堆（heap）内。

4.3 字符串类型

String 类型

StringBuffer 与 StringBuilder

字符串（String）是常用的数据类型，那么 String 到底是什么类型？首先需要明确的是，String 是引用类型，即 String 类型的变量都是对象，而不是基本数据类型。但是 String 可以像基本数据类型那样直接使用=赋值，如 String s="hello";。

String 是 Java API 中的类，属于 java.lang 包，该类提供了多个构造方法，所以 String 对象也可以与其他类型的对象一样，通过使用 new 关键字调用构造方法来创建，如 String s=new String("hello");。

那么直接赋值的方式和使用 new 关键字创建的方式有什么区别？请看如下测试代码：

```
public static void main(String[] args){
    //声明并创建4个String对象
    String s1="hello";
    String s2="hello";
    String s3=new String("hello");
    String s4=new String("hello");
    //使用==比较字符串对象的引用
    System.out.println(s1==s2);
    System.out.println(s1==s3);
    System.out.println(s3==s4);
}
```

上述代码中声明创建了 4 个 String 对象，其中 s1 和 s2 使用=直接赋值，而 s3 和 s4 使用 new 关键字调用构造方法赋值。代码中使用==比较两个对象的引用值，如果返回 true，则表示两个对象在物理上是同一个对象；如果返回 false，则表示是两个不同对象。上面程序的输出结果如下：

```
true
false
false
```

运行结果说明，使用=赋值的 String 对象，如果字符串的字符序列相同，则两个引用指向同一块物理内存，如 s1 与 s2 其实是一个对象，只不过是两个名称而已。使用=为字符串赋值时，不会每次都创建新的对象，而是在字符串实例池中查找字符序列相同的实例赋值给该引用。如果不存在字符序列相同的实例，则初始化新的实例并放入字符串实例池中。而使用 new 关键字创建的字符串对象，每次都新创建新的对象，即使字符序列相同，也会分配不同的空间，初始化不同的对象，如 s3、s4 是两个不同的 String 对象。

要真正理解 String 类，首先要明确 String 类是一个不可变（immutable）类，所谓不可变类，即实例在初始化赋值后，就不能被修改。如 String s1="hello";，s1 被赋值为 hello，在整个生命周期内该值无法被修改，即使使用 s1="world";，赋值也并不是将 hello 替代为 world，而是将新的实例 world 重新赋值给 s1 引用，s1 不再引用 hello。

4.4　包装器类型

包装器类型

在 API 的 java.lang 包中有 8 个类，即 Byte、Short、Integer、Long、Float、Double、Character、Boolean。这 8 个类对应 8 个基本数据类型，可以将每种基本数据类型包装成引用类型，称为包装器（wrapper）类型。JDK 5.0 及以后版本实现了自动装箱、自动拆箱，基本数据类型和包装器类型可以直接转换。如以下代码：

```
package com.etc.chapter04;
public class TestWrapper{
    public static void main(String[] args){
        int x=1;
        Integer y=x;
        y++;
        int z=y;
        System.out.println("y="+y+"   z="+z);
    }
}
```

输出结果如下：

```
y=2   z=2
```

其中 Integer y=x;将基本数据类型变量 x 转换成引用类型变量 y，称为装箱；int z=y;将引用类型变量 y 转换成基本数据类型变量 x，称为拆箱。

y++对 y 进行了数学运算，其本质是先对 y 进行拆箱，转换成基本数据类型，再进行数学运算。

因此，虽然 JDK 5.0 及以后版本可以自动装箱、自动拆箱，但还是要谨慎使用包装器类型，必须使用的时候再使用。如能够使用基本数据类型完成就使用基本数据类型，因为频繁地进行装箱、自动拆箱操作将影响应用的运行效率。

4.5 值传递

值传递

面向对象的系统依靠对象之间互相协作调用对象的方法来实现业务功能。很多方法都有形式参数，调用时就需要将实际参数赋给形式参数，可以理解为值传递的本质就是赋值的过程，是将实际参数赋给形式参数的过程。由于数据类型分为基本数据类型和引用类型，本节将根据数据类型的不同来比较值传递的不同。

1. 基本数据类型：传递的是复制的值

基本数据类型之间进行赋值时，仅仅对值（value）进行复制。如以下代码：

```
package com.etc.chapter04;
public class TestPass{
    public void add(int x){
        x++;
        System.out.println("add方法：x="+x);
    }
    public static void main(String[] args){
        TestPass pass=new TestPass();
        int x=100;
        pass.add(x);
        System.out.println("main方法：x="+x);
    }
}
```

上述代码中，add 方法的形式参数 x 的类型是基本数据类型 int，main 方法调用 add 方法时将局部变量 x 传递给形式参数 x，值为 100。因为参数 x 的类型为基本数据类型，所以仅仅是将 100 赋给形式参数，二者再无相干，所以 add 方法对参数 x 进行了加 1 的操作后，并不会影响 main 方法中的变量 x。该程序运行结果如下：

```
add方法：x=101
main方法：x=100
```

可见，add 方法的 x 已经加 1 变成 101，而 main 方法中的 x 依然是 100，可以说明基本数据类型传递的是复制的值。

2. 引用类型：传递的是引用

引用类型变量之间是对引用（reference）进行赋值。如以下代码：

```
package com.etc.chapter04;
public class TestPass{
    public void printSalary(Employee e){
        e.setSalary(20000);
        System.out.println("printSalary方法：e.salary="+e.getSalary());
    }
    public static void main(String[] args){
        TestPass pass=new TestPass();
        Employee e=new Employee("Alice",5000);
        pass.printSalary(e);
        System.out.println("main方法：e.salary="+e.getSalary());
    }
}
```

上面的程序中，printSalary 方法的参数类型是引用类型 Employee，main 方法传递给该方法的实际参数是 e，e 的薪水值为 5000。e 传递给 printSalary 方法后，将引用赋给形式参数 e，此方法的参数 e 和 main 方法中的变量 e 是一个引用，即物理上是一个对象。该程序运行结果如下：

```
printSalary方法：e.salary=20000.0
main方法：e.salary=20000.0
```

从运行结果可见，当 printSalary 方法将 e 的薪水值修改为 20000 后，main 方法中 e 的薪水值也随之变为 20000，原因就是引用类型传递的是引用，参数 e 和 main 方法的 e 有相同的引用，物理上是同一个对象。

4.6 本章小结

本章介绍了数据类型的相关知识点。Java 的数据类型包括基本数据类型和引用类型两种。基本数据类型有 4 类（8 种），基本数据类型之外都是引用类型。API 中有两种引用类型很常用却又比较特殊，即 String 类型和包装器类型。String 类型可以使用=直接赋值为字符串常量。包装器类型与基本数据类型之间的装箱、拆箱可以自动进行，简言之，在大多数情况下，可以像使用基本数据类型那样使用包装器类型。大多数方法都有形式参数，所以理解参数传递也非常重要。基本数据类型传递的是复制的值，引用类型传递的是引用。

第 **5** 章

高级类特性

在第 2 章的类、属性、方法的声明形式中，都有一个可选项【修饰符】，使用修饰符可以实现类的高级特性。Java 语言中常用的修饰符有 static、final、abstract。本章先介绍 static、final 修饰符的使用，abstract 修饰符参见后续章节。

5.1 static 修饰符

static 属性

static 方法

static 被称为静态，可以用来修饰类的属性或方法，本节详细介绍 static 属性和方法的作用及使用。

1. static 属性

如果类的某个属性，不管创建多少个对象，其存储空间只有唯一的一个，那么这个属性就应该用 static 修饰，被称为静态属性或类属性。static 属性是类的所有对象共享的属性，即不管创建了多少个对象，静态属性在内存中只有一个。static 属性可以用对象调用，也可以直接用类名调用。Employee 类的 count 属性用来保存 Employee 类的对象的个数，该属性是 Employee 类的所有对象共享的属性，所以被声明为 static 属性，在内存中只有一个 count，每次创建对象都对同一个 count 加 1。不用 static 修饰的属性称为实例属性，每创建一个对象都会为该对象初始化一个实例属性，如 Employee 类的 name、salary 属性都是实例属性。如以下代码：

```
package com.etc.chapter05;
public class Employee{
    private String name;
    private double salary;
    private static int count;
}
```

2. static 方法

如果某个方法不需要与某个特定的对象绑定，那么该方法可以使用 static 修饰。static 方法可以用对象调用，也可以直接用类名调用。如以下代码：

```java
package com.etc.chapter05;
public class Employee{
    private String name;
    private double salary;
    private static int count;
    public static int getCount(){
        return count;
    }
}
```

其中 getCount 方法是静态方法，与某个具体对象无关。可以使用以下代码进行测试：

```java
package com.etc.chapter05;
import com.etc.chapter05.Employee;
public class TestEmployee{
    public static void main(String[] args){
        System.out.println("目前创建了"+Employee.getCount()+"个Employee对象");
        Employee e=new Employee();
        System.out.println("目前创建了"+Employee.getCount()+"个Employee对象");
        e.setName("Gloria");
        e.setSalary(5000);
        System.out.println(e.getName()+" "+e.getSalary());
        Employee e1=new Employee("Alice");
        System.out.println("目前创建了"+Employee.getCount()+"个Employee对象");
        System.out.println(e1.getName()+" "+e1.getSalary());
        Employee e2=new Employee("John",6000);
        System.out.println("目前创建了"+Employee.getCount()+"个Employee对象");
        System.out.println(e2.getName()+" "+e2.getSalary());
    }
}
```

运行结果如下：

```
静态块
目前创建了0个Employee对象
创建了一个对象
目前创建了1个Employee对象
Gloria 5000.0
创建了一个对象
目前创建了2个Employee对象
Alice 0.0
创建了一个对象
目前创建了3个Employee对象
John 6000.0
```

静态块

可见，getCount 方法可以直接用类名调用，而不需要与某个具体对象绑定。

另外，假设有一个 EmployeeUtil 类，可以专门定义工具方法，如计算员工奖金的方法。可以编写如下代码：

```
package com.etc.chapter05;
public class EmployeeUtil{
    public static double calBonus(Employee e){
        if(e.getSalary()>10000){
            return e.getSalary()*1.2;
        }else{
            return e.getSalary()*1.1;
        }
    }
}
```

因为 calBonus 方法不需要与 EmployeeUtil 类的对象绑定，仅仅是工具类，所以应该声明为 static，且通过 EmployeeUtil.calBonus 调用即可。如以下代码：

```
package com.etc.chapter05;
public class TestEmployeeUtil{
    public static void main(String[] args){
        Employee e1=new Employee("John",6000);
        System.out.println("e1的奖金： "+EmployeeUtil.calBonus(e1));
        Employee e2=new Employee("Alice",12000);
        System.out.println("e2的奖金： "+EmployeeUtil.calBonus(e2));
    }
}
```

运行结果如下：

```
静态块
创建了一个对象
e1的奖金：6600.0
创建了一个对象
e2的奖金：14400.0
```

通过上述示例可见，与某个具体对象无关的方法都应该声明为 static 方法，直接使用类名调用。

3. 总结

static 可以修饰类的属性和方法，称为静态属性、静态方法，或者类属性、类方法。static 属性和方法都不再与某个对象绑定，而是所有对象共享，所以可以用对象名或类名调用静态属性和方法。实际开发中，多数情况都直接用类名调用静态属性和方法。非静态属性和方法都必须与某个特定对象绑定，随着对象的创建而被初始化，只能用某个特定对象调用。

由于非静态属性和方法都是与某个特定对象相关的，所以要保证程序正常运行，就要保证调用的每个非静态属性和方法都很明确其属于哪个对象。而静态方法不属于任何一个对象，所以不能直接使用非静态属性和方法。如以下代码：

```
package com.etc.chapter05;
public class TestStatic{
    public void f1(){
        f2();
        m2();
    }
    public void f2(){}
    public static void m1(){
        m2();
        f2();//会出现编译错误！！！静态方法不能使用非静态成员
    }
    public static void m2(){}
    public static void main(String[] args){
    }
}
```

非静态方法在运行期一定与某个对象绑定，所以在非静态方法中可以直接调用静态或非静态方法，如 f1 方法可以直接调用 f2、m2 方法。而静态方法由于没有与某个对象绑定，所以调用非静态方法时无法确定其隶属的对象，将出现编译错误。m1 方法调用 f2 方法时无法确定 f2 方法的隶属对象，所以将出现编译错误。

5.2 final 修饰符

final 属性

final 修饰符的使用范围较广，可以修饰类、属性、方法。本节先介绍 final 属性，final 类和 final 方法均与继承有关，参见后续章节。final 修饰属性，属性就由变量成为常量，分为编译期常量和运行期常量两种。

1. 编译期常量

编译期常量在声明的同时必须赋值，且赋值后不能改变。如以下代码：

```
package com.etc.chapter05;
public class TestFinal{
    private final int m=1;
    private static final int LEVEL_NO=2;
}
```

编译期常量也可以同时使用 static 修饰，不仅拥有不能改变的值，还拥有不能改变的存储空间。

---

　　　　static 常量如何命名？在 Java 中，静态常量的命名规范是，每个单词的所有字母大写，多个单词之间用下画线连接，如 LEVEL_NO。

---

2. 运行期常量

运行期常量在声明时不初始化，而在运行期初始化，并且初始化后不能修改。如以下代码：

```
package com.etc.chapter05;
public class TestFinal{
    private int x;
    private final int m=1;
    private static final int n=2;
    private final int y;
    public TestFinal(){
        y=0;
    }
    public TestFinal(int x){
        this.x=x;
        y=1;
    }
}
```

其中 y 在声明的时候没有赋初值，是运行期常量，将在运行期初始化，初始化后就不能修改。值得注意的是，运行期初始化的常量必须在构造方法中初始化，而且每个构造方法中都必须为该常量赋值，否则将出现编译错误。如以上代码所示，两个构造方法中都对 y 进行了赋值，否则将出现编译错误。

5.3 Java 类中的变量总结

在学习了前面章节的内容后，读者已对 Java 类中与变量相关的知识点有所了解。本节将对 Java 类中变量的相关问题进行总结。根据声明位置不同，Java 类中的变量可分为两种：①在类中声明的变量，称为属性或数据成员；②在方法中声明的变量，称为局部变量或临时变量。下面从各个方面比较两种变量的不同。

变量及常量总结

1. 作用域

属性的作用域为整个类；局部变量的作用域为声明该变量的方法或代码块。

2. 生命周期

属性分为非静态属性和静态属性两种，非静态属性随着对象创建而被初始化，直到对象被销毁才被回收，静态属性随着类加载而被初始化，类被销毁才被回收；局部变量在调用方法时被临时初始化，方法返回即被回收。

3. 初始化

属性可以在声明的时候不赋初值，创建对象的时候自动初始化，根据数据类型不同赋不同的初始值，其中整型为 0，浮点型为 0.0，布尔型为 false；局部变量不能自动初始化，必须在声明的时候赋初值才能被使用，否则将发生编译错误。

4. 访问权限

属性可以使用任何一种访问权限修饰符，往往使用 private 权限；局部变量不能使用访问权限修饰符。

5. static

属性可以使用 static 修饰成类属性，类中的所有对象共享；局部变量不能使用 static 修饰。

6. final

属性和局部变量均可以使用 final 修饰，使得变量成为常量。

如果属性与局部变量同名，如何区分？当发生重名情况时，Java 遵守就近原则，即默认情况下使用最近的变量。可以使用"this.属性"的方式区分同名属性和局部变量。

5.4 本章小结

Java 语言常使用 abstract、static、final 等修饰符修饰类、属性、方法等，以实现类的高级特性。本章介绍了 static 属性、static 方法，以及 final 属性的相关知识点，其他相关知识点将在继承章节介绍。static 意为静态，static 属性和 static 方法不再与某个对象绑定，而是与所有对象共享。final 意为终极，final 修饰变量后将成为常量，赋值后不能再修改。另外，本章最后对 Java 中的变量进行了总结，从多个方面比较了类的属性与方法中的局部变量。至此，对于与变量相关的知识点，包括数据类型、访问权限、修饰符、初始化等，读者都可以完全掌握。

第 **6** 章

操作符、流程控制

方法的声明形式、访问权限修饰符、部分修饰符、数据类型、值传递等知识点都已经在前面章节介绍。本章将介绍与方法相关的另外两个知识点：操作符和流程控制。

6.1 操作符

在程序设计过程中，肯定需要在方法中对变量进行不同类型的运算，运算主要通过操作符实现。Java 语言的操作符（operator）从功能上可以分为 4 类：算术操作符、位操作符、比较操作符和逻辑操作符。要学习各种操作符，首先要了解每种操作符运算的数据类型，然后了解操作符的实际作用。大多数操作符都只对基本数据类型进行运算，不过也存在一些例外。

算术操作符

1. 算术操作符

算术操作符可以对基本数据类型进行数学运算，包括加（+）、减（-）、乘（*）、除（/）、取余（%）、自加（++）、自减（--）。加、减、乘、除、取余都很简单，在此详细讲解自加、自减。++或--可以对变量进行自加 1、自减 1 的运算，如++或--在变量后，则"先取值后运算"；如在变量前，则"先运算后取值"。其中运算的意思是对变量加 1 或减 1，取值的意思是将变量当前值赋给表达式。如以下代码：

```
package com.etc.chapter06;
public class TestOperator1 {
    public static void main(String[] args){
        int x=1;
        int y=1;
        int m=x++;
        System.out.println("x="+x+"    x++="+m);
        int n=++y;
        System.out.println("y="+y+"    ++y="+n);
    }
}
```

上述代码中分别对 x 和 y 进行了自加运算，并将表达式赋值给 m 和 n。运行结果如下：

```
x=2    x++=1
y=2    ++y=2
```

代码中对 x 和 y 分别进行了自加运算，区别在于++在 x 后，在 y 前。运行到 x++时，x 的值是 1，所以 m 被赋值为 1，随后 x 进行了加 1 运算，最终 x 的值为 2。而运行++y 时，先对 y 加 1，y 就被赋值为 2，所以 n 被赋值为 2。分析运行结果，可以得到结论：++和--不管在变量前还是在变量后，对进行自加或自减运算的变量来说都是进行加 1 或减 1 运算，并没有区别。如代码中的 x 和 y，都进行了加 1 运算，最终都被赋值为 2；而表达式的返回值存在区别，如 x++为 1，++y 为 2。

　　　　+可以对字符串进行运算吗？算术操作符几乎都是对基本数据类型进行数学运算，但是+例外，+可以对两个字符串进行连接运算，如"hello"+"world"，返回 hello world。

2. 位操作符

位操作符作用于基本数据类型的二进制位，包括与（AND）&，或（OR）|，异或（XOR）^，取反（NOT）~，移位操作符<<、>>>、>>。运算规则如下。

位操作符

（1）&：两个输入位都为 1，输出 1。

（2）|：任何一个输入位为 1，输出 1。

（3）^：两个输入位不同，输出 1。

（4）~：输入位为 1，输出 0；输入位为 0，输出 1。

（5）移位操作符有 3 种，下面分别对 3 种操作符进行说明。假设有 8 位二进制数 11111111111111111111111110011100（十进制的-100），进行如下移位运算。

<<：左移（左移 1 位相当于乘以 2）。左移运算将操作数向左移动，空出的低位用 0 补齐。将-100 的二进制左移两位后的结果：

11111111111111111111111110011100<<2=11111111111111111111111001110000

>>：有符号右移（右移 1 位相当于除以 2）。有符号右移运算将操作数向右移动，空出的高位是用 0 还是用 1 补齐，要看移位之前最高位是 0 还是 1。如果移位之前最高位是 0，则空出的高位全部补 0；如果移位之前最高位是 1，则空出的高位全部补 1。将-100 的二进制有符号右移 2 位后的结果：

11111111111111111111111110011100>>2=11111111111111111111111111100111

>>>：无符号右移。无符号右移运算将操作数向右移动，空出的高位全部用 0 补齐，忽略正负。将-100 的二进制无符号右移 2 位后的结果：

11111111111111111111111110011100>>>2=00111111111111111111111111100111

使用以下代码进行测试：

```
package com.etc.chapter06;
public class TestOperator2{
    public static void main(String[] args){
        int x=-100;
```

```
        System.out.println("x的二进制： "+Integer.toBinaryString(x));
        int m=x<<2;
        System.out.println("m的二进制： "+Integer.toBinaryString(m));
        int n=x>>2;
        System.out.println("n的二进制： "+Integer.toBinaryString(n));
        int z=x>>>2;
        System.out.println("z的二进制： "+Integer.toBinaryString(z));
        System.out.println("m="+m+" n="+n+" z="+z);
    }
}
```

运行结果如下：

```
x的二进制： 11111111111111111111111110011100
m的二进制： 11111111111111111111110011110000
n的二进制： 11111111111111111111111111100111
z的二进制： 00111111111111111111111111100111
m=-400 n=-25 z=1073741799
```

可见左移 2 位相当于乘以 4，右移 2 位相当于除以 4，而无符号右移忽略了正负。

3. 比较操作符

比较操作符可以对两个操作数进行比较，返回值为布尔值，即 true 或 false。大多数比较操作符只能作用于基本数据类型。比较操作符有>、<、==、!=、>=、<=共 6 种。对基本数据类型进行比较，即对数值的二进制进行比较。如以下代码：

比较操作符

```
package com.etc.chapter06;
public class TestOperator3{
    public static void main(String[] args){
        System.out.println(0.3f==0.3);
        System.out.println(0.5f==0.5);
    }
}
```

其中 0.3f 和 0.5f 以 float 类型存储，长度为 32 位，而 0.3 和 0.5 以 double 类型存储，长度为 64 位。比较操作符比较的是数值的二进制。根据小数的二进制规则可知，0.3f 和 0.3 的二进制不同，而 0.5f 和 0.5 的二进制相同。所以，运行结果如下：

```
false
true
```

值得注意的是，比较操作符中的==和!=除了可以比较基本数据类型的数值是否相等，还可以比较引用类型的引用是否相同，而其他的比较操作符均只能比较基本数据类型的二进制，不能比较引用类型的引用。如以下代码：

```
package com.etc.chapter06;
public class TestOperator4{
```

```java
public static void main(String[] args){
    String s1="hello";
    String s2="hello";
    String s3=new String("hello");
    System.out.println(s1==s2);
    System.out.println(s1==s3);
    }
}
```

运行结果如下：

```
true
false
```

s1 和 s2 因为都用=直接赋值，字符序列又相同，所以引用相同，即在物理上是同一个对象，比较之后返回 true。而 s3 虽然和 s1 有相同字符序列，但是由于 s3 是使用 new 关键字调用构造方法创建的，所以重新分配了空间，与 s1 具有不同的引用，所以使用==比较 s1 和 s3 后返回 false。

 可以使用>或<比较字符串的大小吗？在实际应用中，很多时候需要比较两个字符串的字典顺序，称为比较字符串大小。那么可以使用>或<比较两个字符串吗？答案是否定的。因为比较操作符中除了==和!=可以用来比较引用类型的引用，其他的操作符都只能比较基本数据类型。要比较字符串的大小，可以通过使用 String 类的 compareTo 方法实现。

4. 逻辑操作符

Java 语言中的逻辑操作符对布尔类型的数据进行运算，有&、|、&&、||共 4 种。其中&和&&的返回值规则相同，两个操作数都是 true 才返回 true；|和||的返回值规则相同，两个操作数中只要有一个是 true 就返回 true；&和&&、|和||虽然返回值的运算规则相同，但是运算过程有所区别。

逻辑操作符

假设有 T1&T2 和 T1&&T2 两个表达式，其中 T1 的值为 false，T2 的值为 true，那么 T1&T2 和 T1&&T2 的返回值均为 false。执行 T1&T2 时，虽然判断出 T1 的值为 false 后，已经能确定表达式的返回值，但是仍会判断 T2 的值。而执行 T1&&T2 时，判断出 T1 的值为 false，确定了表达式的返回值为 false 后，就不再判断 T2 的值而直接返回，被称为"短路"。

||也存在"短路"问题。表达式 T1||T2 中，如果 T1 的值为 true，那么将发生"短路"现象，直接返回 true，而不再计算 T2。

实际应用中常使用&&和||。如以下代码：

```java
package com.etc.chapter06;
public class TestOperator5{
    public static void main(String[] args){
        String pwd=null;
        if(pwd!=null&&pwd.length()==6){
            System.out.println("校验密码...");
        }
```

```
        if(pwd!=null&pwd.length()==6){
            System.out.println("校验密码...");
        }
    }
}
```

运行结果如下：

```
Exception in thread "main" java.lang.NullPointerException
    at com.etc.chapter06.TestOperator5.main(TestOperator5.java:22)
```

在 if(pwd!=null&pwd.length()==6)处发生异常（异常的相关知识将在后续章节介绍），原因是字符串 pwd 的值为 null，即空指针，值为 null 的引用调用属性或方法将发生空指针异常，程序被不正常地中断。而使用&&将发生"短路"现象，pwd!=null 返回 false，不再运行 pwd.length()==6 表达式，因此可以避免发生空指针异常。

6.2 流程控制

6.2.1 流程控制概述

Java 语言的流程控制和其他语言差别不大，共 3 种。

1. 顺序流程

顺序流程自上而下，依照代码先后顺序执行。

2. 分支流程

分支流程是常见的流程，可以用两种方式实现：if else 语句和 switch case 语句。

分支语句 if else

（1）if else 语句。

如果采用 if else 进行分支流程控制，if 语句是必须使用的，可以有多个 if 语句，else 语句是可有可无的。也可以根据情况，让 if 与一个 else 搭配使用，else 表示满足除了 if 条件以外的其他所有条件。另外，if 还可以与一个或多个 else if 搭配使用。值得注意的是，if 及 else if 中的表达式必须是返回值为布尔类型的表达式。因为 Java 语言中 0 和 1 不表示布尔值，所以返回 0 或 1 的表达式不允许在此使用，将出现编译错误。

if else 语句的语法结构如下：

```
if(表达式){
}else if(表达式){
}else if(表达式){
}
…
else{
}
```

请看下面的演示代码：

```
package com.etc.chapter06;
public class TestIf{
    public static void main(String[] args){
        String pwd="hello";
        if(pwd!=null&&pwd.length()!=6){
            System.out.println("密码长度不对，请输入6位密码");
        }else{
            System.out.println("开始校验密码...");
        }
    }
}
```

上述代码使用 if else 语句实现了分支逻辑，当 pwd 不为空且长度不为 6 时执行 if 分支，除此之外的情况执行 else 分支。

（2）switch case 语句。

switch case 语句也可以进行分支流程控制，switch case 可以被 if else 替代。

分支语句 switch case

switch case 语句的语法结构如下：

```
switch(变量){
    case 开关值1:该开关下执行的语句
    case 开关值2:该开关下执行的语句
    …
    default:变量值与开关值都不符合的情况下执行
}
```

其中 switch 语句的变量可以是 byte、short、int、char、enum 这 5 种类型中的某一种，使用其他类型将出现编译错误，在 JDK 高版本中，也开始支持 String 类型。当变量值等于某一开关值时，将从该开关处开始运行，直至遇到 break 语句跳出 switch 流程，或者直至运行到最后一个开关后跳出 switch 流程。如以下代码：

```
package com.etc.chapter06;
public class TestSwitch{
    public static void main(String[] args){
        int x=10;
        switch(x){
            case 1:System.out.println("x=1");
            case 2:System.out.println("x=2");break;
            default:System.out.println("x="+x);
        }
    }
}
```

运行结果如下：

```
x=10
```

switch 流程的运行规则：将 x 的值与 case 的开关值比较，如果与某个开关值相等，则运行该 case 语句后的代码；如果 x 的值和所有的 case 值都不同，则运行 default 分支。由于 x=10 不与任何一个开关值相同，所以运行了 default 分支，输出 x=10。

如果将上面代码中的 x=10 改为 x=2，那么 x 的值与第二个开关值相同，从第二个开关处开始运行，遇到 break 语句后跳出 switch 流程，所以输出结果为 x=2。

如改为 x=1，则 x 的值与第一个开关值相同，从第一个开关处开始运行，遇到 break 语句后跳出，输出结果为 x=1　x=2。

可见，x 的值与某个 case 值相等，只决定了从该 case 语句开始执行，但是何时退出 switch 流程，取决于何时遇到 break 语句。如果没有 break 语句，则继续执行下面的 case 语句，直到遇到第一个 break 语句才退出，否则一直运行到 switch 流程结束。所以当 x=2 时，只输出 x=2，因为 case 2 分支中有 break 语句；而 x=1 时，输出 x=1　x=2，因为 case 1 语句后没有 break 语句，所以将继续执行后面的其他分支。

3. 循环流程

循环流程也是程序设计中另外一种较常用的流程，共有 3 种实现方式：for 循环、while 循环和 do while 循环。请看如下演示代码展示各种循环的语法：

循环语句

```java
package com.etc.chapter06;
public class TestLoop1{
    public static void main(String[] args){
        //for循环
        for(int i=0;i<3;i++){
            System.out.println("i="+i);
        }
        System.out.println("==============================");
        int x=3;
        //while循环
        while(x>1){
            System.out.println("x="+x);
            x--;
        }
        System.out.println("==============================");
        int y=3;
        //do while循环
        do{
            System.out.println("x="+x);
        }while(y>3);
    }
}
```

运行结果如下：

```
i=0
i=1
i=2
```

```
============================
x=3
x=2
============================
x=1
```

上述代码中实现了 3 种循环，与其他编程语言中的循环几乎没有区别。其中 for 循环中有 3 个表达式：第一个表达式用来进行必要的初始化，第二个表达式是循环条件，返回 true 则执行一次循环体，然后执行第三个表达式，直到第二个表达式返回 false 则循环结束。while 循环有一个表达式，该表达式返回 true 则执行一次循环体，返回 false 则循环结束。do while 循环和 while 循环类似，但 do while 是先执行一次循环体，再检查 while 的表达式返回值。

可见，while 和 do while 的区别在于 while 可能循环 0 次，而 do while 至少循环一次。因为 do while 先执行一次循环，再判断循环条件。

什么是增强 for 循环？JDK 5.0 版本中增加了增强 for 循环的概念。增强 for 循环仅仅是对数组及集合的迭代而言的，并没有完全替代传统的 for 循环。相关概念将在数组章节介绍。

6.2.2 使用 break/continue 语句控制循环

在循环流程中，可以使用 break/continue 语句控制循环。break 用来中止循环，即结束当前循环；continue 用来继续循环，即不再运行 continue 语句后面的语句，而是继续下一次循环。如果是多重循环，可以在循环前加标记，通过标记来指定需要中止或继续的特定循环。请看如下演示代码，展示 break 的使用：

```java
package com.etc.chapter06;
public class TestLoop2{
    public static void main(String[] args){
        loop1:for(int i=0;i<3;i++){
            loop2:for(int j=0;j<3;j++){
                if(i==j){
                    break loop1;
                }
            }
            System.out.println("loop2结束");
        }
        System.out.println("loop1结束");
    }
}
```

运行结果如下：

```
loop1结束
```

上述代码中有两层循环，在 for 循环前使用 loop1 和 loop2 对第一层和第二层循环进行了标记。break loop1 的含义是中止第一层循环，所以循环直接跳出，输出"loop1 结束"。

请看如下演示代码，展示 continue 语句的使用：

```java
package com.etc.chapter06;
public class TestLoop2{
    public static void main(String[] args){
        loop1:for(int i=0;i<3;i++){
            loop2:for(int j=0;j<3;j++){
                if(i==j){
                    continue loop1;
                }
                System.out.println("i="+i+" j="+j);
            }
            System.out.println("loop2结束");
        }
        System.out.println("loop1结束");
    }
}
```

运行结果如下：

```
i=1 j=0
i=2 j=0
i=2 j=1
loop1结束
```

上述代码中，continue loop1 的含义是继续循环 loop1。第一次循环时 i=0，j=0，即满足 i==j 条件，运行 continue loop1 语句，不运行当前循环体中 continue 后面的语句，所以并没有输出 i=0，j=0，而是继续 loop1 的下一次循环。

 break 和 continue 可以用在其他流程中吗？Java 语言中的 break 可以在 switch case 和循环流程中使用，continue 只能控制循环流程。标记也只有写在循环语句前才有意义。

6.2.3 "中断"语句比较

Java 程序中的 break、return、System.exit(0)这 3 个语句都跟程序"中断"有关系，非常容易混淆，在此进行比较总结。

1. break 语句

break 语句只能用在循环语句或 switch 流程的 case 语句中，用来中断循环或 switch 流程。

2. return 语句

return 语句可以在方法中的任何位置使用。如果该方法有返回值类型，则 return 必须带值返回；如果该方法的返回值类型为 void，则不需带值返回，只写 return;即可。return 的含义是方法返回，即运行 return 语句后该方法运行结束，程序跳出方法体。

3. System.exit(0)语句

System 是 API 中 java.lang 包的一个类，exit 是该类的静态方法，形式参数为 int 类型。因此可以使用类名 System 直接调用静态方法 exit，参数值为 0 表示强制退出。该方法的含义是强制 JVM 退出，即 main 方法结束，整个程序退出。

6.3 本章小结

本章介绍了 Java 语言的操作符和流程控制。操作符共分为 4 类，关键在于熟悉每类操作符操作的数据类型及其作用。流程控制中，常用的是分支流程和循环流程。分支流程中的 switch case 较 if else 用得少，重点理解其运行过程以及 switch 变量的类型要求。循环流程共 3 种，与其他语言没有太大区别，需要注意的是 break、continue 在循环流程中的使用。另外，本章还总结了容易混淆的 3 种"中断"语句：break、return、System.exit(0)。

第 **7** 章
第一部分自我测试

一、简答题

1. Java 语言有哪些主要特点?
2. 0.3f==0.3 和 0.5f==0.5 的返回值分别是什么?
3. |与||有什么区别?
4. 在循环流程中,break 和 continue 的作用是什么?
5. 基本数据类型和引用类型的值传递有什么区别?
6. 列出至少 3 个 Java API 中常用的包。
7. 构造方法可以使用 static、final 修饰吗?
8. 用高效的方法计算 5×16。
9. 静态方法能直接调用非静态方法吗? 如果不能,该如何调用?
10. 方法的局部变量是否可以使用权限修饰符?
11. 如果方法的局部变量和类的实例变量重名,如何区分?
12. 请说明 Java 的包、类、属性、方法的命名规范。
13. 构造方法可以重载吗?
14. final 修饰符可以修饰属性吗? 修饰属性后,该属性有什么特点?
15. while 循环和 do while 循环有什么区别?
16. switch 的变量类型有哪些?
17. String 类型是基本数据类型吗?
18. 什么是 Java 类中的块? 有什么作用?
19. for(;;){}的语法正确吗? 如果错误,错在哪里? 如果正确,表示什么含义?
20. float f=1.0;的语法正确吗? 如果错误,如何改正?
21. 静态块和实例块有什么区别?

二、选择题

1. 在 Java 语言中,包 pack1 的类 class1 中有以下成员方法:

```
protected void method_1(){...}
private void method_2(){...}
public void method_3(){...}
void method_4(){...}
```

包 pack2 中的类 class2 不是 class1 的子类，在 class2 中可以调用的方法有（   ）。

  A．method_1   B．method_2   C．method_3   D．method_4

2．以下程序的输出结果是（   ）。

```java
public static void main(String []args){
    final int A=8;
    int a=4;
    switch(a*2){
        case A: System.out.println(a);
        default: System.out.println(a*2);
    }
}
```

  A．4   B．8   C．4 和 8   D．程序报错

3．以下 Java 程序的声明选项中，能通过编译的是（   ）。

```java
String s1=new String("Hello");
String s2=new String("there");
String s3=new String();
```

  A．s3=s1+s2   B．s3=s1 & s2

  C．s3=s1 || s2   D．s3=s1 && s2

4．当 x=2 时，以下代码的运行结果是（   ）。

```java
Switch(x){
    case 1: System.out.println(1);
    case 2:
    case 3: System.out.println(3);
    case 4: System.out.println(4);
}
```

  A．不输出任何结果   B．3

  C．3 4   D．1 3 4

5．以下代码的运行结果是（   ）。

```java
public class Test{
    public static void main(String srgs[]){
        float t=9.0f;
        int q=6;
        System.out.println((t++)*(--q));
    }
}
```

  A．40   B．40.0   C．45.0   D．36.0

三、编程题

  1．编写程序实现：有一对兔子，从出生后第三个月起每个月都生一对兔子，小兔子长到第三个月后每个月又生一对兔子。假设兔子都不会死去，请找出兔子和月份之间的规律，并实现给出任意一个月份，可以得到兔子的数量。（提示：类似于斐波那契数列问题）

2．编写程序实现：判断 1 与 100 之间质数的个数，并输出所有质数。

3．编写程序实现：学习成绩在 90 分及以上的学生的成绩等级为 A，70～89 分的为 B，60～69 分的为 C，60 分以下的为 D。给定一个学生成绩，输出其成绩等级。

4．编写程序实现：统计给定的一个字符串中英文字母（不区分大小写）、空格、数字和其他字符的数量。

5．编写程序实现：企业发放的奖金根据利润提成，利润低于或等于 10 万元的部分，按 10%提成；利润高于 10 万元、低于 20 万元的部分，按 7.5%提成；利润高于 20 万元、低于 40 万元的部分，按 5%提成；利润高于 40 万元、低于 60 万元的部分，按 3%提成；利润高于 60 万元、低于 100 万元的部分，按 1.5%提成；利润高于 100 万元的部分，按 1%提成。用键盘输入当月利润，通过程序计算出应发放奖金总数。

• 第二部分 •

类之间的关系

　　第一部分介绍了 Java 类的相关知识，包括类的组成元素、各种元素的声明形式、数据类型、高级类特性、流程控制等。然而，一个 Java 应用中不可能只有一个类，都由若干 Java 类组成，通过类之间的协作来实现应用的业务逻辑。因此，正确设计并处理类之间的关系是进行面向对象程序设计的必要前提。本部分将主要介绍 Java 类的几种常见关系，包括关联、依赖、继承、实现。通过介绍每种关系的本质及使用场合，帮助读者在掌握 Java 语言语法的基础上，对 Java 程序设计的理解更上一层楼，逐步建立面向对象的思想。

第 **8** 章

关 联 关 系

可以将关联关系理解为"HAS-A"关系，即"有"的关系。在现实世界中，关联关系比比皆是。例如，学校有学院、班级有学生、公司有部门……由于面向对象的应用就是现实世界的映射，所以关联关系是 Java 应用中类之间的常见关系。本章主要介绍关联关系的特点、实现等知识点。

8.1 关联关系的表示

关联关系

关联关系是一种"有"的关系，也就是说，如果 A 类的一个属性是 B 类，那么就可以说 A 类对象"有"一个 B 类对象，即 A 类关联 B 类。Java 语言中，如果 A 类关联 B 类，那么表现形式如下：

```
package com.etc.chapter08;
public class A{
    private B b;
}
class B{
}
```

简言之，A 类关联 B 类，即 B 类对象作为 A 类对象的属性存在。如果实例化 A 类对象，那么就会为之实例化一个 B 类对象。所以说关联关系是"有"的关系，即每个 A 类对象都有一个 B 类对象作为其属性存在。

假设之前章节一直使用的员工（Employee）例子有了新的扩展：员工可以在公司内部调换部门，而每个部门都有部门名称、部门级别。那么首先需要声明 Department 类，封装部门对象的属性和方法。代码如下：

```
package com.etc.chapter08;
public class Department{
    private String depName;
    private int level;
    public Department(){
    }
    public Department(String depName, int level){
```

```
        this.depName=depName;
        this.level=level;
    }
    public String getDepName(){
        return depName;
    }
    public void setDepName(String depName){
        this.depName=depName;
    }
    public int getLevel(){
        return level;
    }
    public void setLevel(int level){
        this.level=level;
    }
}
```

上述代码中声明了部门类 Department，封装了部门的名称、级别属性，并声明了相关方法。员工类在前面章节已经声明过，接下来需要思考的是员工类和部门类是什么关系。通过分析需求描述可得到"员工有部门"的结论，就是说每个员工对象都有一个部门对象作为其属性，二者是一种"有"的关系，即关联关系。那么表现形式就是 Department 类作为 Employee 类的属性存在。代码如下：

```
package com.etc.chapter08;
public class Employee{
    private String name;
    private double salary;
    private static int count;
    private Department dept;
    …
    public Department getDept(){
        return dept;
    }
    public void setDept(Department dept){
        this.dept=dept;
    }
}
```

上述代码中，Employee 类中新增了属性 dept，类型为 Department。当实例化一个 Employee 对象时，总会为其实例化一个 Department 对象作为其属性存在。可以说"Employee 有 Department"，Employee 类和 Department 类是关联关系。

8.2 关联关系的方向

关联关系可以分为单向关联和双向关联两种，如果有 A 类和 B 类，所谓单向关联即 B 类作为 A 类的属性存在，但 A 类不是 B 类的属性。如以下代码：

```
package com.etc.chapter08;
public class A{
    private B b;
}
class B{
}
```

如果 A 类关联 B 类，同时 B 类也关联 A 类，那么就是双向关联。如以下代码：

```
package com.etc.chapter08;
public class A{
    private B b;
}
class B{
    private A a;
}
```

实际应用中，要根据具体需求来决定到底是单向关联还是双向关联。例如，Employee 类和 Department 类，如果业务系统只要求员工对象能操作其对应的部门，而不要求部门能操作其中的员工对象，那么只要使 Employee 类单向关联 Department 类即可；而如果不仅要求员工对象能操作其对应的部门，还要求部门能操作其中的员工对象，就需要双向关联，即两个类互为对方的属性存在。

8.3 关联关系的多重性

除了从方向上考虑，还可以从多重性方面考虑关联关系。常见的关联关系有一对一关联和一对多关联。例如，如果一个员工对象只能在一个部门中，那么员工和部门之间就是一对一的关联关系；如果一个员工可以同时挂职在多个部门，那么员工和部门之间就是一对多的关联关系。现实中，一对多的关联关系远多于一对一的关联关系，例如，一个系有多个专业，一个专业有多个班，一个班有多名学生，一名学生选多门课程等。显而易见，如果 A 类和 B 类是一对多的关联关系，那么就需要在 A 类中引用多个 B 类的对象。而如何对多个 B 类对象进行管理，是必须解决的问题。

解决一对多的关联关系，"多"的这方对象一定需要用另外一个对象进行"持有"，或者称为"容纳"，否则无法进行管理。Java 语言中能承担"数据容器"任务的对象有两种：数组和集合。第 8.4 节将介绍数组的相关知识，集合的相关知识参见本书第四部分。

8.4 数组

8.4.1 数组的基本概念

本节先从定义、类型、声明等方面了解数组的基本概念。

数组的基本概念和作用

1. 数组的定义

数组是类型相同的元素的集合，可以存储任何数据类型，但是只有类型相同的元素才可存到一个数组中。

2. 数组的类型

数组是引用类型。数组中存储的元素可能是基本数据类型，也可能是引用类型，但是数组对象本身是引用类型，即对象。

3. 数组的声明

Java 语言中，数组的声明方式有两种。如以下代码：

```
package com.etc.chapter08;
public class TestArray{
    public static void main(String[] args){
        int[] i;
        int j[];
        Employee[] emp1;
        Employee emp2[];
    }
}
```

第一种方式是将[]放到数组元素的类型后，如 int[] i; Employee[] emp1;。第二种方式是将[]放到数组的引用后，如 int j[];Employee emp2[];。两种方式都可以使用，无任何差别。笔者建议使用第一种方式，这种方式比第二种方式可读性强。int[]、Employee[]是数组对象的类型，即 int 型数组、Employee 型数组，而 i 与 emp1 是数组的引用名。

8.4.2　数组的创建及长度

声明数组后，数组对象还只是一个空指针，不能使用。要使用数组，必须先创建数组。本节主要介绍数组的创建方法。

数组的创建及长度

1. 数组的创建

数组是引用类型，因此也需要使用 new 关键字创建，创建时必须指定数组的长度，长度是数组中能存储的元素个数。如以下代码：

```
int[] i;
i=new int[3];
Employee[] emp1;
emp1=new Employee[2];
```

上述代码中，数组 i 被创建为一个长度为 3 的 int 型数组对象，emp1 被创建为长度为 2 的 Employee 数组对象。数组创建后，即为数组的元素分配了内存空间，并为每个元素进行了初始化，初始值为元素对应的数据类型的默认值。例如，数组 i 中的 3 个元素均被初始化为 0，数组 emp1 中的两个元素均被初始化为 null。

2. 数组的长度

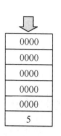

图 8-1　数组的长度

创建数组时必须指定数组的长度，而且长度值会直接初始化到内存中。例如，虽然 c=new char[5];创建的数组 c 长度为 5，但是分配的内存空间却是 6 块，其中除了 5 个数组元素外，另一个空间存储了数组的长度，如图 8-1 所示。

访问数组的长度不需要调用方法，使用数组的 length 属性即可。如 c.length 直接返回数组 c 的长度，值为 5。

 length()和 length 有什么区别？length()是方法名，如 String 类就有一个 length()方法，返回字符串的长度，而 length 是数组的属性，不带()。

8.4.3　数组元素的访问

数组的访问和迭代

数组是用来存储其他变量的对象，所以在实际应用中，不可避免地需要访问数组中的元素。往往使用索引访问数组中的元素，索引值从 0 开始。如以下代码：

```
int[] a;
a=new int[3];
a[0]=1;
a[1]=100;
a[2]=1000;
```

上述代码中的数组 a 的长度为 3，所以可以使用索引 0、1、2 访问数组的第一个到第三个元素，进行赋值等操作。

除了对数组中的元素进行赋值，还常常遍历数组中的元素。遍历数组中的元素有两种方式：一种是传统 for 循环，另一种是增强 for 循环。如以下代码：

```
//传统for循环
for(int i=0;i<a.length;i++){
    System.out.println("a["+i+"]: "+a[i]);
}
//增强for循环
for(int x:a){
    System.out.println("x="+x);
}
```

JDK 5.0 版本增加的增强 for 循环可以更简单地遍历数组。语法如下：

```
for(数组元素类型 临时变量名:数组名){
}
```

如以下代码：

```
for(int x:a){
    System.out.println("x="+x);
}
```

其中 x 是遍历过程中的临时变量，int 是数组中元素的类型，冒号后的 a 是要遍历的数组对象。使用增强 for 循环遍历数组比传统 for 循环更为简洁方便。

8.4.4 数组的赋值

数组必须进行赋值才能使用，本节将介绍数组赋值的 3 种方式。

1. 声明的同时，使用 new 关键字创建

如以下代码：

```
Employee[] eArray1=new Employee[2];
```

使用 new 关键字创建数组时，将为数组元素赋默认值。如数组 eArray1 的长度为 2，其中的两个元素是 Employee 类型，元素值被赋为引用类型的默认值 null。

2. 声明的同时，直接使用{}赋值

如以下代码：

```
Employee[] eArray2={new Employee("Grace"),new Employee("Alice")};
```

可以在声明数组的同时，使用{}对数组中的元素直接赋值。如 eArray2 的两个元素被赋值为 new Employee("Grace")和 new Employee("Alice")对象。

3. 使用 new[]{}直接赋值

如以下代码：

```
Employee[] eArray3=new Employee[]{new Employee("Grace"),new Employee("Alice")};
Employee[] eArray4;
eArray4=new Employee[]{new Employee("Grace"),new Employee("Alice")};
```

除了可以使用{}直接对数组元素赋值，还可以使用 new[]{}为数组元素赋值。区别在于，{}必须在声明数组的同时赋值，而 new[]{}不仅可以在声明数组的同时赋值，还可以在数组声明后，在其他语句行中为数组赋值。

 Employee[] eArray5;eArray5={new Employee("Grace"),new Employee("Alice")};可以编译通过吗？答案是否定的。使用{}直接赋值的方式，只能在声明数组的同时使用，否则将出现编译错误。

8.4.5 多维数组

前面章节介绍的都是一维数组，数组还可以是多维的。多维数组是数组的数组，即数组中的元素也是数组。本节以常用的二维数组为例，介绍多维数组的声明和创建过程。

声明一个二维 int 型数组可以有以下 3 种方式：

```
int[][] a;
int b[][];
int[] c[];
```

建议使用第一种方式进行声明，具有较好的可读性。图 8-2 表示一个二维数组的创建过程。

图 8-2　二维数组的创建过程

步骤一：使用代码 a=new int[3][]创建一个二维 int 型数组 a，一维长度为 3，二维长度待定。

步骤二：对二维数组的第一个元素 a[0]赋值，a[0]是一个长度为 3 的一维数组。

步骤三：对二维数组的第二个元素 a[1]赋值，a[1]是一个长度为 2 的一维数组。

步骤四：对二维数组的第三个元素 a[2]赋值，a[2]是一个长度为 4 的一维数组。

最终，返回引用 a、a[0]、a[1]、a[2]的值，创建过程结束，a 为一个长度为 3 的二维数组，其中的 3 个元素是长度分别为 3、2、4 的一维数组。可见二维数组就是一维数组的数组，即二维数组的元素都是一维数组。在创建二维数组的时候，必须指定一维数组的长度，即指明包含多少个一维数组。而其中包含的一维数组如果长度不同，可以在具体创建时指定。如果每个一维数组的长度相同，则可以在创建二维数组时指定，如 a=new int[3][4];，数组 a 中包含 3 个长度都为 4 的一维数组。

8.4.6　数组的复制

在 JDK API 的 System 类中，提供了一个复制数组的静态方法。代码如下：

数组的复制

```
public static void arraycopy(Object src,
                             int srcPos,
                             Object dest,
                             int destPos,
                             int length)
```

该方法可以从一个源数组的特定位置，将指定个数的元素复制到目标数组的指定位置。如以下代码：

```
package com.etc.chapter08;
public class TestArray3{
  public static void main(String[] args){
    int[] a={10,100,1000};
    int[] b={20,200,2000,20000};
    System.arraycopy(a, 1, b, 2, 2);
    for(int x:b){
      System.out.println(x);
    }
  }
}
```

运行结果如下：

```
20
200
100
1000
```

上述代码从数组 a 的第二个元素开始，复制两个元素，从数组 b 的第三个元素开始覆盖数组 b。可见复制后，数组 b 的第三个与第四个元素被数组 a 的第二个和第三个元素覆盖了。

8.4.7 Arrays 类

Java API 的 java.util 包中提供了数组的工具类 Arrays。该类中的所有方法都是静态方法，可以对数组进行操作，主要有以下几种。

1. 二分查找（binarySearch）

本类中提供了大量的二分查找方法，可以在数组中查找指定值的元素，返回该元素的索引值，如：

```
public static int binarySearch(int[] a, int key)
```

其中 key 是要查找的值；a 是被查找的数组对象，返回 key 的索引值。

2. 填充（fill）

本类中提供了大量的填充方法，可以对数组中指定范围的元素使用指定的值填充，如：

```
public static void fill(int[] a, int fromIndex, int toIndex,int val)
```

3. 排序（sort）

本类中提供了大量的排序方法，可以对数组中的元素进行排序，如：

```
public static void sort(int[] a, int fromIndex, int toIndex)
```

至此已经对与数组相关的知识点进行了比较详细的介绍，下面总结数组的主要特点。数组用来持有其他数据，作为数据容器使用。数组是引用类型，数组的元素可以使用索引直接操作。比起集合，使用数组会有更好的性能。然而，数组的长度一旦指定，将无法改变，这给使用数组带来很多麻烦。例如，学生类和课程类之间是一对多的关联关系，而学生选修多少门课程是不确定的，可能最少5门，最多10门，也可能随着制度的改变有所调整。那么，如果用数组来容纳课程对象，则课程数组的长度设定就会比较麻烦。如果元素的个数不定，变化范围较大，则常用集合来容纳数据。

下面通过实际代码展示如何使用数组解决一对多的关联关系。假设一个员工最多可以挂职于3个部门，那么 Employee 和 Department 之间就是一对多的关联关系。如以下代码：

```java
package com.etc.chapter08;
public class Employee{
    private String name;
    private double salary;
    private static int count;
    //声明创建长度为3的Department数组，持有部门对象
    private Department[] depts=new Department[3];
    private int index;
    //省略部分代码
    public Department[] getDepts(){
        return depts;
    }
    public void setDepartment(Department dept){
        if(index<3){
            depts[index]=dept;
            index++;
        }
    }
}
```

上述代码使用 Department 类型的数组来容纳 Department 对象，由于一个员工最多挂职于3个部门，所以数组长度为3。可见使用数组可以很方便地管理多个相同类型的元素，表示类之间一对多的关联关系。

8.5 本章小结

本章介绍了类之间的一种常见关系——关联关系。关联关系是一种"有"的关系，Java类中，如果 B 类对象作为 A 类对象的属性存在，则称为 A 类关联 B 类。关联关系中有两个问题需要注意，即关联的方向及关联的多重性。关联的方向分为单向关联和双向关联，多重性常见一对一关联和一对多关联。其中，一对多关联更为常见。为了能够实现一对多关联，需要使用数据容器来持有数据。数组是一种常见的数据容器。本章重点介绍了 Java 语言中的数组，包括数组的声明、创建、初始化等基本知识，还探讨了数组的特点，同时熟悉了与数组有关的 API，如数组的复制方法、数组工具类 Arrays 等。

第 **9** 章
依 赖 关 系

依赖关系是类与类之间另一种常见的关系。可以将这种关系理解为"USE-A"关系，即"使用"关系。本章将介绍 Java 语言中依赖关系的使用及其与关联关系的区别等。

9.1 Java 语言中依赖关系的表示

依赖关系是一种"使用"关系，如果 A 类对象的某个方法的参数是 B 类对象，那么就可以说 A 类依赖 B 类。如以下代码：

依赖关系

```
package com.etc.chapter09;
public class A{
    public void f(B b){
    }
}
class B{
}
```

上述代码中，A 类方法 f 的形式参数类型是 B 类类型，也就是说，A 类对象如果要使用方法 f，那么必须有一个 B 类对象作为参数方可实现，这种情形被称为 A 类依赖 B 类。

9.2 依赖与关联的区别

关联关系是面向对象程序设计中常用的复用策略，依赖关系相对于关联关系是一种"简单"的关系，本节将比较两种关系的不同。

1. 关联关系是"HAS"关系，依赖关系是"USE"关系

A 类关联 B 类，指的是 B 类对象作为 A 类对象的属性存在，称为"HAS"关系。A 类依赖 B 类，指的是 B 类对象作为 A 类对象的方法参数存在，称为"USE"关系。

2. 生命周期不同

如果 A 类关联 B 类，那么创建 A 类对象时就会实例化 B 类对象，直到 A 类对象被销毁，所关联的 B 类对象才被销毁，即只要 A 类对象存在，B 类对象就存在。而如果 A 类依赖 B

类，那么只有当 A 类对象调用到相应方法时，B 类对象才被临时创建，方法执行结束，B 类
对象即被回收，A 类和 B 类之间的依赖关系是一种瞬时关系。

9.3 本章小结

    本章主要介绍了 Java 类之间的另一种关系——依赖关系。依赖关系是一种"使用"关系，
与关联关系相比，依赖关系是一种更简单的关系。本章使用简单代码展示了 Java 语言中依赖
关系的表示，同时比较了依赖关系与关联关系的区别。

第 **10** 章
继 承 关 系

　　既然 Java 应用是现实世界的映射，那么 Java 类之间的关系就是现实世界中对象之间的关系。现实世界中的两个对象，可能是第 8 章介绍的关联关系，比如公司设有部门，部门可作为公司的属性存在，即公司关联部门；也可能是第 9 章介绍的依赖关系，比如员工到外地出差，必须使用一种交通工具，那么员工和交通工具之间就是使用关系，即员工依赖交通工具。除了这两种关系，还有一种非常重要的关系，即本章要介绍的继承关系。例如，大多数人所熟悉的银行卡，可分为借记卡、信用卡等。借记卡、信用卡都具有银行卡拥有的功能，如存钱、取钱、刷卡消费等，但是它们又有区别，如信用卡可以透支，借记卡不可以，如借记卡取现金不需要交费，而信用卡取现金需要交费等。可以说，借记卡和信用卡都是银行卡，它们与银行卡之间是一种"是"的关系。"借记卡是一种银行卡""信用卡是一种银行卡"的表述是正确、合理的，这种关系通常称为"IS-A"关系，即"继承"关系。本章将详细介绍与继承关系相关的知识点。

10.1　Java 语言的继承

　　在 Java 语言中，如果 B 类是在 A 类的基础上衍生出来的，即 B 类不仅拥有 A 类的所有属性和方法，还扩展了新的属性或方法，那么就可以让 B 类继承 A 类，以达到重复使用 A 类的目的。可以说，继承关系是关联关系之外的另一种面向对象的复用策略。

继承的概念

　　Java 语言中，类与类之间使用关键字 extends 来表示继承关系。如以下代码：

```
package com.etc.chapter10;
public class Shape{
    public void draw(){}
}
class Circle extends Shape{
    public double getDiameter(){
        return 0.0;
    }
}
class Triangle extends Shape{
```

```
        public double getArea(){
            return 0.0;
        }
    }
```

由于圆形和三角形都是图形，都具有图形的属性和方法，所以圆形和三角形可以作为图形的子类存在。上述代码中，形状 Shape 是父类，定义了方法 draw。而圆形 Circle 和三角形 Triangle 是 Shape 类的子类，使用 extends 关键字继承了父类 Shape。如此一来，Circle 和 Triangle 也拥有了方法 draw，而且 Circle 和 Triangle 又分别扩展了新的方法，用来获取直径和面积。

值得注意的是，Java 语言中类与类之间的继承关系是单继承，即一个类最多只能继承一个父类，而一个父类可以同时有多个子类。单继承可以避免调用混乱。

10.2　继承中构造方法的调用

面向对象的语言中，一切都以对象为基础，类的使用都是从创建对象开始的，而创建对象都离不开调用构造方法。在继承关系中，创建子类对象时构造方法的调用顺序需遵守一定的规则，本节将介绍创建子类对象时构造方法的调用顺序。

构造方法与继承

假设前述章节一直使用的 Employee 类是员工管理系统中的一个父类，员工分为销售人员和工程师两种。系统不仅要管理所有员工的姓名和薪资，还要管理销售人员的考核任务量，管理工程师的技术方向。Employee 类衍生出两个子类：销售类 Sales 和工程师类 Engineer。父类 Employee.java 的代码如下：

```java
package com.etc.chapter10;
public class Employee{
    private String name;
    private double salary;
    public Employee(){
        System.out.println("调用构造方法Employee()");
    }
    public Employee(String name){
        this.name=name;
        System.out.println("调用构造方法Employee(String name)");
    }
    public Employee(String name, double salary){
        this.name=name;
        this.salary=salary;
        System.out.println("调用构造方法Employee(String name,double salary)");
    }
    public String getName(){
        return name;
    }
    public void setName(String name){
        this.name=name;
```

```
    }
    public double getSalary(){
        return salary;
    }
    public void setSalary(double salary){
        this.salary=salary;
    }
    public void setSalary(int level){
        switch(level){
            case 1:salary=salary*1.1;break;
            case 2:salary=salary*1.2;break;
            case 3:salary=salary*1.3;break;
        }
    }
}
```

子类 Sales 继承了父类 Employee，扩展了新的属性 task，并为该属性声明了 getTask 方法和 setTask 方法。子类 Sales 的代码如下：

```
package com.etc.chapter10;
public class Sales extends Employee{
    private double task;
    public Sales(){
        System.out.println("调用构造方法Sales()");
    }
    public double getTask(){
        return task;
    }
    public void setTask(double task){
        this.task=task;
    }
}
```

子类 Engineer 继承了父类 Employee，扩展了新的属性 tech 来表示技术方向，同时为属性 tech 声明了 getTech 方法和 setTech 方法。子类 Engineer 的代码如下：

```
package com.etc.chapter10;
public class Engineer extends Employee{
    private String tech;
    public Engineer(){
        System.out.println("调用构造方法Engineer()");
    }
    public String getTech(){
        return tech;
    }
    public void setTech(String tech){
        this.tech=tech;
    }
}
```

接下来使用下面的代码创建子类 Sales 和 Engineer 的对象：

```
Sales sales=new Sales();
Engineer engineer=new Engineer();
```

代码中仅调用了子类 Sales 和 Engineer 的无参构造方法。运行结果如下：

```
调用构造方法Employee()
调用构造方法Sales()
调用构造方法Employee()
调用构造方法Engineer()
```

可见，创建子类 Sales 和 Engineer 对象时，总是先调用父类 Employee 的构造方法。子类继承父类后，即拥有父类的属性和方法，所以在创建子类对象时，会先初始化父类的属性和方法，因此总是先调用父类的构造方法。继承关系中构造方法调用的相关规则总结如下。

1. 子类构造方法总是先调用父类的某个构造方法

子类构造方法总是先调用父类的某个构造方法，如果父类同时继承了其他类，就会沿着继承链向上调用，直到顶级的父类为止。

2. 默认情况下，子类构造方法调用父类的无参构造方法

如果子类构造方法没有显式调用父类的某个构造方法，那么就默认调用父类的无参构造方法。所以要保证父类中存在无参构造方法，否则会出现编译错误。例如，上述代码的 Sales 类和 Engineer 类的构造方法中，没有使用代码显式调用 Employee 类的任意一个构造方法，所以就默认调用父类 Employee 的无参构造方法。

3. 可以在子类构造方法的第一条语句中，使用 super 语句调用父类中某个指定的构造方法

如果要调用父类中某个特定的构造方法，那么就需要在子类构造方法的第一条语句中使用 super（参数）语句传递相应参数，调用父类中参数匹配的构造方法。例如，如果构造方法中没有使用 super 语句，相当于默认存在 super()语句，调用了父类的无参构造方法。使用 super 语句调用父类构造方法的代码如下：

```
public Engineer(String name, double salary,String tech){
    super(name, salary);
    this.tech=tech;
    System.out.println("调用构造方法Engineer(String name, double salary, String tech)");
}
```

上述代码中的 super(name,salary);语句将调用父类 Employee 中参数匹配的构造方法 Employee(String name, double salary)，而不再调用父类的无参构造方法。使用以下代码测试：

```
Engineer engineer2=new Engineer("John",5000,"software");
```

运行结果如下：

```
调用构造方法Employee(String name,double salary)
调用构造方法Engineer(String name,double salary,String tech)
```

可见，当子类构造方法的第一条语句使用 super 语句调用父类中的某个特定构造方法后，将不再调用父类的无参构造方法。

10.3　方法覆盖

方法覆盖（override）也称方法重写，是继承中非常重要的知识点。如果子类需要修改从父类继承到的方法的方法体，就可以使用方法覆盖。方法覆盖允许子类对父类中的方法进行重写，子类对象能够自动调用子类重写的方法。接下来通过 Employee 类的例子介绍方法覆盖。

方法覆盖

子类对象可以直接调用父类中权限允许的属性和方法，如以下代码中，子类对象可以直接调用父类中的 setSalary(char)方法：

```
Sales sales=new Sales("Grace",5000,100000);
Engineer engineer=new Engineer("John",5000,"software");
sales.setSalary('a');
engineer.setSalary('a');
System.out.println("sales调整前的薪水为5000，级别为a，调整后的薪水为"+sales.
getSalary());
System.out.println("engineer调整前的薪水为5000，级别为a，调整后的薪水为"+engineer.
getSalary());
```

运行结果如下：

```
sales调整前的薪水为5000，级别为a，调整后的薪水为5500.0
engineer调整前的薪水为5000，级别为a，调整后的薪水为5500.0
```

上述代码中，Sales 对象和 Engineer 对象都直接使用了父类 Employee 中的 setSalary(char)方法，按照 salary*1.1 的算法计算得出调整后的薪水。

假设销售人员按级别调整薪资的方案有了变化：级别不是 3 种，而是 a～d 共 4 种；级别为 a 时，算法不是 salary*1.1，而是 salary*1.2。工程师的调整薪资方案不变。那么可以在 Sales 类中声明一个新的方法，实现新的算法，代码如下：

```
public void setSalesSalary(char level){
    switch(level){
        case 'a':setSalary(getSalary()*1.2);break;
        case 'b':setSalary(getSalary()*1.3);break;
        case 'c':setSalary(getSalary()*1.4);break;
        case 'd':setSalary(getSalary()*1.5);break;
    }
}
```

新方法名为 setSalesSalary，可以使用以下代码调用：

```
sales.setSalesSalary('a');
engineer.setSalary('a');
System.out.println("sales调整前的薪水为5000，级别为a，调整后的薪水为"+sales.getSalary());
```

```
System.out.println("engineer调整前的薪水为5000，级别为a，调整后的薪水为"+engineer.getSalary());
```

上述代码中的 engineer 对象依然使用父类的 setSalary 方法，而 sales 对象使用自定义的新方法 setSalesSalary，运行结果如下：

```
sales调整前的薪水为5000，级别为a，调整后的薪水为6000.0
engineer调整前的薪水为5000，级别为a，调整后的薪水为5500.0
```

sales 的薪水按照新的算法计算，返回值为 6000。然而，目前的 Sales 类中，依然拥有从父类 Employee 继承到的 setSalary(char)方法，也就是说，以下代码依然可以正常执行：

```
sales.setSalary('a');
System.out.println("sales调整前的薪水为5000，级别为a，调整后的薪水为"+sales.getSalary());
```

简言之，Sales 类中拥有一个 Sales 对象不应该调用的方法 setSalary(char)，这违反了面向对象的封装性特征。因此，上面的方法虽然实现了新算法，却存在严重漏洞。

如果子类需要修改从父类继承到的新方法，可以使用方法覆盖来完成。在子类中，声明一个与父类同名、同参、同返回值类型、访问权限不缩小的方法，就可以将父类中的方法覆盖。子类对象调用该方法，将自动绑定到子类覆盖后的新方法。修改 Sales 类的 setSalesSalary 方法的代码如下：

```
public void setSalary(char level){
    switch(level){
      case 'a':setSalary(getSalary()*1.2);break;
      case 'b':setSalary(getSalary()*1.3);break;
      case 'c':setSalary(getSalary()*1.4);break;
      case 'd':setSalary(getSalary()*1.5);break;
    }
}
```

使用以下代码调用：

```
sales.setSalary('a');
engineer.setSalary('a');
System.out.println("sales调整前的薪水为5000，级别为a，调整后的薪水为"+sales.getSalary());
System.out.println("engineer调整前的薪水为5000，级别为a，调整后的薪水为"+engineer.getSalary());
```

上述代码中的 Sales 对象和 Engineer 对象都调用了 setSalary 方法，其中 Sales 类因为覆盖了父类 Employee 中的 setSalary 方法，所以 Sales 对象将调用子类中的 setSalary 方法。而 Engineer 类由于没有覆盖父类中的 setSalary 方法，所以依然调用父类中的 setSalary 方法。运行结果如下：

```
sales调整前的薪水为5000，级别为a，调整后的薪水为6000.0
engineer调整前的薪水为5000，级别为a，调整后的薪水为5500.0
```

子类覆盖父类的方法，必须遵守一定的规则：子类中的方法必须与父类中的方法同名、同参数、同返回值类型，而且访问权限不能缩小。

10.4 抽象类

抽象类

继续第 10.3 节的例子。例子中共有 3 个类：父类 Employee、子类 Sales 和 Engineer。默认情况下，类都可以进行实例化，所以可以有下面的代码：

```
Employee e=new Employee("Alice",5000);
System.out.println(e.getName()+"   "+e.getSalary());
```

上述代码中的对象 e 是 Employee 类的实例，它只拥有 Employee 类声明的成员，可以说 e 既不是工程师（Engineer），也不是销售人员（Sales）。e 这样的对象在现实中是不存在的，因为有销售人员和工程师两种真实存在的员工。现实中不存在的对象，计算机系统中就不应该存在。所以，Employee 类应该不允许被实例化。

不能被实例化的类，称为抽象类，使用 abstract 修饰即可。如以下代码：

```
public abstract class Employee{
    private String name;
    private double salary;
}
```

上述代码中使用 abstract 修饰了 Employee 类，该类成为抽象类，不能被实例化。当 Employee 类被声明为抽象类后，下面的代码将出现编译错误：

```
Employee e=new Employee("Alice",5000);
```

接下来，从不同角度总结有关抽象类的知识点。

1. 抽象类往往用来做父类

抽象类不能被实例化，往往用来做父类，定义子类中公有的属性和方法。子类继承抽象类后，可以复用其中的属性和方法。

2. 抽象类可以作为数据类型使用

抽象类不能创建对象。如以下代码：

```
package com.etc.chapter10;
public abstract class EmployeeUtil{
    public static double calBonus(Employee e){
        if(e.getSalary()>10000){
            return e.getSalary()*1.2;
        }else{
            return e.getSalary()*1.1;
        }
    }
}
```

上述代码中的 calBonus 方法参数是 Employee 类型，Employee 是抽象类。具体调用 calBonus 方法时，可以将 Employee 类的子类对象作为具体参数传递给该方法。

3. 抽象类可以使用类名直接调用其静态成员

如果抽象类中存在静态成员，依然可以使用抽象类的类名直接调用。如以下代码：

```
EmployeeUtil.calBonus(e);
```

上述代码中的 calBonus 方法是 EmployeeUtil 类的静态方法，可以直接用类名访问。

4. 抽象类需要有构造方法

抽象类虽然不能被实例化，但是依然需要有构造方法。因为抽象类往往作为父类使用，而子类的构造方法总要调用父类的构造方法。如果没有为抽象类显式声明构造方法，抽象类也存在默认无参的构造方法。

10.5 抽象方法

抽象类里常常会声明抽象方法，本节将介绍抽象方法的概念和使用。前面章节中提及了子类 Sales 覆盖了父类 Employee 中的 setSalary 方法，假设 Engineer 类也需要覆盖 Employee 类中的 setSalary 方法，代码如下：

抽象方法

```
public void setSalary(char level){
    switch(level){
        case 'a':setSalary(getSalary()*1.15);break;
        case 'b':setSalary(getSalary()*1.25);break;
        case 'c':setSalary(getSalary()*1.35);break;
        case 'd':setSalary(getSalary()*1.45);break;
        case 'e':setSalary(getSalary()*1.55);break;
    }
}
```

接下来，创建子类 Sales 和 Engineer 对象，分别调用 setSalary 方法，代码如下：

```
Sales sales=new Sales("Grace",5000,100000);
Engineer engineer=new Engineer("John",5000,"software");
sales.setSalary('a');
engineer.setSalary('a');
System.out.println("sales调整前的薪水为5000，级别为a，调整后的薪水为"+sales.getSalary());
System.out.println("engineer调整前的薪水为5000，级别为a，调整后的薪水为"+engineer.getSalary());
```

运行结果如下：

```
sales调整前的薪水为5000，级别为a，调整后的薪水为6000.0
engineer调整前的薪水为5000，级别为a，调整后的薪水为5750.0
```

根据运行结果可见，Sales 和 Engineer 对象都自动调用各自覆盖后的 setSalary 方法。至此，两个子类都将父类的 setSalary 方法进行了覆盖，也就是说，子类都将使用自己重写后的 setSalary 方法，而不会再调用父类中的 setSalary 方法。那么，该如何处理父类 Employee 中的 setSalary 方法呢？Employee 类中的 setSalary 方法目前已经被所有子类覆盖，是不是就毫无作用，可以删除呢？父类是子类共同特征的抽象，虽然 Sales 和 Engineer 的 setSalary 算法各不相同，但是子类都拥有 setSalary 方法，所以父类中应该体现出这一共同特征。setSalary 方法虽然被所有子类覆盖，却不应该删除。然而，由于所有子类的 setSalary 算法各不相同，所以父类中的 setSalary 方法就没有必要有方法体。在 Java 语言中，没有方法体的方法被称为抽象方法，使用 abstract 修饰。将 Employee 类中的 setSalary 方法修改如下：

```java
public abstract void setSalary(char level);
```

可以将抽象方法理解为定义了"做什么"，即只声明要做的事情，并不关心"怎么做"，每个方法的具体实现在子类中完成。与抽象方法相关的知识点总结如下。

1. 抽象方法与抽象类之间的关系

有抽象方法的类一定是抽象类，抽象类中却不一定有抽象方法。抽象方法是没有方法体的方法，那么抽象方法所在的类就无法实例化，所以有抽象方法的类一定是抽象类。只要一个类不应该被实例化，就可以声明为抽象类，与其是否有抽象方法无关，所以抽象类中不一定有抽象方法。

2. 抽象方法往往被子类实现

"怎么做"往往在子类中实现。如果子类忽略父类中的抽象方法，不去加以实现，根据"有抽象方法的类一定是抽象类"的原则，子类就必须声明为抽象类，否则将出现编译错误。

10.6 多态性

多态性

多态指声明形式一致，实现方式却不同。Java 语言中的多态性有以下 3 种体现。

1. 方法重载

前面章节介绍了方法重载的概念。方法重载指一个类中有多个同名但是不同参数的方法。例如，Employee 类中的两个 setSalary 方法，名称完全相同，区别在于参数不同。调用重载方法时，Java 虚拟机将根据参数自动绑定到对应的方法。

2. 方法覆盖

前面章节介绍了方法覆盖的概念。方法覆盖是继承关系中的概念，子类可以重写父类中的方法，子类中的方法必须与父类中的方法名称相同、参数相同、返回值类型相同，且子类中的方法的访问权限不能比父类中的小，可以等同或扩大。使用子类对象调用被子类覆盖的方法时，将自动绑定到对应子类中的方法，如果调用没有被子类覆盖的方法，则调用父类中的方法。

3. 多态参数

多态参数是多态性的另一种体现，也是使用较多的一种方式。多态参数，即方法的形式参数类型是父类类型，而传递的实际参数可以是任意子类的对象。如以下代码：

多态参数

```java
public static double calBonus(Employee e){
    if(e.getSalary()>10000){
```

```
        return e.getSalary()*1.2;
    }else{
        return e.getSalary()*1.1;
    }
}
```

上述代码中的 calBonus 方法是一个定义了多态参数的方法。calBonus 方法的参数类型是父类 Employee 的类型，使用时可以传递 Employee 类的子类对象。使用以下代码调用 calBonus 方法：

```
Sales sale=new Sales("John",5000,100000);
Engineer engineer=new Engineer("Alice",15000,"Software");
System.out.println("销售人员的奖金："+EmployeeUtil.calBonus(sales));
System.out.println("工程师的奖金："+EmployeeUtil.calBonus(engineer));
```

calBonus 方法的形式参数是父类 Employee 的类型，但是实际使用时，却可以传递 Employee 类的任何一个子类对象，如 Sales 对象、Engineer 对象。子类对象是一个父类类型的对象，因此可以将子类对象赋值给父类的引用。多态参数的使用，对于设计可扩展的程序非常重要。例如，员工管理系统中需要增加新的员工类型，只要创建新的子类，继承父类 Employee 即可，并不需要修改 calBonus 方法，就可以对新的子类对象进行计算，因为 calBonus 方法可以接收 Employee 类任何子类的实例。

运行期类型与
编译期类型

要深入理解多态参数，需要先学习 Java 语言的编译期类型和运行期类型的概念。如果存在类 A，常见的声明创建对象方式如下：

```
A a=new A();
```

其中前面的 A 表示对象的类型，被称为编译期类型。在编译期，Java 虚拟机认为 a 的类型是 A，a 所使用的属性和方法的有效性将到 A 类中去校验。而构造方法 A() 中的 A 是运行期类型，运行期将执行运行期类型中的方法。在 A a=new A();表达式中，编译期类型和运行期类型相同。然而，在继承关系中，就可能存在编译期类型与运行期类型不同的情况。假设 B 类是 A 类的子类，可以使用以下方式创建对象：

```
A ab=new B();
```

根据上面的介绍，对象 ab 的编译期类型为父类 A，运行期类型为子类 B。如果一个引用的编译期类型和运行期类型不同，那么一定是编译期类型与运行期类型有父类与子类关系。因此，将 ab 对象使用的属性和方法，在编译期到 A 类中校验，而在运行期执行 B 类的方法。如以下代码：

```
Employee e=new Sales("Grace",5000,100000);
e.setSalary('a');
System.out.println("sales调整前的薪水为5000，级别为a，调整后的薪水为"+e.getSalary());
```

对象 e 的编译期类型是 Employee。在编译期，e 调用的 setSalary 方法及 getSalary 方法都将到 Employee 类中校验，如果 Employee 类中不存在对应的方法，则出现编译错误。而运行期将根据 e 的运行期类型 Sales 自动绑定到 Sales 类的 setSalary 方法，使用 Sales 类覆盖后的 setSalary 方法。运行结果如下：

```
sales调整前的薪水为5000，级别为a，调整后的薪水为6000.0
```

如果 e 调用 Sales 类中扩展的新方法，将出现编译错误。如以下代码：

```
e.setTask(150000);     //出现编译错误！！！
```

因为 e 的编译期类型是 Employee，而 Employee 类中没有 setTask 方法，所以出现编译错误。

如果一个对象的编译期类型是父类，运行期类型是子类，则可以对该对象进行强制类型转换，将其编译器类型转换为与运行期类型相同的类型。如以下代码：

```
Employee e=new Sales("Grace",5000,100000);
Sales sale=(Sales)e;
sale.setTask(150000);
```

强制转换后，e 的编译期类型变为 Sales 类型，就可以调用 Sales 类中的所有方法。了解编译期类型与运行期类型后，可见多态参数都使用父类类型作为编译期类型，而具体参数的运行期类型都是父类的某个具体子类类型。

10.7 this 和 super 关键字

this 和 super 是 Java 语言中的两个关键字，其中 super 是在继承关系中使用的关键字，此节对两个关键字进行介绍。

1. this 关键字

this 关键字有两种使用方式。一种使用方式是作为本类当前的引用，用来调用本类的属性和方法，常见的是用来区分同名的方法参数和属性。如以下代码：

父类引用指向子类对象

this 关键字

```
public void setName(String name){
    this.name=name;
}
```

上述代码中，this.name 中的 name 是类的属性，=后的 name 是方法的参数。

this 的另一种使用方式是在构造方法的第一条语句中，调用本类的其他构造方法。如以下代码：

```
public Employee(String name){
    this(name,0.0);
    System.out.println("调用构造方法Employee(String name)");
}
```

上述代码中的 this(name,0.0);语句调用了 Employee 类的 Employee(String)构造方法。

2. super 关键字

super 关键字都在子类中使用，有两种使用方式。一种使用方式是作为父类的引用，用来调用父类中的属性或方法。如 Sales 类需要覆盖父类 Employee 中的 setSalary(double)方法，使薪资调整方式不变，仅增加记录日志功能。也就是说，子类 Sales 的 setSalary(double)方法首先调用父类中的 setSalary(double)方法，然后增加日志功能。这时候就可以使用 super 关键字来调用父类中的方法。如以下代码：

super 关键字

```
public void setSalary(double salary){
    super.setSalary(salary);
    System.out.println("销售人员薪资已经修改，写入日志文件...");
}
```

上述代码中使用 super.setSalary(double)方法调用了父类 Employee 的 setSalary 方法。

super 关键字的另一种使用方式是在子类构造方法的第一行调用父类的构造方法。如以下代码：

```
public Sales(String name, double salary,double task){
    super(name, salary);
    this.task=task;
}
```

值得注意的是，这种用法只能出现在子类构造方法的第一行，否则将出现编译错误。

10.8 final 在继承中的使用

final 修饰符

final 修饰变量后，变量成为常量，赋值后不能被修改。另外，final 还可以修饰类和方法。

如果一个类被 final 修饰，则称为终极类，该类不允许被继承。API 中有大量 final 类，如 String 类。如果一个方法被 final 修饰，则称为终极方法，该方法不能被子类覆盖。

如果一个类中的所有方法都是 final 方法，那么等同于类声明为 final 类吗？答案是否定的。即使一个类中的所有方法都是 final 方法，该类还是可以作为父类被继承，final 方法也可以被子类对象使用，只不过不能被覆盖。而类声明为 final 后，就不能做父类了，也不能被继承。

10.9 static、abstract、final 修饰符总结

至此，对 static、abstract、final 这 3 个关键字的相关知识基本已经介绍完，本节将对这 3 个常用的修饰符进行总结，如表 10-1 所示。

表 10-1 修饰符总结

修饰符/类元素	类	属 性	方 法	块	内 部 类
static	不可以	可以	可以	可以	可以
abstract	可以	不可以	可以	不可以	可以
final	可以	可以	可以	不可以	可以

接下来分别对这 3 个修饰符进行总结。

1. static

静态属性：静态属性不绑定到某个对象，属于整个类，且存储空间不变，可以直接使用类名调用。

静态方法：静态方法与静态属性类似，不绑定到某个对象，是所有对象共享的方法，可以直接使用类名调用。

静态块：静态块在类加载时被调用，且只能被调用一次。

2. abstract

抽象类：抽象类是不能被实例化的类，往往用来做父类。

抽象方法：没有方法体的方法是抽象方法，往往在子类中实现。有抽象方法的类一定是抽象类。

3. final

final 类：final 类不能被继承。

final 属性：final 属性为常量，赋值后不能被修改。赋值方式有两种，一种是声明时赋值，另一种是在构造方法中赋值。

final 方法：final 方法不能被子类覆盖。

10.10 关联和继承

关联和继承都可以在某个类中使用另一个已存在的类的功能，是两种常用的实现复用的策略。那么二者到底有什么区别？应该如何选择呢？本节将介绍关联和继承的区别与联系。

如果 A 类的某些方法需要"借助" B 类的方法实现，那么就可以将 B 类作为 A 类的属性，即关联。关联关系通过把已存在的类作为属性的方式，达到重复使用的目的。如以下代码：

```
package com.etc.chapter10;
public class A{
```

```
        private B b;
        public void af(){
            b.bf();
        }
    }
    class B{
      public void bf(){}
    }
```

上述代码中，B 类作为 A 类的属性存在，那么 A 类的所有方法都可以调用 B 类的方法，从而达到复用 B 类的目的。

如果需要为某个类创建一个特殊化的版本，即某个类是一个通用的类，而需要开发的类在通用的基础上，还需要一些特殊化处理，这时就需要使用继承。如本章中使用的例子：Employee 类、Sales 类、Engineer 类。其中 Employee 类是一个通用的类，而 Sales 类和 Engineer 类是对 Employee 类的特殊化处理。

在实际应用中，关联关系比继承关系使用得更为广泛，但很多初学者很容易将关联关系错误地用成继承关系。在选择使用关联还是继承时，关键要思考两个类到底是 "HAS-A" 关系还是 "IS-A" 关系，切忌盲目地使用继承。

10.11 Object 类

Java API 中的 java.lang 包中有一个 Object 类，该类是所有类的根，是一个顶级类。也就是说，Java 中的任何类都不可能没有父类，

Object 类的作用和地位

一个类可以使用 extends 关键字显式地继承某个父类；如果一个类没有使用 extends 关键字继承某个父类，那么这个类就默认继承了 Object 类。所以 Object 类将被任何类直接或间接地继承，任何类都拥有 Object 类中的方法。可以说，任何类的对象都可以调用 Object 类中的方法，包括数组对象。如果某个类需要修改 Object 类的方法，直接进行方法覆盖即可。

假设某方法的声明形式如下：

```
    public void f(Object o){}
```

上述代码中，方法 f 的参数是 Object 类型，调用该方法时，可以传递给 f 方法任何类型的对象，包括数组对象，因为 Object 是所有引用类型的父类。由于数组对象是引用类型，所以不论数组中的元素是什么类型，数组本身都是 Object 类型。如以下代码：

```
    int[] a=new int[3];
    Sales[] s=new Sales[2];
    …
    f(a);
    f(s);
```

上述代码中声明创建了数组 a 和数组 s，分别是 int[]类型和 Sales[]类型，都可以作为实际参数传递给 f 方法，因为数组都是引用类型，都是 Object 类型。

假设某方法的声明形式如下：

```
public void f(Object[] o){}
```

Object[]是对象型数组，就是数组元素都是引用类型的数组。int[]类型的数组不是对象型数组，而 Sales[]类型的数组是对象型数组。调用该方法，实际参数只能是数组，且该数组的元素类型必须是引用类型。以下代码能够编译成功：

```
Sales[] s=new Sales[2];
…
f(s);
```

而下面的代码将编译出错，因为数组 a 中的元素的类型是 int，不是 Object。

```
int[] a=new int[3];
…
f(a);
```

Object 类中定义了一些常用的方法，任何子类都可以直接使用或者进行方法覆盖。下面介绍 Object 类中的两个主要方法。

Object 类中的方法

1. toString 方法

toString 方法可以将任何一个对象转换成字符串返回，返回值的生成算法为 getClass().getName()+'@'+Integer.toHexString(hashCode())。toString 方法可以被很多方法自动调用，如 System.out.println 方法，输出一个引用类型对象时，将默认调用该对象的 toString 方法，输出 toString 方法的返回值。API 中的很多类覆盖了 toString 方法，实现了新的算法。如 String 类的 toString 方法返回的就是字符串的字符序列。如以下代码：

```
package com.etc.chapter10;
public class TestToString{
  public static void main(String[] args){
    Sales sale=new Sales();
    String s="hello";
    System.out.println("打印sale.toString: "+sale.toString());
    System.out.println("直接打印sale: "+sale);
    System.out.println("打印s.toString "+s.toString());
    System.out.println("直接打印s: "+s);
  }
}
```

运行结果如下：

```
打印sale.toString: com.etc.chapter10.Sales@5224ee
直接打印sale: com.etc.chapter10.Sales@5224ee
打印s.toString hello
直接打印s: hello
```

可见，输出一个引用类型数据 sale 时，调用 toString 方法和不调用 toString 方法的结果相同，说明 println 方法将自动调用对象的 toString 方法，并输出其返回值。其中 sale 对象 toString 方法的返回值形式与 Object 类中定义的相同，是"类名@哈希码"格式，而 String 类型对象 s 的 toString 方法返回值为字符序列，与 Object 类中的算法不同。这是因为 Sales 类没有覆盖 toString 方法，所以直接使用父类 Object 类的 toString 方法；而 String 类已经覆盖了 toString 方法，返回值为字符序列，所以不再使用 Object 类中的算法。

2. equals 方法

Object 类中的 equals 方法用来比较两个引用的虚地址。当且仅当两个引用在物理上是同一个对象时，返回值为 true，否则将返回 false。如以下代码：

```
package com.etc.chapter10;
public class TestEqual{
    public static void main(String[] args){
        Sales s1=new Sales();
        Sales s2=new Sales();
        Sales s3=s2;
        System.out.println("s1.equals(s2): "+s1.equals(s2));
        System.out.println("s2.equals(s3): "+s2.equals(s3));
    }
}
```

运行结果如下：

```
s1.equals(s2): false
s2.equals(s3): true
```

上述代码中，由于 s1 和 s2 分别使用 new 关键字创建，物理上是两个对象，所以比较结果为 false，而 s2 的引用直接赋值给 s3，所以二者具有相同的引用，比较结果为 true。如果类覆盖了 equals 方法，那么就将调用覆盖后的 equals 方法。例如，String 类已经覆盖了 equals 方法，算法为比较两个字符串的字符序列，字符序列相同，返回 true，字符序列不同，返回 false。如以下代码：

```
String ss1="hello";
String ss2=new String("hello");
String ss3=new String("hello");
System.out.println("ss1.equals(ss2): "+ss1.equals(ss2));
System.out.println("ss1.equals(ss3): "+ss1.equals(ss3));
```

运行结果如下：

```
ss1.equals(ss2): true
ss1.equals(ss3): true
```

上述代码中，ss1、ss2、ss3 是 3 个引用，但是字符序列均相同，所以 equals 比较结果为 true。可见，String 类的 equals 方法已经被覆盖，与 Object 类中的 equals 方法的算法不同。

equals 方法与==有什么区别？==是比较操作符，可以用来比较基本数据类型的二进制值；equals 是 Object 类的方法，不能使用基本数据类型调用，只能使用对象调用。==用来比较引用类型时，比较的是虚地址；equals 方法在 Object 类中的定义与==比较引用类型相同，也比较引用的虚地址。然而，equals 方法可以被覆盖，重写成子类需要的比较逻辑；==不可以重写，永远都比较对象的虚地址。

10.12　本章小结

本章介绍了 Java 中类与类之间的第三种常见关系：继承，继承是一种"IS-A"关系，即子类对象是父类类型的一个对象。通过继承，子类可以重复使用父类的属性和方法。本章将继承的相关知识点进行了总结，包括继承时构造方法的调用顺序，方法覆盖与方法重载，抽象方法与抽象类，this 与 super 关键字，static、abstract、final 修饰符，关联与继承两种关系的区别和联系等。学习完本章后，读者应该对面向对象的三大特征（封装、继承和多态）有了更为深入的理解。

第 **11** 章
实 现 关 系

严格来说，实现关系并不是类与类之间的关系，而是类与接口之间的关系。Java 语言中定义了接口的概念，接口的本质是一个特殊的抽象类，因此，实现关系也可以理解为一种类与类之间的关系。实现关系的本质与继承关系类似，也是"IS-A"关系。本章将介绍接口的相关知识，以及类与接口之间的实现关系。

11.1 接口的定义

Java 语言中，可以使用 interface 关键字来声明接口。接口的特点是，没有变量，所有方法都是抽象方法。可以将接口看成一个特殊的抽象类，特殊之处在于接口中的任何方法都必须是抽象的，而且不能声明变量。接口编译后，也生成.class 文件。以下代码演示接口的声明形式：

```
package com.etc.chapter11;
public interface Flyer{
    public static final int TYPE=1;
    public abstract void fly();
    public abstract void land();
    public abstract void takeoff();
}
```

上述代码声明了接口 Flyer，该接口中声明了一个静态常量 TYPE，没有任何变量；同时声明了 3 个抽象方法，没有任何具体方法。

11.2 类与接口之间的关系：实现

接口是抽象的，其中没有任何具体方法和变量，所以不能进行实例化。接口定义的是多个类都要实现的操作，即"做什么"。类可以实现接口，从而覆盖接口中的方法,实现"怎么做"。类实现接口通过使用关键字 implements 完成，然后就拥有了接口中的常量和抽象方法，所以该类必须实现接口定义的抽象方法，否则类将是抽象类,无法进行实例化。例如，声明 Bird 类和 SuperMan 类实现第 11.1 节中的 Flyer

类实现接口

接口，使类实现接口中的所有抽象方法，同时可以扩展新的方法。代码如下：

```java
package com.etc.chapter11;
public class Bird implements Flyer{
    public void fly(){
        System.out.println("小鸟飞行");
    }
    public void land(){
        System.out.println("小鸟着陆");
    }
    public void takeoff(){
        System.out.println("小鸟起飞");
    }
    public void layEgg(){
        System.out.println("小鸟下蛋");
    }
}
package com.etc.chapter11;
public class SuperMan implements Flyer{
    public void fly(){
        System.out.println("超人飞行");
    }
    public void land(){
        System.out.println("超人着陆");
    }
    public void takeoff(){
        System.out.println("超人起飞");
    }
    public void work(){
        System.out.println("超人工作");
    }
}
```

上述代码中，Bird 类和 SuperMan 类都实现了 Flyer 接口，实现了 Flyer 接口中的抽象方法，同时扩展了自己的新方法。类实现接口，本质上与类继承类相似，区别在于类最多只能继承一个类，即单继承，而一个类却可以同时实现多个接口，多个接口用逗号隔开即可。实现类需要覆盖所有接口中的所有抽象方法，否则该类也必须声明为抽象类。如以下代码：

```java
package com.etc.chapter11;
public class Bird implements Flyer,Animal{
    //覆盖Flyer接口的方法
    public void fly(){
        System.out.println("小鸟飞行");
    }
    public void land(){
        System.out.println("小鸟着陆");
    }
    public void takeoff(){
        System.out.println("小鸟起飞");
    }
    //覆盖Animal接口的方法
    public void eat(){
```

```
        System.out.println("小鸟吃食");
    }
    //扩展新的方法
    public void layEgg(){
        System.out.println("小鸟下蛋");
    }
}
```

上述代码中的 Bird 类同时实现了 Flyer 和 Animal 两个接口，对两个接口中的方法分别进行了实现，还可以扩展自己的新方法。此时，Bird 类同时拥有两种父类型，即 Flyer 和 Animal，可以说 Bird 既是一种 Flyer，也是一种 Animal。

11.3 接口的作用

接口将 Java 中抽象的概念进一步发挥。接口的本质是一个"纯粹"的抽象类，即所有方法都是抽象的。接口中只定义"做什么"，将多个类型都需要实现的功能进行统一规范，而"怎么做"都由各实现类完成，实现可扩展的效果。接口的作用如下。

接口的作用

1．实现多重继承

由于 Java 类要求单继承，如果没有接口的概念，子类一旦继承那些"纯粹"的抽象类，便不能再继承其他类。所以 Java 语言将"纯粹"的抽象类定义为一种类型，即接口。类可以同时继承父类以及实现接口，也就是说，extends 和 implements 关键字可以同时使用，而且一个类可以同时实现多个接口，从而实现对"纯粹"的抽象类的多重继承，解决了类与类单继承的局限性。

2．实现多态性

接口不能创建对象，但是可以作为类型存在，因此可以实现多态参数。如以下代码：

```
Flyer bird=new Bird();
bird.fly();
```

其中 Bird 类实现了 Flyer 接口。Flyer 是对象 bird 的编译期类型，Bird 是对象 bird 的运行期类型，本质与使用抽象类完全相同，因此可以作为多态参数使用。如以下代码：

```
package com.etc.chapter11;
public class TestFlyer{
    public static void test(Flyer flyer){
        flyer.takeoff();
        flyer.fly();
        flyer.takeoff();
    }
    public static void main(String[] args){
        Flyer bird=new Bird();
        test(bird);
        Flyer superman=new SuperMan();
        test(superman);
```

```
        }
    }
```

上述代码中，test 方法的参数是 Flyer 接口的类型。使用 test 方法时可以动态传递 Flyer 接口任何实现类的对象，test 方法体将动态调用具体实现类中的方法。如果 Flyer 接口有新的实现类，只要声明新类，实现 Flyer 接口即可，test(Flyer)方法不需要改变，可在一定程度上实现可扩展性。

11.4 接口的语法细节

接口的基本语法

接口本质上是抽象类，所以具备类的特征，但是也有其特殊性。本节将从多个方面总结接口的一些细节特征。

1. 接口的访问权限

类(专指外部类)的访问权限有两种：public 权限和 default 权限。类如果不显式声明 public 权限，则默认为 default 权限。然而，接口的访问权限只能是 public，即使不显式声明 public 权限，也默认为 public 权限。如以下代码：

```
package com.etc.chapter11;
interface Account{
}
```

Account 接口没有显式声明访问权限，默认的访问权限是 public。

2. 接口体

接口体中只能声明静态常量、抽象方法，不能有其他元素。

3. 接口的常量

接口中不能有变量，只能声明常量，而且常量必须是静态的、公共的，即 public、static、final 修饰的常量，且必须赋初值。值得注意的是，接口中常量的 3 个修饰符是默认存在的，不管写几个，甚至不写，这 3 个修饰符也都同时存在。可以使用接口名调用常量，如以下代码：

```
package com.etc.chapter11;
interface Account{
    int TYPE=1;
}
```

虽然 TYPE 前没有声明任何修饰符，但是默认存在上述 3 个修饰符。

4. 接口中的方法

接口中的方法必须是抽象方法，且访问权限只能是 public。和类中的方法权限不同，接口中的方法即使不显式声明权限修饰符，默认也是 public 权限。如以下代码：

```
package com.etc.chapter11;
interface Account{
    int TYPE=1;
```

```
        void deposit();
    }
```

deposit 方法虽然没有声明权限修饰符，但是其默认的权限是 public。按照方法覆盖的原则，子类覆盖父类方法时权限不能缩小，所以类实现接口后，会覆盖接口中的抽象方法，权限必须是 public。

5. 类与接口之间的关系

前已述及，类与接口之间的关系称为实现，使用 implements 关键字表示，是一对多的关系。一个类可以同时实现多个接口，多个接口名称使用逗号隔开即可。

6. 接口与接口之间的关系

接口也可以继承其他接口，达到复用效果，和类的继承关系一样，也使用关键字 extends 表示，区别在于接口可以同时继承多个接口，而类只能同时继承一个类。如以下代码：

```
public interface A{
    public void af();
}
public interface B{
    public void bf();
}
public interface C extends A,B{
    public void cf();
}
```

接口 C 同时继承了接口 A 和接口 B，拥有了接口 A 和接口 B 的方法，所以接口 C 中有 3 个抽象方法：af、bf、cf。

11.5　Comparable 接口

Comparable 接口

Java API 中定义了大量的接口。本节结合 Arrays 类的排序方法，使读者熟悉 Comparable 接口的使用，进一步加深对接口的理解。

java.util.Arrays 类中定义了一个静态方法，能够对数组进行排序。如以下代码：

```
public static void sort(Object[] a)
```

可见该方法能够对元素是任何引用类型的数组进行排序。如以下代码：

```
Sales[] salesArray=new Sales[3];
salesArray[0]=new Sales("Alice",3900,130000);
salesArray[1]=new Sales("John",5000,150000);
salesArray[2]=new Sales("Gloria",4000,120000);
Arrays.sort(salesArray);//发生ClassCastException异常
```

上述代码中声明了 Sales[] 类型的数组 salesArray，并对数组进行了初始化。然后调用 Arrays 类的 sort 方法进行排序。因为 sort 方法可以对任何 Object[] 类型的数组进行排序，所以也可对

Sales[]类型的数组进行排序，代码编译成功。然而，运行该代码时，出现如下异常：

```
Exception in thread "main" java.lang.ClassCastException: com.etc.chapter11.Sales
    at java.util.Arrays.mergeSort(Unknown Source)
    at java.util.Arrays.sort(Unknown Source)
```

异常处理将在第三部分介绍。其中 ClassCastException 异常是类型转换时发生的异常。如下面的类型转换就会发生该异常：

```
Sales s=new Sales();
Engineer e=(Engineer)s;
```

上述代码中，对象 s 的运行期类型是 Sales，不允许转换成 Engineer 类型。只有两种情况允许对对象进行类型转换。

第一种情况是将一个对象的编译期类型转换成该类的父类或接口的类型，可以直接转换。如以下代码：

```
Bird bird=new Bird();
Flyer flyer=bird;
Sales sale=new Sales();
Employee e=sale;
```

上述代码中的 Bird 类实现了 Flyer 接口，Sales 类继承了父类 Employee，所以可以直接进行转换。

第二种情况是一个对象的编译期类型是其父类或接口类型，可以使用()强制将其编译期类型转换成运行期类型。如以下代码：

```
Flyer man=new SuperMan();
SuperMan mflyer=(SuperMan)man;
Employee e=new Sales();
Sales sale=(Sales)e;
```

除了上面两种情况可以转换成功，其他的转换都会发生 ClassCastException 异常。总的来说，如果一个对象的一种类型可以转换成另一种类型，仅限于与其父类或接口进行。

根据上面的分析，代码 Arrays.sort(salesArray);发生 ClassCastException 异常的原因应该是执行 sort 方法时，对某些对象进行了类型转换，因为类型不匹配而导致失败。阅读 Arrays.sort 方法的描述，可见这样的要求："All elements in the array must implement the Comparable interface"，即数组中所有的元素必须实现 Comparable 接口。因此，要想避免代码中的异常，必须让 Sales 类实现 Comparable 接口，该接口中有一个方法。代码如下：

```
int compareTo(Object o):Compares this object with the specified object for order.
```

JDK 5.0 及以后版本中，Comparable 接口是一个泛型接口，由于泛型在后面章节介绍，所以此处忽略泛型。一个类实现接口，必须覆盖接口中的方法。阅读 compareTo 方法的描述，可见返回值有 3 种情况，正值表示大于指定的参数，负值表示小于指定的参数，0 表示等于指定的参数。Sales 类修改如下，以实现 Comparable 接口，覆盖 compareTo 方法：

```
package com.etc.chapter11;
```

```
public class Sales extends Employee implements Comparable{
//省略其他代码
  public int compareTo(Object arg0){
    Sales sale=(Sales)arg0;
    if(this.getSalary()>sale.getSalary()){
      return 1;
    }else if(this.getSalary()<sale.getSalary()){
      return-1;
    }else{
      return 0;
    }
  }
}
```

上述代码中，Sales 类实现了 Comparable 接口，覆盖了其中的 compareTo 方法，实现了根据 salary 属性进行比较的逻辑。运行以下代码测试排序：

```
Sales[] salesArray=new Sales[3];
salesArray[0]=new Sales("Alice",3900,130000);
salesArray[1]=new Sales("John",5000,150000);
salesArray[2]=new Sales("Gloria",4000,120000);
System.out.println("按自然顺序打印：");
System.out.println("姓名\t\t"+"薪水\t\t"+"任务\t\t");
for(Sales s:salesArray){
  System.out.println(s.getName()+"\t\t"+s.getSalary()+"\t\t"+s.getTask());
}
//对salesArray数组进行排序
Arrays.sort(salesArray);
System.out.println("排序后打印：");
System.out.println("姓名\t\t"+"薪水\t\t"+"任务\t\t");
for(Sales s:salesArray){
  System.out.println(s.getName()+"\t\t"+s.getSalary()+"\t\t"+s.getTask());
}
```

运行结果如下：

```
按自然顺序打印：
姓名        薪水        任务
Alice      3900.0      130000.0
John       5000.0      150000.0
Gloria     4000.0      120000.0
排序后打印：
姓名        薪水        任务
Alice      3900.0      130000.0
Gloria     4000.0      120000.0
John       5000.0      150000.0
```

到目前为止，salesArray 数组已经成功使用了 Arrays.sort 方法实现按照薪水进行排序。下面对使用 Arrays.sort 方法的过程进行总结。

1. 数组元素的类实现 Comparable 接口

如果要使用 Arrays.sort(Object[])方法对某数组进行排序，那么该数组元素的类一定要实现 Comparable 接口。例如，要对 Sales 数组进行排序，Sales 类必须实现 Comparable 接口。

2. 覆盖 Comparable 接口中的 compareTo 方法

compareTo 方法实现了数组的某个元素与其他任意一个元素的比较，通过返回值来表示大于、小于、等于。如按照薪水进行比较，则 sort 方法就按照薪水排序。如果需要按照姓名排序，则 compareTo 方法就应该按照姓名比较。

3. 调用 Arrays.sort 方法

当第 1、2 步完成后，就可以创建数组对象，传递给 sort 方法，使用类名 Arrays 调用 sort 方法进行排序。

通过该例子可以使读者进一步加深对接口的理解。Comparable 接口中定义了需要排序的数组元素的"做什么"逻辑，即需要排序的数组元素都实现 compareTo 方法。而究竟如何实现 compareTo 方法，由实现类根据具体需要实现。Arrays 类的 sort 方法将需要排序的数组元素转换成 Comparable 类型，调用元素对象的 compareTo 方法比较大小，然后使用排序算法进行排序。如果数组元素没有实现该接口，就会发生 ClassCastException 异常。

总的来说，接口可以对多个类的可变部分进行抽象，从而对类进行规范。

为什么 String[]类型的数组可以直接使用 Arrays.sort 进行排序，而不会发生 ClassCastException 异常？String 类作为 API 中的类，已经实现了 Comparable 接口，覆盖了其中的 compareTo 方法。String 类的 compareTo 方法根据字符串字符序列的字典顺序进行比较。使用 Arrays.sort 方法对 String[]类型的数组进行排序时，也是根据字符序列的字典顺序进行比较。另外，值得注意的是，字符串字符序列的字典顺序不能使用比较操作符进行比较，只能使用 compareTo 方法进行比较。

11.6 本章小结

本章的学习重点是接口。接口本质上是一个纯粹的抽象类，当某个抽象类中没有任何变量，且所有方法都是抽象方法时，即可以声明为接口，实现纯抽象类的多重继承。类与接口的关系称为实现，本质上与继承类似，区别在于类与接口之间可以实现一对多关系，而类与类的继承必须是单继承。

至此，对于 Java 语言中类与类之间的关系已经学习结束。类与类之间的关系有 4 种：关联、依赖、继承和实现。其中实现关系也可以理解为继承关系，所以，类与类之间的关系可以总结为 3 种：关联（HAS-A）、依赖（USE-A）和继承（IS-A）。如果继承的不是类，而是接口，则被称为实现。3 种关系中，关联和继承是两种常用的复用策略，都通过使用已存在的类实现复用。

第 **12** 章
第二部分自我测试

一、简答题

1. 抽象类和接口有什么区别？

2. 列出至少 5 个 Object 类中的方法。

3. 如果 B 类是 A 类的子类，A a=new B();合法吗？a 的运行期类型和编译期类型分别是什么？

4. 接口中可以声明变量吗？接口中能包含哪些元素？

5. 子类构造方法中有哪几种方式可以调用父类构造方法？

6. 类与类的继承是单继承还是多继承？接口可以继承其他接口吗？如果可以，是单继承还是多继承？

7. int[] a=new int[3];中，变量 a 是引用类型还是基本数据类型？为什么？

8. 什么是多态性？Java 语言中的多态性有哪些体现？

9. abstract 和 final 可以同时修饰一个 Java 类吗？为什么？

10. 是否可以继承 String 类？为什么？

11. "两个对象的值相同（x.equals(y)==true），但是其 hash code 不同"这句话对不对？为什么？

12. Object 类是数组的父类吗？

13. 如果一个类用 final 修饰，该类有什么特征？

14. 抽象类不能创建对象，需要声明构造方法吗？为什么？

15. "IS-A"表示什么关系？请用简单代码说明其含义。

16. override 是什么意思？其与 overload 有什么区别？

17. 什么是抽象方法？抽象方法有什么作用？

18. 接口中的方法有什么特征？

19. "HAS-A"表示什么关系？请用简单代码说明其含义。

20. 什么是抽象类？抽象类有什么作用？

二、选择题

1. 以下定义一维数组的语句中，正确的是（   ）。

    A．int a[5]   B．int a[]=new[5];

    C．int a[]; int a=new int[5];   D．int a[]={1,2,3,4,5};

2.（   ）指的是同一类中具有相同的名称但是不同的参数列表的方法。

    A．覆盖方法   B．重写方法

C．重载方法   D．强制类型转换

3．下列关于修饰符混用的说法，错误的是（   ）。

  A．abstract 不能与 final 并列修饰同一个类

  B．abstract 类中不可以有 private 的成员

  C．abstract 方法必须在 abstract 类中

  D．static 方法中能处理非 static 的属性

4．在以下代码的横线处填入（   ）能使结果显示"Wrong!"？

```
public static void main(String args[]){
    String say="We love our country!";
    String str=say.substring(8,11);
    if(str____"our"){
        System.out.println("Right!");
    }else{
        System.out.println("Wrong!");
    }
}
```

  A．==   B．=   C．Equals   D．equal

5．有两个类，其中 SuperClass 类是 SubClass 类的父类，以下选项中属于向下转型的是（   ）。

  A．SuperClass s=new SubClass()

  B．SubClass s=(SubClass)superClass

  C．SubClass s=new SubClass()

  D．SuperClass s=new SuperClass()

6．以下代码的运行结果是（   ）。

```
1. public abstract class AbstractIt{
2.     public abstract float getFloat();
3. }
4. public class AbstractTest extends AbstractIt{
5.     private float f1=1.0f;
6.     private float getFloat(){return f1;}
7. }
```

  A．编译成功   B．第 6 行运行错误

  C．第 6 行编译错误   D．第 2 行编译错误

7．给定 Java 程序 Test.java，代码如下：

```
package com;
class Test{
    protected void talk(){
        System.out.print("talk");
    }
}
```

给定 Test 的子类 Test2，代码如下：

```
package com.util;
import com.*;
public class Test2 extends Test{
    public static void main(String[] args){
        new Test2().talk();
    }
}
```

编译运行程序，执行结果是（　　　）。

    A．输出字符串 talk

    B．输出字符串 talk talk

    C．编译错误：在 com.util.Test2 中无法访问 talk 方法

    D．编译错误：com.Test 不是 public，无法在包外访问

8．给定 Test 的子类 Test2，代码如下：

```
package com.util;
import com.*;
public class Test2 extends Test{
    public static void main(String[] args){
        new Test2().talk();
    }
}
```

编译运行程序，执行结果是（　　　）。

    A．输出字符串 talk

    B．输出字符串 talk talk

    C．编译错误：在 com.util.Test2 中无法访问 talk 方法

    D．编译错误：com.Test 不是 public，无法在包外访问

9．下列 Java 代码中，横线处的代码是（　　　）。

```
public interface Fee{
    public float calLabFee(float unitPrice, float time);
}
public class FeeImpl implements Fee{
    public float calLabFee(float unitPrice, float time){
        return unitPrice * time;
    }
}
public class FeeInterfaceTest{
    public static void main(String[] args){
        _____
        Float labFee=fee.calLabFee(400.00,5);
    }
}
```

    A．Fee fee=new Fee();   B．Fee fee=new FeeImpl();

    C．FeeImpl fee=new Fee();   D．FeeImpl fee=FeeImpl.class;

10. 以下代码中，第 10 行语句将调用（　　　）语句。

```
1. class Person{
2.    public void printValue(int i, int j){//... }
3.    public void printValue(int i){//... }
4. }
5. public class Teacher extends Person{
6.    public void printValue(){//... }
7.    public void printValue(int i){//...}
8.    public static void main(String args[]){
9.       Person person=new Teacher();
10.      t.printValue(10);
11.   }
12.}
```

　　A．第 2 行　　　　　　　B．第 3 行　　　　　　C．第 6 行　　　　　D．第 7 行

11. 以下程序的运行结果是（　　　）。

```
public class J_Test{
    static short m_index;
    static int m_age;
    public static void mb_setData(short n){
       m_index=n;
    }
    public static void mb_setData(int n){
       m_age=n;
    }
    public static void main(String args[]){
       mb_setData(98);
       System.out.println("Index="+m_index+"; Age="+m_age);
    }
}
```

　　A．Index=0；Age=98　　　　　　　　B．Index=98；Age=0

　　C．Index=0；Age=0　　　　　　　　　D．以上都不对

三、编程题

1．一个数组中的元素为 8、4、2、1、23、344、12，请编写程序实现如下内容：

（1）求数组中所有数值的和；

（2）循环输出数组的值。

2．请编写程序，用冒泡排序法将数组{8, 23, 6, 54, 122, 76}中的元素从大到小输出。

3．编写程序，创建 Shape 类，该类具有周长和面积等属性。创建子类三角形和矩形，均具有求周长的方法。定义主类，创建三角形类和矩形类的对象，并分别赋给 Shape 类的对象，测试其特性。

4．编写程序，创建 Human 类，该类具有若干属性和功能。创建子类 Man、Woman。定义主类并分别创建子类、父类和向上转型对象。

5．编写程序，创建 Animal 类，该类具有种类等属性，具有吃、睡等功能。创建子类 Fish 和 Dog。定义主类并分别创建其子类对象，并测试对象的特性。

第三部分

异 常 处 理

　　学习完第一部分和第二部分后，读者已经对 Java 语言的基本语法、面向对象特征、类与类之间的关系等知识点有了深入理解。然而，任何应用中都会有一些不正常的事件流，如取款时可能余额不足、打开文件时可能文件不存在等。如何处理这些不正常的事件流？早期编程语言往往采用不同事件流返回不同返回值的方式来处理。如取款方法，取款成功返回 true，余额不足返回 false。但是，往往返回值会被忽略，例如使用取款方法时可能忽略了处理返回值为 false 的情况。Java 语言使用异常处理机制来解决这个问题，以提高程序的鲁棒性。本部分将介绍异常处理的相关知识点。

第 **13** 章
Java 应用异常处理

异常处理机制能够让程序的错误处理变得更加井然有序，不用在许多点逐一检查某个特定错误，也不用在调用方法时进行检查。程序中如果抛出了异常，异常处理机制就能保证该异常被处理。

13.1 异常概述

异常

异常指在程序运行的过程中，发生了某些意外的事件，如除以 0、文件不存在等。如以下代码：

```
package com.etc.chapter13;
public class Calculator{
    public static int div(int x,int y){
        return x/y;
    }
}
public class TestException{
    public static void main(String[] args){
        System.out.println(Calculator.div(100,Integer.parseInt(args[0])));
    }
}
```

如果传递运行期参数 0，那么 div 方法就进行了除以 0 的操作，是不正常的事件，将发生异常。异常并不是错误，只是一些不正常的事件，错误往往与源代码的 Bug 或内部环境有关，如内存泄露等。

API 中的异常

13.2 Java 标准异常类型

Java API 中提供了很多异常类及错误类，所有的异常类和错误类都继承于 java.lang.Throwable 类，该类的所有子类对象都可以"被当成异常抛出"。Throwable 类有两个直接子类：Error 类和 Exception 类。Error 类表示错误，可能是编译期错误或系统错误，往往在程序中并不处理。Exception 类表示异常，是所有异常类的父类，是程序员所关心的。Exception 类有很多子类，这些子类可以分为两种类型。

1. 运行期异常

Exception 类有一个子类 java.lang.RuntimeException，称为运行期异常。RuntimeException 类及其所有子类都被称为运行期异常类。顾名思义，运行期异常是程序运行期抛出的异常，这些异常都由 Java 虚拟机自动抛出。如除数为 0 时，在程序运行期，Java 虚拟机会抛出数学异常（ArithmeticException），数组索引越界时会抛出索引越界异常（ArrayIndexOutOfBoundsException），数字格式转换出错时会抛出数字格式异常（NumberFormatException）等。如以下代码：

```
package com.etc.chapter13;
public class Calculator{
    public static int div(int x,int y){
        return x/y;
    }
}
public class TestException{
    public static void main(String[] args){
    System.out.println(Calculator.div(100, Integer.parseInt(args[0])));
    }
}
```

上述代码中的 main 方法调用 Calculator 类的 div 方法，100 作为被除数，args[0]作为除数，输出相除结果。当将 args[0]赋值为 0，即除数为 0 时，发生数学异常，结果如下：

```
Exception in thread "main" java.lang.ArithmeticException: / by zero
    at com.etc.chapter13.Calculator.div(Calculator.java:5)
    at com.etc.chapter13.TestException.main(TestException.java:9)
```

当不为 args[0]赋值，即 main 方法的数组参数长度为 0 时，使用 args[0]将导致索引越界，发生数组索引越界异常，结果如下：

```
Exception in thread "main" java.lang.ArrayIndexOutOfBoundsException: 0
    at com.etc.chapter13.TestException.main(TestException.java:9)
```

当 args[0]的值不是数字时，将发生数字格式异常，例如，将 args[0]赋值为 abc，运行结果如下：

```
Exception in thread "main" java.lang.NumberFormatException: For input string: "abc"
    at java.lang.NumberFormatException.forInputString(Unknown Source)
    at java.lang.Integer.parseInt(Unknown Source)
    at java.lang.Integer.parseInt(Unknown Source)
```

at com.etc.chapter13.TestException.main(TestException.java:9)

可见，运行期异常都是运行时由 Java 虚拟机自动抛出的，编译期并不检测运行期异常，在代码中不必写抛出异常的语句（抛出异常的方式参考后续章节）。运行期异常往往是由某些编程错误引起的，可能是无法捕捉的错误，如上述程序接收到客户端传来的 abc 字符串，不是数学运算所需要的数字格式的字符串；也可能是程序员应该在自己程序中检查的错误，如程序员应该先检查 args 数组的长度是不是 0。运行期异常都直接或间接继承于 RuntimeException 类，除了本节介绍的以外，还有很多常见的运行期异常，如空指针异常（NullPointerException）、类型转换异常（ClassCastException）等。

2. 检测异常

除了 RuntimeException 类及其子类外，其他的异常类型都可以称为检测异常（Checked Exception）。检测异常是在程序中使用 throw（相关内容参考后续章节）关键字抛出的异常，编译器将强制处理这些异常。API 中定义了大量的检测异常，如 IOException 异常、SQLException 异常等，java.io 包中很多类的方法都抛出了 IOException 异常或其子类异常，标记不同的异常事件。

13.3 处理异常

处理异常（try、catch、finally）

处理异常的作用是标记不正常的事件，如果抛出了异常却不被处理，程序将中断，不正常地退出。所以异常发生后，必须处理异常，保证程序按照不同的流程正常运行下去。Java 中使用 try、catch、finally 语句处理异常。本节将详细介绍异常处理语句的使用。

1. try

try 块用来包含不正常的代码，即可能发生异常的代码块。语法如下：

```
try{
    可能发生异常的代码
}
```

try 块中的任何一条语句发生了异常，之后的代码都将不会被执行，程序将跳转到异常处理代码块中，即 catch 块。因此，不要随意将不相关的代码放到 try 块中，因为随时可能会中断执行。

2. catch

Catch 块必须紧跟在 try 块之后，称为捕获异常，也就是异常处理函数。语法如下：

```
catch(异常类型 引用名){
    异常处理代码
}
```

其中，异常类型可以是 Throwable 类及其任何子类，但是往往不会捕获 Error，常见的是 Exception 类及其子类。catch 块可以有多个，分别捕获不同的异常类型。当 try 块中的代码发生异常后，Java 异常处理机制自动将异常对象传递给 try 块后的 catch 块中，将异常类型与 catch 语句声明的异常类型进行匹配，只要类型匹配（类型相同，或者抛出异常是 catch 语句异常的子类），就运行 catch 块代码，即异常被捕获，程序将正常运行。如果没有找到与抛出异常类型相匹配的 catch 语句，异常就没有被捕获，程序将中断，不正常退出。如以下代码：

```
try{
  //...
}catch(ArithmeticException e){
  //...
}catch(IOException e){
  //...
}catch(Exception e){
  //...
}
```

上述代码中，try 块后声明了 3 个 catch 语句，分别捕获 ArithmeticException、IOException、Exception 异常。如果 try 块发生了 ArithmeticException 异常，则运行第一个 catch 语句；如果发生了 IOException 异常，则运行第二个 catch 语句；如果发生了其他类型异常，则运行最后一个 catch 语句。值得注意的是，如果发生了 ArithmeticException 异常，该类型不仅与第一个 catch 语句的异常类型匹配，也与最后一个 catch 语句的异常类型匹配，但是异常只会被捕获一次，在第一个 catch 语句中被捕获后，不会再运行 catch(Exception)语句。因此如果一个 try 块后有多个 catch 语句，那么 catch 语句的异常类型必须按照从子类到父类的顺序依次捕获，否则将出现编译错误。如以下代码：

```
package com.etc.chapter13;
public class TestException2{
  public static void main(String[] args){
    try{
      System.out.println(100/Integer.parseInt(args[0]));
    }catch(ArithmeticException e ){
      System.out.println("被除数为0");
    }catch(ArrayIndexOutOfBoundsException e ){
      System.out.println("没有指定被除数");
    }catch(NumberFormatException e ){
      System.out.println("被除数不是数字");
    }catch(Exception e ){
      System.out.println("发生异常");
    }
    System.out.println("main方法正常退出");
  }
}
```

上述代码中，try 块后声明了 4 个 catch 语句，分别是 ArithmeticException、ArrayIndexOutOfBoundsException、NumberFormatException 及 Exception。将父类 Exception 放在最后一个 catch 语句，这样能保证如果发生的异常没有被前面的 catch 语句捕获，都可以在最后一个 catch 语句中被捕获。

运行上述代码，当传入参数 args[0]的值为 0 时，将发生数学异常，异常被捕获，运行第一个 catch 语句，运行结果如下：

被除数为0
main方法正常退出

当没有值传入参数 args[0]时，将发生数组索引越界异常，异常被捕获，运行第二个 catch 语句，运行结果如下：

没有指定被除数
main方法正常退出

当传入参数 args[0]的值为 abc 时，将发生数字格式异常，异常被捕获，运行第三个 catch 语句，运行结果如下：

被除数不是数字
main方法正常退出

可见，将可能发生异常的代码放到 try 块中后，发生异常时，异常对象将被传递到与之类型匹配的 catch 语句中。异常只能被捕获一次，所以最后一个 catch 语句的参数类型虽然是父类 Exception，但是从来没有被执行。异常被捕获后，程序正常运行，直到正常退出。假设程序员怀疑 try 块中的代码会发生 NullPointerException 异常，那么就可以增加一个 catch 语句。代码如下：

```java
package com.etc.chapter13;
public class TestException2{
  public static void main(String[] args){
    try{
      System.out.println(100/Integer.parseInt(args[0]));
    }catch(ArithmeticException e ){
      System.out.println("被除数为0");
    }catch(ArrayIndexOutOfBoundsException e ){
      System.out.println("没有指定被除数");
    }catch(NumberFormatException e ){
      System.out.println("被除数不是数字");
    }catch(NullPointerException e){
      System.out.println("发生空指针异常");
    }catch(Exception e ){
      System.out.println("发生异常");
    }
    System.out.println("main方法正常退出");
  }
}
```

那么，如果怀疑会发生 IOException 异常，是否可以增加 catch 语句捕获 IOException 异常呢？使用以下代码进行测试：

```java
public static void main(String[] args){
  try{
```

```
        System.out.println(100/Integer.parseInt(args[0]));
    }catch(ArithmeticException e ){
        System.out.println("被除数为0");
    }catch(ArrayIndexOutOfBoundsException e ){
        System.out.println("没有指定被除数");
    }catch(NumberFormatException e ){
        System.out.println("被除数不是数字");
    }catch(NullPointerException e){
        System.out.println("发生空指针异常");
    }catch(IOException e){//出现编译错误！！！
        System.out.println("发生I/O异常");
    }catch(Exception e ){
        System.out.println("发生异常");
    }
    System.out.println("main方法正常退出");
}
```

在捕获 IOException 异常的 catch 语句处会出现编译错误，提醒 try 块中没有抛出 IOException 异常。因为 NullPointerException 异常是运行期异常，Java 虚拟机会在运行期自动抛出，编译器在编译期不会检测该异常是否抛出，所以即使 try 块中没有抛出 NullPointerException 异常，依然可以使用 catch 语句进行捕获。而 IOException 异常是检测异常，编译器会在编译期检测 try 块中是否抛出了该异常，如果没有抛出，不允许写无效的 catch 语句。第 13.4 节将介绍如何抛出异常。

3. finally

finally 是异常处理中用来强制执行某些代码的语句。如以下代码：

```
    try{
        System.out.println(100/Integer.parseInt(args[0]));
    }catch(ArithmeticException e ){
        System.out.println("被除数为0");
        return;
    }catch(ArrayIndexOutOfBoundsException e ){
        System.out.println("没有指定被除数");
        System.exit(0);
    }
    //必须执行的重要功能
    System.out.println("回收重要资源...");
    System.out.println("main方法正常退出");
```

上述代码中的 try 块可能发生数学异常、越界异常、数字格式异常这 3 种异常，然而只使用 catch 语句捕获了两种异常。捕获 ArithmeticException 异常后，使用 return 语句使 main 方法返回；捕获 ArrayIndexOutOfBoundsException 异常后，使用 System.exit(0); 使 Java 虚拟机退出；对于 NumberFormatException 异常，没有使用 catch 语句进行捕获。假设"回收重要资源..."代码是一些很重要的代码，比如回收数据库连接、网络连接等资源，如果由于发生了异常，程序不正常退出，那么资源就没法被回收，将导致严重后果。

如何能强制"回收重要资源..."代码必须运行？使用 finally 语句即可。如以下代码：

```
try{
    System.out.println(100/Integer.parseInt(args[0]));
}catch(ArithmeticException e ){
    System.out.println("被除数为0");
    return;
}catch(ArrayIndexOutOfBoundsException e ){
    System.out.println("没有指定被除数");
    System.exit(0);
}
finally{
    System.out.println("回收重要资源...");
}
System.out.println("main方法正常退出");
```

上述代码中，"回收重要资源…"代码写在了 finally 语句中，这样就可以保证这些重要代码一定能够被强制执行。

参数为 0 时，发生了数学异常，被第一个 catch 语句捕获，程序返回前强制运行 finally 语句，运行结果如下：

```
被除数为0
回收重要资源...
```

参数为 abc 时，发生了数字格式异常，异常没有被捕获，程序退出前强制运行 finally 语句，运行结果如下：

```
回收重要资源...
Exception in thread "main" java.lang.NumberFormatException: For input string: "abc"
    at java.lang.NumberFormatException.forInputString(Unknown Source)
    at java.lang.Integer.parseInt(Unknown Source)
    at java.lang.Integer.parseInt(Unknown Source)
    at com.etc.chapter13.TestException2.main(TestException2.java:29)
```

没有输入参数时，发生了索引越界异常，被第二个 catch 语句捕获，因为该 catch 语句中强制 Java 虚拟机退出，所以 finally 语句不会被强制运行，运行结果如下：

```
没有指定被除数
```

可见，只有在 finally 语句前运行了 System.exit(0);代码后，finally 语句才不会被执行。其他情况下，finally 语句都被强制执行。finally 语句往往包含重要的、在任何情况下都必须运行的代码。

try 块后可以同时有多个 catch 语句，但是最多只能有一个 finally 语句。try 块后可以只有 catch 语句，也可以只有 finally 语句。如果只有 finally 语句，异常一定没有被捕获，程序会中断，但是 finally 块的代码将在程序中断前被强制执行。如以下代码：

```
try{
    System.out.println(100/Integer.parseInt(args[0]));
}
finally{
    System.out.println("回收重要资源...");
```

```
    }
    System.out.println("main方法正常退出");
```

上述代码中的 try 语句后只有 finally 语句而没有 catch 语句，如果没有传递参数，发生数组越界异常，程序将不正常退出，退出前将强制运行 finally 语句，运行结果如下：

```
回收重要资源...
Exception in thread "main" java.lang.ArrayIndexOutOfBoundsException: 0
    at com.etc.chapter13.TestException2.main(TestException2.java:29)
```

虽然异常没有被捕获，程序发生异常并中断，然而，程序中断前依然强制执行 finally 代码块。这种用法的具体作用，将在后面章节介绍。

13.4 抛出异常

通过前面章节的介绍，可以了解到异常主要分运行期异常和检测异常两种。运行期异常在运行时由 Java 虚拟机自动抛出，检测异常必须在编译期抛出，前面章节中演示使用的异常都是运行期异常，本节将介绍如何抛出检测异常。Java 语言使用 throw 关键字抛出异常，语法如下：

```
throw new  异常类构造方法;
```

只要是 Throwable 类及其子类，都可以使用 throw 关键字抛出。而实际应用中，往往抛出的是 Exception 类及其子类，而不会抛出 Error。运行 throw 语句后，即抛出异常。如以下代码：

```
throw new Exception();
```

上述代码抛出了 Exception 类型的异常。抛出异常后如果不加以处理，程序将中断。第13.5 节将介绍为何在程序中使用 throw 关键字抛出异常。

13.5 为何要抛出异常

在程序中抛出异常，往往是因为业务逻辑中存在一些不正常事件流，而利用抛出异常来标记这些事件流，可以对这些事件流进行统一处理。如以下代码：

```
package com.etc.chapter13;
public class Account{
    private String id;
    private double balance;
    public Account(String id, double balance){
        super();
        this.id=id;
        this.balance=balance;
    }
```

```
    public void withdraw(double value){
        if(value>balance){
            throw new Exception();//出现编译错误！！！
        }else{
            balance-=value;
        }
    }
}
```

上述代码中，Account 类的取款（withdraw）方法，可能存在因余额不足而无法取款的不正常事件流，那么就可以使用抛出异常的方式来标记"余额不足"这个事件流。如果余额不足，使用 throw 语句抛出 Exception 类型的异常。而在 throw 语句处，将出现编译错误，编译器提醒，抛出异常后必须处理异常。这就是抛出异常的作用：能够强制该异常被处理，因此异常所标记的事件流一定会被处理。如果不使用抛出异常的方式，而为 withdraw 方法提供不同返回值来标记不同事件流，那么程序员调用该方法时，可能会忽略"余额不足"的事件流。而使用抛出异常来标记"余额不足"后，编译器将强制处理该异常，以保证该事件流不会被忽略。

值得注意的是，如果将 throw new Exception 改为 throw new RuntimeException，那么不会出现编译错误。因为运行期异常不是检测异常，而是在运行时抛出的异常，所以在编译期不强制进行处理。第 13.6 节将介绍抛出异常后如何进行处理。

13.6 如何处理抛出的异常

第 13.5 节中的 withdraw 方法抛出异常后，出现编译错误，提示 throw new Exception()处发生了异常，必须对该异常进行处理。如果程序中使用 throw 语句抛出了异常，那么有两种处理方式。

1. 将抛出异常的代码封装到 try 块中

要解决该编译错误，第一种方式就是把 throw 语句放到 try 块中。如以下代码：

```
try{
    throw new Exception();
}catch(Exception e){
    System.out.println("withdraw方法发生了异常。");
}
```

使用 try-catch 语句进行处理后，编译错误将消失。使用以下代码进行测试：

```
package com.etc.chapter13;
public class TestAccount{
    public static void main(String[] args){
        Account a=new Account("9555***",3000);
        a.withdraw(4000);
        System.out.println("取款后，账户余额："+a.getBalance());
    }
```

```
    }
```

上述代码中，账户余额为 3000 元，如果要支取 4000 元，将发生异常。运行结果如下：

```
withdraw方法发生了异常。
取款后，账户余额：3000.0
```

可见，如果在 throw 语句抛出异常后直接使用 try-catch 语句把异常捕获，因为异常只能被捕获一次，因此调用 withdraw 方法时将不能再次捕获异常。虽然例子中看起来异常已经被捕获，且运行结果正常，但毫无意义。withdraw 方法可能在很多地方被调用，比如在网页中被调用，发生异常后需要跳转到其他窗口；在桌面程序中被调用，发生异常后需要跳转到其他窗口。然而，当前的处理方式无法在调用 withdraw 方法时根据需要来处理异常，而是已经在 deposit 方法中捕获了异常。可见，如果能在调用 withdraw 方法时，根据实际需要来处理异常，将更为实用。要达到这个目的，就可以使用 throws 关键字声明异常。

2. 使用 throws 关键字声明异常

抛出异常后，不使用 try-catch 语句处理，而是在方法声明处使用 throws 关键字声明异常。如以下代码：

```java
public void withdraw(double value)throws Exception{
    if(value>balance){
        throw new Exception();
    }else{
        balance-=value;
    }
}
```

上述代码中，withdraw 方法可能会抛出 Exception 类型的异常。当一个方法使用了 throws 关键字声明异常类型后，调用方法时必须处理声明的异常。处理的方式依然有两种：使用 try-catch 语句处理，或者继续使用 throws 关键字进行声明。如以下代码：

```java
package com.etc.chapter13;
public class TestAccount{
    public static void main(String[] args){
        Account a=new Account("9555***",3000);
        try{
            a.withdraw(4000);
        }catch(Exception e){
            System.out.println("余额不足，退出卡片...");
        }
        System.out.println("取款后，账户余额："+a.getBalance());
    }
}
```

上述代码中，调用 withdraw 方法时，如果不去处理该方法声明过的 Exception 类型的异常，将出现编译错误，提醒该方法声明了异常，必须被捕获。代码中使用了 try-catch 语句对 withdraw 方法进行异常处理，避免了编译错误。如果不使用 try-catch 语句捕获异常，那么就需要在 main 方法声明处使用 throws 关键字继续声明异常，也可以避免编译错误。然而，由于

main 方法是程序的入口，如果 main 方法抛出了异常，程序一定会不正常退出。

13.7　自定义异常类

自定义异常类

在前面章节中已经介绍了如何抛出异常、为什么抛出异常，以及抛出异常后如何进行处理。本节要介绍的是应该抛出什么类型的异常。

从语法上来说，只要是 Throwable 及其子类的对象均可抛出。然而，如果盲目地抛出 API 中的异常类型，会使程序混乱。如以下代码：

```
package com.etc.chapter13;
public class TestAccount{
  public static void main(String[] args){
    Account a=new Account("9555***",3000);
    try{
      int x=100/0;
      a.deposit(1000);
    }catch(Exception e){
      System.out.println("余额不足，退出卡片...");
    }
    System.out.println("取款后，账户余额： "+a.getBalance());
  }
}
```

上述代码中调用了 withdraw 方法，由于该方法使用 throws 关键字声明抛出了 Exception 类型的异常，使用 try-catch 语句捕获了 Exception 异常。代码试图从账户中取出 1000 元，账户余额为 3000 元，不会发生余额不足的情况，也不会发生异常。然而，由于在 try 块中多了一条会发生数学异常的语句 int x=100/0;，所以，运行结果如下：

```
余额不足，退出卡片...
取款后，账户余额： 3000.0
```

结果是虽然钱没有被取出，却一直给用户返回 "余额不足" 的错误提示。原因是取款方法中，抛出的异常是 Exception 类型，Exception 是数学异常（ArithmeticException）的父类，所以当发生了数学异常后，异常处理机制就把数学异常传递给了 catch 语句进行处理。导致这种情况的根本原因是将业务逻辑异常和 Java API 中的标准异常混淆了。那么，是不是换成其他类型即可？答案是否定的，不管换成哪个标准类型异常，都可能出现这样的情况。因为 API 中的运行期异常是运行时自动抛出的，检测异常都是 API 中的某些方法抛出的，如 IOException 被 java.io 包中的很多类抛出，SQLException 被 java.sql 包中的很多类抛出。因此，如果不想将业务逻辑异常与 Java API 中的标准异常混淆，就必须自定义全新的异常类型。

自定义异常类非常简单，只要写一个类继承 Exception 类或其子类即可。异常类往往不声明属性和方法，只声明相应的构造方法。如以下代码：

```
package com.etc.chapter13;
public class BalanceException extends Exception{
```

```
    public BalanceException(){
        super();
    }
    public BalanceException(String message){
        super(message);
    }
}
```

上述代码中，BalanceException 类继承了 Exception 类，并声明了构造方法，那么 BalanceException 就可以作为一种异常类型使用。在 deposit 方法中抛出 BalanceException 异常来标记"余额不足"事件流。如以下代码：

```
public void deposit(double value)throws BalanceException{
    if(value>balance){
        throw new BalanceException();
    }else{
        balance-=value;
    }
}
```

上述代码中使用 throw 关键字抛出了 BalanceException 异常，并使用 throws 关键字声明了该异常。那么调用 deposit 方法时，则必须处理该异常。如以下代码：

```
public static void main(String[] args){
    Account a=new Account("9555***",3000);
    try{
        int x=100/0;
        a.withdraw(1000);
    }catch(BalanceException e){
        System.out.println("余额不足，退出卡片...");
    }catch(Exception e){
        System.out.println("发生其他异常...");
    }
    System.out.println("取款后，账户余额："+a.getBalance());
}
```

上述代码中，使用 BalanceException 标记"余额不足"异常，使用 Exception 标记其他类型异常。如此一来，就将业务逻辑异常与 Java 标准异常完全分开了，不会产生混淆的情况。可以说，如果应用中要使用 throw 关键字抛出异常，就一定要抛出自定义的异常类，而不要抛出 Java API 中的标准异常。

13.8　throw 与 throws 总结

throw 和 throws 是 Java 异常处理中两个非常重要的关键字。虽然写法类似，有着一定的联系，但是作用及含义完全不同。本节将对这两个关键字进行比较及总结。

throw 与 throws

1. throw 关键字在方法体中使用

throw 关键字是在方法体中使用的，用来抛出异常对象。

2. throw 关键字抛出异常后的处理

一个方法中若使用 throw 关键字抛出了某个类型的异常，如果是运行期异常，那么可以不加任何处理。如果是检测异常，那么有两种选择：使用 try-catch 语句捕获异常或者使用 throws 关键字声明抛出异常，一般多选用 throws 关键字声明抛出异常的方式处理。

3. throws 关键字在方法声明处使用

throws 关键字用在方法声明处，声明该方法可能抛出某些异常。throws 关键字后面声明的是异常类型。

4. throws 关键字后可声明多种异常

throws 关键字后可以声明多种异常类型，用逗号隔开即可。

5. throws 关键字声明异常后如何处理

如果一个方法使用了 throws 关键字声明抛出异常，那么调用该方法时必须处理声明的所有异常。可以使用 try-catch 语句逐一进行捕获，或者继续使用 throws 关键字进行声明。

6. 任何方法都可使用 throws 关键字

任何方法都可以无条件地使用 throws 关键字声明抛出任意类型的异常，抽象方法也可以。可以说，方法使用 throws 关键字声明异常，在语法上没有任何要求。

7. 方法覆盖时对 throws 关键字的要求

如果子类覆盖父类的方法，子类的方法不能声明抛出比父类方法更多的异常类型。

13.9 try-finally 的作用

finally 与 return

在前面章节中，曾提到 try 块后可以没有 catch 语句，只有 finally 语句。这种方式一定不能捕获抛出的异常，程序会中断，但是程序退出前 finally 语句会被强制执行。往往 try-finally 语句会在以下场合使用：

```java
public void deposit(double value)throws Exception{
    try{
        if(value>balance){
            throw new BalanceException();
        }else{
            balance-=value;
        }
    }finally{
        System.out.println("取款成功或失败，都要做的处理...");
    }
}
```

上述代码中，try 块中使用 throw 关键字抛出异常后，并没有马上进行捕获，而是使用 throws

关键字进行声明，同时在 try 块后声明了 finally 语句。不管余额是否足够，finally 语句总是会被执行。总的来说，try-finally 语句可以结合 throws 关键字一起使用，用来强制执行那些不管是否发生异常，都要执行的处理。

13.10 再次抛出异常

在很多实际应用代码中，可以看到一些代码在 catch 语句中捕获了异常后，再次将异常使用 throw 关键字进行抛出。如以下代码：

```java
public void deposit(double value)throws BalanceException{
   if(value>balance){
      try{
         throw new BalanceException();
      }catch(BalanceException e){
         System.out.println("在异常最初发生处，进行核心处理...");
         throw e;
      }
   }else{
      balance-=value;
   }
}
```

上述代码中的 try 块抛出异常后，使用 catch 语句进行了捕获，捕获异常后进行了一些必要处理，然后再次使用 throw 关键字把捕获的异常抛出，同时使用 throws 关键字声明异常。这种用法往往结合 throws 关键字一起使用。在异常发生的第一时间，先进行核心的统一处理，然后重新将异常抛出，使得在调用该方法时可以根据实际需要再次捕获异常、处理异常。

13.11 本章小结

本章介绍了 Java 语言中的异常处理机制。Java 语言的异常处理机制是在 C++语言的异常处理机制的基础上发展而来的。Java 语言异常处理主要围绕 try、catch、finally 及 throw、throws 展开，其中 try、catch、finally 用来捕获异常，而 throw、throws 用来抛出和声明异常。同时，通过实例展示了自定义异常的作用和必要性。

第 **14** 章
第三部分自我测试

一、简答题

1. 简述 try、catch、finally 如何使用。
2. 谈谈 throw、throws 的联系与区别。
3. 如何实现自定义异常类?
4. 谈谈 final、finally、finalize 的区别与作用。
5. 列举几个 Java 异常类中的重要方法。
6. Error 和 Exception 有什么区别?
7. 什么是 RuntimeException? 列出至少 4 个 RuntimeException 的子类。
8. 简述你对 Java 异常处理机制的理解。
9. 简述 Java 异常处理的流程。
10. 简述你对异常链的理解。

二、选择题

1. 能单独和 finally 语句一起使用的是（   ）。

   A. try 块   B. catch 块   C. throw   D. throws

2. 关于 Java 的异常处理语句 try-catch-finally，以下描述正确的是（   ）。

   A. try 后面是可能产生异常的代码，catch 后面是捕获到某种异常对象时进行处理的
      代码，finally 后面是没有捕获到异常时要执行的代码

   B. try 后面是可能产生异常的代码，catch 后面是捕获到某种异常对象时进行处理的
      代码，finally 后面是无论是否捕获到异常都必须执行的代码

   C. catch 语句和 final 语句都可以省略

   D. catch 语句用来处理程序运行时的非致命性错误，而 final 语句用来处理程序运行
      时的致命性错误

3. 如果一个程序段中有多个 catch 语句，则程序会按（   ）执行。

   A. 找到适合的例外类型后继续执行后面的 catch 语句

   B. 找到每个符合条件的 catch 语句都执行一次

   C. 找到适合的例外类型后就不再执行后面的 catch 语句

   D. 每个 catch 语句都执行一次

4. 下列关于抛出异常的说法不正确的是（   ）。

   A. throws 在方法声明处抛出异常

B．throw 抛出异常时，需要自己手动创建异常类对象

C．调用一个抛出异常的方法时，调用者会得到异常

D．throw 抛出异常时不需要手动创建对象

5．以下 Java 代码编译运行的结果是（　　　　）。

```java
public class Demo{
    static String s;
    public static void main(String[] args){
        char c=s.charAt(0);
        System.out.println(c);
    }
}
```

A．编译错误

B．运行期异常，异常类型为 NullPointerException

C．运行期异常，异常类型为 ArithmeticException

D．正确运行，但无输出内容

6．以下代码的运行结果为（　　　）。

```java
public class TestException{
    public static void main(String args[]){
        int n[]={0,1,2,3,4};
        int sum=0;
        try{
            for(int i=1;i<6;i++)
                sum=sum+n[i];
            System.out.println("sum="+sum);
        }catch(ArrayIndexOutOfBoundsExpception e){
            System.out.println("数组越界");
        }finally{
            System.out.println("程序结束");
        }
    }
}
```

A．10　数组越界　程序结束　　　　　　B．10　程序结束

C．数组越界　程序结束　　　　　　　　D．程序结束

7．运行以下代码，当输入的 num 值为 aa 时，系统将输出（　　　　）。

```java
public static void main(String[] args){
    Scanner input=new Scanner(System.in);
    try{
        int num=input.nextInt();
        System.out.println("one");
    }catch(Exception e){
        System.out.println("two");
    }finally{
```

```
        System.out.println("three");
    }
    System.out.println("end");
}
```

A. one three end
B. two three end
C. one two three end
D. two end

8. 以下代码的运行结果为（　　　）。

```
public static void main(String[] args){
    try{
        int a=1-1;
        System.out.println("a="+a);
        int b=4 / a;
        int c[]={1};
        c[10]=99;
    }catch(ArithmeticException e){
        System.out.println("除数不允许为0");
    }catch(ArrayIndexOutOfBoundsException e){
        System.out.println("数组越界");
    }
}
```

A. a=0
B. a=0　除数不允许为 0
C. a=1　数组越界
D. a=0　除数不允许为 0　数组越界

9. 以下代码的运行结果为（　　　）。

```
public static int test(int b){
    try{
        b+=10;
        return b;
    }catch(Exception e){
        return 1;
    }finally{
        b+=10;
        return b;
    }
}
public static void main(String[] args){
    int num=10;
    System.out.println(test(num));
}
```

A. 1　　　　　　　　B. 10　　　　　　　C. 20　　　　　　　D. 30

10. 以下代码中，画线处不可以填入选项中的（　　　）异常类型。

```
public static int test(int a, int b) throws_____{
    if(b==0){
        throw new ArithmeticException("算术异常");
    }else{
        return(a/b);
    }
}
```

A．Throwable
B．Exception
C．ArithmeticException
D．InputMismatchException

三、编程题

1．编写程序实现：输入一个整型数据 num，如果输入正确的话，输出 10 除以 num 的结果，思考并处理程序中可能出现的异常。

2．编写一个口令加密类，口令固定是四位的整数。加密规则如下：每位数字都加上 5，相加后除以 10 的余数代替该数字，再将第一位和第四位交换，第二位和第三位交换。实现如下功能：

（1）添加一个方法，实现口令的加密方法，返回加密后的字符串。

（2）添加一个方法，实现口令的解密方法，返回解密后的字符串。

（3）加密、解密前先判断口令长度，不满足则抛出异常并处理。

3．编写程序实现方法 void triangle(int a,int b,int c)。

（1）判断三个参数是否能构成一个三角形。如果不能，则抛出 IllegalArgumentException 异常，显示异常信息"a,b,c 三个参数不能构成三角形"。

（2）如果可以，则计算并显示三角形的周长。编写测试类，输入三个整数测试，并捕获异常。

4．编写程序实现：模拟向货船上装载集装箱，每个集装箱有一定质量，该质量（整数）大于 100 小于 1000，货船总重为 1000，装载若干集装箱后，如果货船超重，则认为这是一个异常，将不能继续装载集装箱，但无论是否发生异常，货船都需要正点启航。请自定义异常类型。

5．编写一个员工类，要求如下。

（1）具有编号、姓名、年龄、工资、身份证号码、员工数量、工资总额等属性；

（2）具有如下构造方法：

①设置编号、年龄、姓名。如果年龄小于 18，抛出年龄低异常；如果年龄大于 60，抛出年龄高异常；如果姓名为 null 或为空字符串，抛出空异常。

②设置工资、身份证号码。如果工资低于 600，抛出工资低异常。

（3）具有如下成员方法：

①增加工资方法 addSalary(double addSalary)，当增加后的工资大于员工工资总额时，抛出工资高异常。

②减少工资方法 minusSalary(double minusSalary)，当减少后的工资低于政府最低工资要求时，抛出工资低异常。

③显示员工工资总额方法 showTotalSalary()，当工资总额为 0 时，抛出空异常。

④显示员工数量方法 void showTotalEmployee()，当员工数量为 0 时，抛出空异常。

第四部分

核心 API 的使用

学习完前三部分后，读者已经对 Java 语言的基础语法、Java 类之间的关系处理、面向对象程序设计思想，以及 Java 语言异常处理等知识点有了深入理解。本部分将介绍 JDK 中一些常用 API 的用法，包括集合框架的使用、I/O 处理、GUI 编程、多线程编程等。通过本部分的学习，读者将能够在深入理解面向对象的基础上，进一步熟练使用 Java 语言进行程序设计。

第 **15** 章
集 合 框 架

集合对象可以持有其他对象，作为数据容器使用，与数组的功能类似。Java API 中的集合框架都位于 java.util 包中，实现了很多常见的数据结构，如链表、队列、哈希表等。本章将介绍 Java 语言的集合框架。

15.1 泛型快速入门

泛型的概念

泛型类

泛型（Generic Type）是 JDK 5.0 版本增加的特性。泛型对学习 Java 集合是非常重要的知识点，本节先介绍泛型的基本概念和使用方法，以帮助读者理解 Java 集合框架。泛型的详细内容参见第五部分。

Java 类的属性、方法参数及方法返回值都需要指定数据类型。泛型的本质是参数化类型，也就是将数据类型作为一个参数来处理。具体来说，泛型就是在 Java 类中需要指定数据类型的地方不指定具体的类型，而是用一个参数替代，具体使用时再指定其具体类型。首先看一个没有使用泛型的类，代码如下：

```
package com.etc.chapter15;
public class NoGen{
    private String attr;
    public String getAttr(){
        return attr;
    }
    public void setAttr(String attr){
        this.attr=attr;
    }
}
```

```
public static void main(String[] args){
    NoGen ng=new NoGen();
    ng.setAttr("hello");
    System.out.println(ng.getAttr());
    }
}
```

上述代码中声明了 NoGen 类，该类中只有一个属性 attr，类型为 String。那么使用属性 attr 时，只能将其赋值为 String 类型，否则将出现编译错误。以下代码将出现编译错误：

```
ng.setAttr(new Integer(100));
```

如果希望属性 attr 的类型不被指定，而是在使用时为其动态赋予不同类型的值，那么可以声明一个泛型类。如以下代码：

```
package com.etc.chapter15;
public class Gen<E>{
    private E attr;
    public Gen(){
    }
    public E getAttr(){
        return attr;
    }
    public void setAttr(E attr){
        this.attr=attr;
    }
    public static void main(String[] args){
        Gen<String> gen=new Gen<String>();
        gen.setAttr("Hello");
        System.out.println(gen.getAttr());
        Gen<Integer> gen2=new Gen<Integer>();
        gen2.setAttr(new Integer(100));
        System.out.println(gen2.getAttr());
    }
}
```

上述代码中声明的类 Gen<E>是一个泛型类，E 表示泛型（建议使用大写的单个字母代表泛型）。Gen<String> gen=new Gen<String>();表示使用 String 替代 E，因此 setAttr 方法即变为 setAttr(String)。Gen<Integer> gen2=new Gen<Integer>();表示使用 Integer 替代 E，因此 setAttr 方法即变为 setAttr(Integer)。也就是说，Gen<E>类使用 E 对类型进行了参数化，可以在运行时动态指定类中的数据类型。上述代码编译成功，运行结果如下：

```
Hello
100
```

泛型远不止本节所介绍的这么简单，相关细节将在第 22 章介绍。本节主要为了满足学习集合框架的需要，对泛型进行快速入门介绍。Java 集合框架的所有接口和类都使用了泛型，可以说集合框架中的所有接口和类都是泛型接口和泛型类。

15.2 Java 集合框架概述

集合框架

Java 集合框架是由很多接口、抽象类、具体类组成的，都位于 java.util 包中。集合接口定义了具体集合类的规范。本节将介绍集合框架中的顶级接口，帮助读者快速了解整个集合框架。Java 集合框架中有 3 个主要的顶级接口，本节将逐一介绍。

1. Collection<E>接口

Collection 接口是所有集合类的根接口，是一个泛型接口。Collection 对象可以持有任何类型的对象，其持有的对象称为集合元素。Collection 接口中定义了 add(E o)方法，可以将对象存储到 Collection 对象中。Collection 接口还有很多子接口，每个子接口有不同的特征。

2. Map<K,V>接口

Map 接口是 Java 集合框架中的另一个关键类型，即映射接口，也是一个泛型接口。Map 对象中映射了 key 值和 value 值，key 值不允许重复。Collection 对象只能持有单个对象；而 Map 对象持有的是两个对象的映射关系，提供了 put(K key, V value)方法来存储键值对。例如，在 Map 对象中存储员工与部门的映射关系，那么员工将作为 Map 的 key，对应的部门作为 Map 的 value。

3. Iterator<E>接口

集合对象作为数据容器使用，用来持有其他对象，很多时候需要对集合元素进行遍历。Iterator 接口提供了遍历 Collection 对象的功能，也是一个泛型接口。对于 Map 对象，不能直接使用 Iterator 遍历，但是 Map 接口中提供了将 key 与 value 分别转变成 Collection 对象的方法，然后就可以使用 Iterator 接口分别遍历 Map 的 key 与 value。

在接下来的章节中，将分别对 3 个顶级接口的子接口、实现类进行详细介绍。

15.3 Iterator 接口

实际应用中，常常需要对集合元素进行迭代。Iterator 接口提供了迭代集合对象中元素的功能。Iterator 接口的主要方法如下。

1. boolean hasNext()

此方法用来判断被迭代的集合中是否存在元素,若集合中存在至少一个元素,则返回 true,否则返回 false。该方法的返回值往往用来作为 while 循环的条件来迭代集合。

2. E next()

此方法用来返回集合中的当前元素，E 是泛型，具体类型根据集合的泛型类型决定。

要使用 Iterator 接口迭代集合对象，首先必须把集合对象转换成 Iterator 对象。Collection 接口中定义了生成 Iterator 对象的方法，代码如下：

```
Iterator<E> iterator()
```

Collection 对象都可以调用 Iterator 接口的方法，生成对应泛型的 Iterator 对象，从而进一步使用 Iterator 接口中的方法对集合进行迭代。

Iterator 接口有一个子接口 ListIterator，增加了迭代 List 的方法。值得注意的是，由于 JDK 5.0 版本支持增强 for 循环的使用，比迭代器更为直观、简洁，所以通常使用增强 for 循环来迭代集合元素，而很少使用迭代器迭代集合元素。

15.4 Collection 接口及其子接口

Collection 接口   List 与 Set 接口

Collection 接口定义了集合类型的基本规范。Collection 接口中常用的方法如下。

（1）boolean add(E o)：可以向 Collection 对象中存储对象 o，o 的类型是泛型 E。

（2）Iterator<E> iterator()：生成迭代器对象，进而可以迭代集合中的元素。

（3）int size()：返回集合对象中元素的个数。其中，size 指的是有效长度，即添加到集合中的元素个数。

集合中还有一个概念是容量（capacity），容量与数组的长度类似，指的是集合当前能够容纳的元素的个数。集合的容量是可变的，而数组的长度是不可变的。

Collection 接口定义了集合类型的基本规范，集合框架中基于 Collection 接口衍生了 3 个主要的子接口，每个子接口规范一种具体的集合类型，分别是列表（List）、集合（Set）和队列（Queue）。下面对 Collection 接口的 3 个子接口进行介绍。

1. List

List 称为列表，是有序的（ordered）集合，其中的元素都是有索引的。List 接口是 Collection 接口的子接口，所以具有 Collection 接口中定义的所有功能。同时，List 接口扩展了一些新的方法，新方法大多与索引有关，作用如下。

（1）void add(int index,E element)：将元素插入指定索引位置。

（2）E get(int index)：将集合中某索引位置的元素取出并返回。

（3）E set(int index,E element)：使用某元素替换集合中指定索引位置的元素。

2. Set

Set 称为集合，与 List 不同的是，Set 是无序的，但是不允许存储重复元素，而 List 中允许存储重复元素。Set 接口是 Collection 接口的子接口，所以具有 Collection 接口中定义的所有功能。Set 接口几乎没有扩展新方法。

3. Queue

Queue 称为队列，是 JDK 5.0 版本增加的接口，实现了"先进先出"（FIFO）的存储结构。Queue 接口是 Collection 接口的子接口，具有 Collection 接口中定义的所有功能。此外，Queue 接口还提供了一些新的插入、提取、查询等方法。

15.5 List 接口的实现类

List 接口的实现类　　　　具体使用 ArrayList

前面章节介绍的都是集合框架中的接口，还没有介绍任何一种具体的集合类型，从本节开始将介绍每种类型的具体集合类。List 是有序的集合，实际开发中使用较多。List 是接口，无法直接创建对象。本节将介绍 List 常见的 3 个具体实现类。

1. ArrayList

ArrayList 称为数组列表，数据采用数组的方式存储，使用连续内存存储。ArrayList 类是 Java 语言中可变长度数组的实现，是最常用的集合类型之一。如以下代码：

```
public class Department{
    private String depName;
    private int level;
    public Department(){
    }
    public Department(String depName, int level){
        this.depName=depName;
        this.level=level;
    }
}
//省略其他代码
import java.util.Iterator;
import java.util.List;
public class TestArrayList{
    public static void main(String[] args){
        List<Department> deptList=new ArrayList<Department>(15);
        Department dept1=new Department("HR",1);
        Department dept2=new Department("Software",2);
        Department dept3=new Department("Design",3);
        deptList.add(dept1);
        deptList.add(dept2);
        deptList.add(dept3);
        //使用Iterator接口进行迭代
```

```
System.out.println("使用Iterator接口进行迭代：");
Iterator<Department> deptIter=deptList.iterator();
while(deptIter.hasNext()){
    Department d=deptIter.next();
    System.out.println(d.getDepName()+"       "+d.getLevel());
}
//使用增强for循环进行迭代
System.out.println("使用增强for循环进行迭代：");
for(Department d:deptList){
    System.out.println(d.getDepName()+"       "+d.getLevel());
    }
  }
}
```

　　上述代码中使用 List<Department> deptList=new ArrayList<Department>(15);语句创建了一个泛型类型为 Department 的 ArrayList 对象。根据泛型的含义，该 ArrayList 对象中只能持有 Department 对象，否则将出现编译错误。数字 15 为集合的初始容量，即创建集合对象时所分配的内存空间，类似数组的长度。但是集合的容量是可以动态变化的。由于集合 deptList 最终加入了 3 个 Department 对象，所以该集合的有效长度是 3。代码中使用了两种方式对集合进行迭代，第一种是使用 Iterator 接口进行迭代，第二种是使用增强 for 循环进行迭代，显然增强 for 循环更为简练。

2. LinkedList

　　LinkedList 称为链表，表示该集合类型实现了"链表"的数据结构。值得一提的是，LinkedList 类不仅实现了 List 接口，还实现了 Queue 接口，可以说链表同时也可以作为一个队列对象使用，使用方式与 ArrayList 类类似。

3. Vector

　　Vector 类　"历史悠久"，是 JDK 1.0 版本中的集合类，后来经过修改实现了 List 接口。Vector 类的功能几乎都可以被 ArrayList 类替代，主要区别是 Vector 类是线程同步的，而 ArrayList 类不是同步的。线程的概念请参考线程章节。

　　熟悉了 List 接口的主要实现类后，就可以使用相应的实现类创建对象，持有其他对象。List 接口的所有实现类中，较为常用的是 ArrayList 类。

15.6　Set 接口的实现类

　　Set 接口是 Collection 另一个重要的子接口，主要特点是其中的元素不允许重复，即 Set 中的元素都是唯一的。本节将介绍 Set 接口的两个主要实现类。

Set 接口的实现类

1. HashSet

　　HashSet 类是 Set 接口的一个主要实现类，底层是哈希表结构。如以下代码：

```
package com.etc.chapter15;
```

```java
public class Department{
    private String depName;
    private int level;
    public Department(){
    }
    public Department(String depName, int level){
        this.depName=depName;
        this.level=level;
    }
}
//省略其他代码
```

将 Department 对象存入 HashSet 对象，代码如下：

```java
package com.etc.chapter15;
import java.util.HashSet;
import java.util.Set;
public class TestHashSet{
    public static void main(String[] args){
        Set<Department> deptSet=new HashSet<Department>();
        Department dept1=new Department("HR",1);
        Department dept2=new Department("HR",1);
        Department dept3=new Department("Design",3);
        deptSet.add(dept1);
        deptSet.add(dept2);
        deptSet.add(dept3);
        for(Department d:deptSet){
            System.out.println(d.getDepName()+"    "+d.getLevel());
        }
    }
}
```

上述代码将 3 个 Department 对象存储在一个 HashSet 对象中，并使用增强 for 循环进行遍历。运行结果如下：

```
HR    1
HR    1
Design    3
```

上述代码中的 dept1 和 dept2 两个对象的属性值完全相同，应该就是同一个部门，然而都加入了 HashSet 对象，看起来好像跟 "Set 中的元素不能重复" 这一原则矛盾。HashSet 可以判断两个对象是否重复，根据对象的 equals 和 hashCode 方法判断。判断的过程如下：先比较两个对象 hashCode 方法的返回值，如果不同，则认为两个对象不同；如果 hashCode 方法的返回值相同，再调用 equals 方法，如果 equals 方法返回 true 则认为两个对象相同，如果返回 false 则认为两个对象不同。

equals 和 hashCode 方法是 Object 类中定义的方法，是所有类中都默认存在的方法。在 Object 类中，equals 方法比较的是两个对象的内存地址，hashCode 方法返回的是对象地址的十六进制表示。由于 Department 类没有覆盖 Object 类的 equals 和 hashCode 方法，所以默认使用 Object 类中的方法定义。dept1 和 dept2 虽然属性完全相同，但是由于是两个对象，所以 hashCode 方法的返回值一定不同，因此认为是两个不同的对象，都加入了 HashSet 对象。可以覆盖 Department 类中的 hashCode 和 equals 方法，如以下代码（使用 MyEclipse 提供的功能自动生成）：

```java
@Override
public int hashCode(){
    final int prime=31;
    int result=1;
    result=prime * result+((depName==null) ? 0 : depName.hashCode());
    result=prime * result+level;
    return result;
}
@Override
public boolean equals(Object obj){
    if(this==obj)
        return true;
    if(obj==null)
        return false;
    if(getClass() !=obj.getClass())
        return false;
    final Department other=(Department) obj;
    if(depName==null){
        if(other.depName !=null)
            return false;
    }else if(!depName.equals(other.depName))
        return false;
    if(level !=other.level)
        return false;
    return true;
}
```

分析上述代码，可见覆盖 hashCode 和 equals 方法后，能够保证如果两个 Department 对象的 name 和 level 属性都相同，则 hashCode 方法返回值相同，equals 方法返回 true；如果两个 Department 对象的 name 和 level 属性有一个不同，则 hashCode 方法返回值不同，equals 方法返回 false。重新运行 HashSet 的测试代码，结果如下：

```
HR       1
Design   3
```

可见 HashSet 对象中只加入了两个对象：名称为 HR、级别为 1 的部门对象 dept1 和 dept2，一定会有相同的 hashCode 值，且 equals 方法也返回 true，所以被认定为重复元素，只有 1 个加入集合。

2. TreeSet

TreeSet 类是 Set 接口的另一个实现类。实际上，TreeSet 类没有直接实现 Set 接口，而是实现了 Set 接口的一个子接口 SortedSet。TreeSet 不但能够保证其中的元素不重复，而且能对元素进行排序。TreeSet 中的元素对象所属的类必须实现 Comparable 接口，否则默认排序时将抛出运行期异常 ClassCastException。下面修改 Department 类，使其实现 Comparable 接口，覆盖 compareTo 方法。如以下代码：

```
package com.etc.chapter15;
public class Department implements Comparable<Department>{
//省略其他代码
    public int compareTo(Department arg0){
        if(this.depName.equals(arg0.depName)&&this.level==arg0.level){
            return 0;
        }else if(this.level>arg0.level){
            return 1;
        }else{
            return-1;
        }
    }
}
```

上述代码中，compareTo 方法的逻辑如下：如果 depName 和 level 都相同，则返回 0，表示两个对象相同；如果 level 不同，则忽略名称是否相同，level 大则返回 1，表示大于，level 小则返回-1，表示小于。使用下面的类进行测试：

```
package com.etc.chapter15;
import java.util.Set;
import java.util.TreeSet;
public class TestTreeSet{
    public static void main(String[] args){
        Set<Department> deptSet=new TreeSet<Department>();
        Department dept1=new Department("HR",2);
        Department dept2=new Department("HR",2);
        Department dept3=new Department("Design",3);
        Department dept4=new Department("Software",1);
        deptSet.add(dept1);
        deptSet.add(dept2);
        deptSet.add(dept3);
        deptSet.add(dept4);
        for(Department d:deptSet){
            System.out.println(d.getDepName()+"    "+d.getLevel());
        }
    }
}
```

上述代码将 4 个 Department 对象加入了 TreeSet 对象中，其中 dept1 和 dept2 两个对象具有完全相同的属性值。运行结果如下：

```
Software    1
HR    2
```

Design 3

可见结果按照 level 的值从小到大排序，而且 TreeSet 虽然添加了 4 个对象，但是最终迭代的结果只有 3 个对象，因为 dept1 和 dept2 按照 compareTo 方法运行后，返回值为 0，即两个对象相同，所以只将其中的 1 个添加到 TreeSet 对象中。

Set 接口的实现类主要有 HashSet 和 TreeSet，二者都能保证元素不重复。HashSet 根据 hashCode 和 equals 方法比较元素是否相同，而 TreeSet 根据 Comparable 接口中的 compareTo 方法比较元素是否相同。TreeSet 不仅能保证对象的唯一性，还能对其中的元素进行排序。

15.7 Map 接口的实现类

Map 接口的主要方法   Map 接口的实现类

通过前面章节的学习，读者对 Collection 接口的子接口及实现类已经有了较完整的了解。Map 与 Collection 不同，Map 中保存的是键值对，key 值不允许重复，而 Collection 中保存的是单个对象。Map 接口中的主要方法如下。

（1）V put(K key,V value)。该方法可以将 key 和 value 存到 Map 对象中。如果 key 已经存在，则被覆盖，返回被覆盖前的 value；如果 key 不存在，则返回 null。

（2）V get(Object key)。该方法可以根据 key 返回对应的 value。

（3）int size()。该方法返回 Map 对象中键值对的数量。

（4）Set<K> keySet()。该方法将 Map 对象中的 key 值取出，返回 Set 对象中。

（5）Collection<V> values()。该方法将 Map 对象中的 value 值取出，返回 Collection 对象中。

Map 是接口，无法直接实例化对象，所以要使用 Map 必须通过 Map 接口的实现类创建对象。下面介绍 Map 接口的 4 个主要实现类。

1. HashMap

HashMap 类是 Map 接口的一个常用实现类,HashMap 类根据 key 值的 hashCode 和 equals 方法判断 key 是否唯一,与 HashSet 中保证元素唯一性的方式相同,可参考 HashSet 部分内容。如以下代码：

```
package com.etc.chapter15;
import java.util.HashMap;
import java.util.Set;
public class TestHashMap{
    public static void main(String[] args){
        Player player1=new Player("110-999","Kate");
        Player player2=new Player("110-888","Grace");
```

```
            Team team1=new Team("China");
            Team team2=new Team("USA");
            HashMap<Player,Team> map=new HashMap<Player,Team>();
            map.put(player1, team1);
            map.put(player2, team2);
            Set<Player> set=map.keySet();
            for(Player p:set){
                System.out.println(map.get(p).getName());
            }
        }
    }
```

上述代码中，首先使用 HashMap 存储 Player 和 Team 之间的映射关系，使用 put 方法将两组键值对存储到一个 HashMap 对象中。然后通过 Map 的 keySet 方法将 Map 的 key 值转换为一个 Set 对象，之后进一步使用增强 for 循环，根据 key 值迭代所有 value 值。运行结果如下：

```
China
USA
```

2. TreeMap

TreeMap 类是 Map 接口的一个实现类，不仅能保证 key 值唯一，还能根据 key 值进行排序。TreeMap 的 key 必须实现 Comparable 接口，实现 compareTo 方法。TreeMap 根据 compareTo 的逻辑，对 key 进行排序。具体方式与 TreeSet 的排序逻辑相同，可参考 TreeSet 部分内容。如以下代码：

```
package com.etc.chapter15;
public class Player implements Comparable<Player>{
    private String id;
    private String name;
    //省略其他代码
    public int compareTo(Player arg0){
        return this.id.compareTo(arg0.id);
    }
}
```

上述代码中，Player 类实现了 Comparable 接口，覆盖了 compareTo 方法，方法中根据 Player 的 id 值的字典顺序进行比较。使用下面的代码进行测试：

```
package com.etc.chapter15;
public class TestTreeMap{
    public static void main(String[] args){
        Player player1=new Player("110-999","Kate");
        Player player2=new Player("110-888","Grace");
        Team team1=new Team("China");
        Team team2=new Team("USA");
        TreeMap<Player,Team> map=new TreeMap <Player,Team>();
        map.put(player1, team1);
```

```
    map.put(player2, team2);
    Set<Player> set=map.keySet();
    for(Player p:set){
      System.out.println(map.get(p).getName());
    }
  }
}
```

上述代码中将两组键值对存储到了一个 TreeMap 对象中。运行结果如下：

```
USA
China
```

因为 Player 类的 compareTo 方法根据 Player 的 id 属性的字典顺序排序，所以 TreeMap
<Player,Team>也根据 Player 的 id 属性的字典顺序排序。

3. Hashtable

Hashtable 类是 JDK 1.0 版本中就存在的类，目前 Hashtable 实现了 Map 接口。Hashtable
的功能可以完全被 HashMap 替代，主要区别在于 Hashtable 是线程同步对象，而 HashMap 不
是同步的。

4. Properties

Properties 类是 Hashtable 类的子类，所以也间接地实现了 Map 接口。
在实际应用中，常使用 Properties 类对属性文件进行处理。该功能需要使用
到 I/O 包的 API，I/O 部分内容请参考第 16 章。假设有属性文件 db.properties：

Properties 类

```
username=root
password=123
```

可以使用 Properties 对象的 load 方法，将属性文件加载到 Properties 对象中，然后调用
Properties 对象的 getProperty 方法通过 key 值获得对应的 value 值。如以下代码：

```
package com.etc.chapter15;
public class TestProperties{
  public static void main(String[] args){
    Properties props=new Properties();
    try{
      props.load(new FileInputStream(new File("db.properties")));
      System.out.println(props.getProperty("username"));
      System.out.println(props.getProperty("password"));
    }catch(FileNotFoundException e){
      e.printStackTrace();
    }catch(IOException e){
      e.printStackTrace();
    }
  }
}
```

运行结果如下：

```
root
123
```

15.8 Collections 类

Collections 类

java.util 包中提供了一个集合框架的工具类：Collections 类。与 Arrays 类（数组工具类）类似，Collections 类中的所有方法都是静态方法，都可以直接使用 Collections 类名调用。本节将介绍 Collections 类中的常用方法。

1. 同步集合对象的方法

集合框架的具体实现类中，Vector 和 Hashtable 类是线程同步的，而其他集合类都不是线程同步的。如果需要将集合类做成线程同步的类，可以调用 Collections 类中相应的 synchronizedXxx 方法实现。如 public static <T> List<T> synchronizedList(List<T> list) 方法可以将 List 对象同步。

2. 对 List 排序的方法

集合接口中的 Set 和 Map 接口都有可以排序的实现类，如 TreeSet、TreeMap。而 List 接口没有可以排序的实现类。如果要对 List 进行排序，可以使用 Collections 类中的方法，代码如下：

```
public static <T extends Comparable<? super T>> void sort(List<T> list)
```

Collections 中还有很多其他方法，均是集合类的工具方法，如二分查找、返回集合中的最大/最小值等。使用 Collections 中的方法时涉及大量的泛型语法，可参考泛型章节。

 Collection 与 Collections 有什么不同？Collection 是接口，是所有集合类型的根接口，定义了集合类的共同行为。Collection 接口有 3 个主要的子接口：List、Set 和 Queue。而 Collections 是类，定义了操作集合对象的静态方法，是集合的工具类。

15.9 集合与数组之间的转换

由于数组的性能和效率比集合高，所以在实际应用中可能需要将集合对象转换成数组对象进行下一步操作。Collection 接口中定义了集合与数组之间的转换方法，代码如下：

```
<T> T[] toArray(T[] a)
```

其中，T 是集合对象的泛型，a 是一个已经存在的数组，如果数组 a 的长度小于集合的元素个数，则重新创建一个新的数组来容纳集合元素；如果数组 a 的长度大于集合的元素个数，则直接将集合元素复制到数组中。该方法的返回值是包含了集合元素的数组，如以下代码：

```
package com.etc.chapter15;
```

```
public class TestListToArray{
    public static void main(String[] args){
        List<Department> deptList=new ArrayList<Department>(15);
        Department dept1=new Department("HR",1);
        Department dept2=new Department("Software",2);
        Department dept3=new Department("Design",3);
        deptList.add(dept1);
        deptList.add(dept2);
        deptList.add(dept3);
        Department[] a=new Department[0];
        Department[] depts=deptList.toArray(a);
        System.out.println("toArray方法的参数与返回值是不是同一个数组："+a.equals(depts));
        System.out.println("数组的长度："+depts.length);
        System.out.println("迭代数组：");
        for(Department d:depts){
            System.out.println(d.getDepName()+"   "+d.getLevel());
        }
    }
}
```

上述代码中，集合 deptList 中存储了 3 个 Department 对象，最终将集合 deptList 转换成数组 depts 返回。其中 Department[] a=new Department[0]创建了数组 a，作为 toArray 方法的参数。数组 a 的长度为 0，一定小于数组 deptList 的长度，所以需要重新创建一个数组来容纳 deptList 集合的元素，因此 depts 和 a 一定是两个对象。运行结果如下：

```
toArray方法的参数与返回值是不是同一个数组：false
数组的长度：3
迭代数组：
HR   1
Software   2
Design   3
```

可见转换生成的数组 depts 与参数数组 a 不是同一个对象，返回数组的长度为 3，与集合中元素的实际个数相同。修改转换代码如下：

```
Department[] a=new Department[10];
Department[] depts=deptList.toArray(a);
System.out.println("toArray方法的参数与返回值是不是同一个数组："+a.equals(depts));
System.out.println("数组的长度："+depts.length);
System.out.println("迭代数组：");
for(Department d:depts){
    System.out.println(d.getDepName()+"   "+d.getLevel());
}
```

上述代码的主要修改是 toArray 方法的参数数组 a 的长度变为 10，而集合 deptList 中只有 3 个元素，所以将不再重新创建数组，而是直接将 a 作为返回值返回，即 depts 与 a 是同一个数组。运行结果如下：

toArray方法的参数与返回值是不是同一个数组：true
数组的长度：10
迭代数组：
HR   1
Software   2
Design   3
Exception in thread "main" java.lang.NullPointerExceptionat com.etc.chapter15.
Test List ToArray.main(TestListToArray.java:27)

比较运行结果可见，如果 toArray 方法的参数数组的长度小于集合中的元素个数，则返回的数组是一个新生成的数组，数组长度与集合中的元素个数相同；而如果 toArray 方法的参数数组的长度大于集合中的元素个数，则返回的数组为参数数组，不会重新创建数组。因此，在实际使用过程中，往往将参数数组的长度设置为 0，以保证返回值是一个重新创建的数组，长度与集合中的元素个数相同，避免发生异常。

15.10 本章小结

本章主要介绍了 Java 编程语言的集合框架。首先介绍了集合框架的 3 个顶级接口：Iterator 接口主要用来迭代集合，由于有了增强 for 循环，实际使用较少；Collection 接口定义了集合类的规范，有 3 个主要的子接口，分别是 List、Set 和 Queue，List 实现了有序的集合，Set 不允许有重复元素，Queue 实现了 FIFO 的存储结构；Map 接口存储键值对，不允许 key 值重复。然后对每个接口的常用实现类进行了介绍，较为常用的实现类有 ArrayList、HashSet 和 HashMap。

第 **16** 章
输入/输出系统

Java API 中处理输入/输出的类与接口都位于 java.io 包中。输入称为 Input，输出称为 Output，输入/输出简称为 I/O。本章将介绍如何使用 API 处理文件的输入/输出。

16.1 File 类

File 类

要对文件进行输入/输出操作，首先需要将文件封装为对象。API 中定义了 File 类来封装文件。File 类是 java.io 包中一个非常重要的类，可以协助进行输入/输出操作。File 的字面含义为"文件"，但既可以表示"文件"，也可以表示"目录"。API 中没有 Directory 类，文件和目录都使用 File 类进行封装。

File 类中定义了操作文件和目录的方法。如以下代码：

```
package com.etc.chapter16;
import java.io.File;
public class TestFile{
    public static void main(String[] args){
        File file=new File("notes.txt");
        File dir=new File("E:/project");
        System.out.println("file是不是文件："+file.isFile());
        System.out.println("dir是不是目录："+dir.isDirectory());
        System.out.println("file是否可读："+file.canRead());
        System.out.println("file是否存在："+file.exists());
    }
}
```

上述代码中创建了两个 File 类的对象，分别是 file 和 dir，file 封装了一个文件对象，而 dir 封装了一个目录对象。File 类中定义了很多操作文件和目录的方法，如上述代码中的 isFile 方法用来判断 File 对象是不是文件，isDirectory 方法用来判断 File 对象是不是目录，canRead 方法用来判断文件是否可读，exists 方法用来判断文件是否存在。运行结果如下：

```
file是不是文件：true
dir是不是目录：true
file是否可读：true
```

file是否存在：true

当 File 对象封装的是一个目录时，可以使用 File 类中的 list 和 listFiles 方法遍历目录下的子目录及文件。

（1）public String[] list()：将目录下的子目录及文件名返回 String 数组中。

（2）public File[] listFiles()：将目录下的子目录及文件的实例返回 File 数组中。

接下来使用 list 及 listFiles 方法遍历某目录下的子目录及文件。代码如下：

```java
package com.etc.chapter16;
import java.io.File;
public class TestFileList{
    public static void main(String[] args){
        File file=new File("E:/project/javacore/chapter16");
        System.out.println("使用list方法：");
        String[] fileNameList=file.list();
        for(String s:fileNameList){
            System.out.println(s);
        }
        System.out.println("使用listFiles方法：");
        File[] fileList=file.listFiles();
        for(File f:fileList){
            System.out.println(f.getAbsolutePath());
        }
    }
}
```

上述代码中，首先将某指定目录封装为 File 对象，然后调用 list 方法，将该目录下的所有子目录及文件名返回数组 fileNameList 中，并遍历输出。接下来使用 listFiles 方法将该目录下的子目录及文件的实例返回数组 fileList 中，并遍历输出实例的绝对路径。运行结果如下：

```
使用list方法：
.classpath
.project
bin
src
使用listFiles方法：
E:\project\javacore\chapter16\.classpath
E:\project\javacore\chapter16\.project
E:\project\javacore\chapter16\bin
E:\project\javacore\chapter16\src
```

16.2 文件过滤器

第 16.1 节中介绍的 File 类中的 list 和 listFiles 方法可以将某目录下的所有子目录及文件返回。然而，在实际应用中，常常只需要返回符合某些条件的子目录及文件，即对目录下的子目录及文件进行过滤。java.io 包中提供了文件名过滤器及文件过滤器，可以对目录下的子目录及文件进行过滤，只返回符合过滤条件的子目录及文件。本节将介绍这两种过滤器的使用方法。

1. 文件名过滤器 FilenameFilter

文件名过滤器 FilenameFilter 是一个接口，定义了设置过滤条件的方法 accept(File dir, String name)，其中 dir 是当前目录，name 是当前子目录或文件名。

File 类中提供了一个使用文件名过滤器遍历目录的方法 public String[] list(FilenameFilter filter)。

要想能够使用指定的文件名过滤器过滤目录，首先需要自定义一个文件名过滤器类，实现文件名过滤器接口 FilenameFilter，覆盖接口中的 accept(File dir, String name)方法，在该方法中定义过滤条件。File 类中的 list 方法将目录下的 File 对象逐一传递给 accept 方法，如果 accept 方法的返回值为 true，则当前的 File 对象包含在返回值数组中；如果返回值为 false，则该 File 对象不包含在返回值数组中。如以下代码：

```
package com.etc.chapter16;
import java.io.File;
import java.io.FilenameFilter;
public class MyFilenameFilter implements FilenameFilter{
    public boolean accept(File arg0, String arg1){
        if(arg1.endsWith("java")){
            return true;
        }else{
            return false;
        }
    }
}
```

上述代码中自定义了一个文件名过滤器 MyFilenameFilter，实现了 FilenameFilter 接口，覆盖了 accept 方法，定义过滤条件是"只返回名称以 java 结尾的文件或目录"。使用该过滤器，能够把目录下名称以 java 结尾的子目录或文件返回数组中。如以下代码：

```
File file=new File("E:/project");
String[] fileNameList=file.list(new MyFilenameFilter());
for(String s:fileNameList){
    System.out.println(s);
}
```

运行上面的代码，将列出 E:/project 目录下所有名称以 java 结尾的子目录及文件。

2. 文件过滤器 FileFilter

除了可以使用 FilenameFilter 针对名称进行过滤，还可以使用 FileFilter 进行更为灵活的过滤。File 类中提供了 public File[] listFiles(FileFilter filter) 方法，可以使用 FileFilter 进行过滤。使用 FileFilter 与使用 FilenameFilter 类似，首先必须自定义文件过滤器类，实现文件过滤器接口 FileFilter，覆盖其中的 accept 方法，定义过滤条件。如以下代码：

```
package com.etc.chapter16;
import java.io.File;
```

```
import java.io.FileFilter;
public class MyFileFilter implements FileFilter{
    public boolean accept(File arg0){
        if(arg0.canWrite()){
            return true;
        }else{
            return false;
        }
    }
}
```

上述代码中自定义了文件过滤器类 MyFileFilter，实现了 FileFilter 接口，覆盖了其中的 accept 方法，定义过滤条件为"只返回可读文件对象"。使用该过滤器，可以将目录下的所有可读文件返回。如以下代码：

```
File file=new File("E:/project");
File[] fileList=file.listFiles(new MyFileFilter());
for(File f:fileList){
    System.out.println(f.getAbsolutePath());
}
```

运行上述代码，将列出 E:/project 目录下所有可读文件的路径。

16.3 I/O 流的分类

I/O 的概念

输入流和输出流

在 java.io 包中，除了前面章节介绍的 File 类、FilenameFilter 和 FileFilter 接口，大部分类都是 I/O 流类。I/O 流类可以将数据源封装成流对象，进而进行输入/输出操作。I/O 流类相对较多，下面将从 3 个角度对 I/O 流类进行归纳总结，以帮助读者快速了解 Java I/O API。

1. 输入流和输出流

I/O 即输入/输出，输入是对数据进行"读（read）"操作，从外存读到内存，称为"入"；输出是对数据进行"写（write）"操作，从内存写到外存，称为"出"。从输入/输出这个角度，可以将 I/O 流类分为两大类，即输入流和输出流，输入流定义了读数据的方法，输出流定义了写数据的方法。

I/O 流类中的所有输入流都是 InputStream 类或 Reader 类的子类。凡是类名以 InputStream 结尾的类都是 InputStream 类的子类，如 FileInputStream 等；同样，凡是类名以 Reader 结尾的类都是 Reader 类的子类，如 FileReader 等。

I/O 流类中的所有输出流都是 OutputStream 类或 Writer 类的子类。凡是类名以

OutputStream 结尾的类都是 OutputStream 类的子类,如 FileOutputStream 等;同样,凡是类名以 Writer 结尾的类都是 Writer 类的子类,如 FileWriter 等。

2. 字节流和字符流

I/O 流进行数据输入/输出操作时,编码格式有 8 位字节和 16 位字符两种。所以从数据流编码格式角度划分,I/O 流类又可以分为字节流和字符流两大类。

字节流和字符流

InputStream 类和 OutputStream 类的子类都是字节流,都将数据按照 8 位的字节方式传输,往往应用于视频、音频等文件的读/写操作。

Reader 类和 Writer 类的子类都是字符流,都将数据按照 16 位的字符方式传输,往往用于文本文件的读/写,尤其是包含汉字的文件,必须使用字符流读/写。

3. 节点流和处理流

要使用 I/O 流类进行数据输入/输出操作,必须先创建 I/O 流类的对象。而创建 I/O 流对象,必须使用 I/O 流类的构造方法。下面比较字符输入流 FileReader 和 BufferedReader 的构造方法。

节点流和处理流

(1)public FileReader(File file)。FileReader 类的构造方法参数是 File 类型,也就是说 FileReader 对象直接封装 File 对象。

(2)public BufferedReader(Reader in)。BufferedReader 类的构造方法参数是 Reader 类型对象,也就是说 BufferedReader 可以封装任意一种 Reader 类型对象,如 FileReader、StringReader 等。

通过上面构造方法的比较可见,FileReader 类直接封装数据源,这样的流类称为节点流,如 StringReader、CharArrayReader 都是节点流,直接封装某种特定类型的数据源。而 BufferedReader 类封装的是流对象,不是特定类型的数据源,称为处理流。节点流是输入/输出时必须使用的类,用来将数据源转换成 I/O 对象。而处理流用来封装流对象,往往用来增强其他流对象的功能,起到"锦上添花"的作用。

通过对 I/O 流类进行不同角度的分类,读者可以快速了解 I/O 包的结构。I/O 包中主要有 4 个顶级抽象类,即 InputStream、OutputStream、Reader 和 Writer。它们的子类分别是字节输入流、字节输出流、字符输入流和字符输出流。而根据封装类型的不同,流又可以分为节点流和处理流。如果流封装的是某种特定的数据源,如文件、字符串、字符数组等,则称为节点流;如果流封装的是其他流对象,则称为处理流。

16.4 I/O 编程

了解 I/O 包的结构后,本节将通过一个例子介绍如何使用 I/O 流进行输入/输出操作。例如,在控制台上输出文件"MyFilenameFilter.java"的内容,实现步骤如下。

I/O 编程步骤总结

1. 确定需要进行输入/输出操作的数据源

本例的数据源是一个文本文件,文件名是 MyFilenameFilter,所以首先需要将该数据源封装成 File 对象。代码如下：

```
File file=new File("MyFilenameFilter.java");
```

2. 选择使用输入流或输出流

根据例子的要求，需要对文件进行读操作，即输入操作，因此应该选择使用输入流。输入流都是 InputStream 类或 Reader 类的子类。

3. 选择使用字节流或字符流

因为要处理的是文本文件，因此选择使用字符流。结合第 2 步的判断，需要使用的是字符输入流，即 Reader 类型的输入流。

4. 选择合适的节点流

选择一个适当的节点流直接封装数据源。例子中的数据源是 File 对象，因此应该选择一种封装 File 对象的节点流（该节点流构造方法的参数类型是 File），如 FileReader 流。代码如下：

```
File file=new File("MyFilenameFilter.java");
try{
    FileReader fr=new FileReader(file);
}catch(FileNotFoundException e){
    e.printStackTrace();
}
```

上述代码中将 file 对象封装成了 FileReader 类型对象。

5. 判断是否需要使用处理流

使用节点流封装数据源后，就可以进行输入/输出操作了。然而，节点流往往性能或效率较低。例如，FileReader 流虽然可以读文件，但是按字符逐一进行读取，效率低下。因此，需要考虑是否使用处理流，将节点流对象进一步封装。如 BufferedReader 就是一种处理流，可以封装 Reader 对象，进行逐行读取，提高效率。进一步将第 4 步中的 FileReader 对象封装成 BufferedReader 对象，代码如下：

```
File file=new File("MyFilenameFilter.java");
try{
    FileReader fr=new FileReader(file);
    BufferedReader br=new BufferedReader(fr);
}catch(FileNotFoundException e){
    e.printStackTrace();
}
```

6. 调用 I/O 流中的方法进行读/写操作

通过上面几步，已经成功地将 File 对象最终封装成了 BufferedReader 对象，接下来就可以调用流对象中的适当方法，进行读/写操作。代码如下：

```
File file=new File("MyFilenameFilter.java");
try{
    FileReader fr=new FileReader(file);
```

```
BufferedReader br=new BufferedReader(fr);
String line=br.readLine();
while(line==null){
    System.out.println(line);
    line=br.readLine();
    }
}catch(FileNotFoundException e){
    e.printStackTrace();
}catch(IOException e){
    e.printStackTrace();
    }
```

上述代码使用 BufferedReader 类的 readLine 方法，逐行读取文件内容，然后在控制台输出，实现本例的功能。

7．在 finally 块中关闭流对象

由于 I/O 流对象会占用大量资源，因此，使用结束后一定要及时关闭。一般在 finally 块中关闭流对象，以确保任何状况下都会关闭。代码如下：

```
package com.etc.chapter16;
public class TestFileReader1{
  public static void main(String[] args){
    File file=new File("MyFilenameFilter.java");
    FileReader fr=null;
    BufferedReader br=null;
    try{
      fr=new FileReader(file);
      br=new BufferedReader(fr);
      String line=br.readLine();
      while(line!=null){
        System.out.println(line);
        line=br.readLine();
      }
    }catch(FileNotFoundException e){
      e.printStackTrace();
    }catch(IOException e){
      e.printStackTrace();
    }finally{
      if(fr!=null){
        try{
          fr.close();
        }catch(IOException e){
          e.printStackTrace();
        }
      }
      if(br!=null){
        try{
          br.close();
        }
      }
    }
```

```
        }
    }
```

上述代码的 finally 语句块中，分别调用 close 方法对曾经使用的流对象 fr 和 br 进行关闭处理。

16.5 本章小结

　　本章主要介绍了 Java I/O 编程。与 Java I/O 相关的 API 都位于 java.io 包中。本章首先介绍了一个重要的辅助类——File 类的相关知识，并重点介绍了与 File 过滤有关的两个接口。读者不仅可以熟悉 API，也可以进一步理解接口的作用。接下来，详细介绍了 I/O 流类的使用，从 3 个角度对繁多的 I/O 类进行了分类，帮助读者快速了解 java.io 包的结构。最后，通过一个具体例子，详细演示了使用 I/O 流进行输入/输出编程的过程。

第 **17** 章
GUI 编程

GUI 是 Graphics User Interface 的缩写，即图形用户界面。Java 语言提供了开发 GUI 的 API，主要在 java.awt 和 javax.swing 包及其子包中，本章将介绍 Java GUI 编程的相关知识。然而，在实际应用中，使用 Java 开发企业级桌面应用的情况相对较少。

17.1 GUI 编程概述

提到 Java GUI 开发，常常会提到 3 个概念，即 AWT（Abstract Window Toolkit）、Swing 及 SWT。本节将对三者进行概要性介绍，以帮助读者快速了解 GUI 编程。

1. AWT

AWT 是 Java 语言中的原始 GUI 工具包，相关 API 位于 java.awt 包中。AWT 是一个组件非常有限的 GUI 工具包，不支持树、表格等。大部分情况下，可以在一台计算机上开发和测试 Java 代码（如 Windows 平台），然后不经测试就可以在其他平台（如 Linux 平台）上运行。然而 AWT 无法实现，AWT 运行时，每个组件都要依赖于当前平台的 GUI 对等体（peer）控件，因此，AWT GUI 的外观和行为就会依赖当前平台。

2. Swing

Java Swing 是 Java Foundation Classes（JFC）的一部分，是在 AWT 基础上发展而来的 GUI API，都存在于 javax.swing 包中，作用是解决 AWT 的缺点。比起 AWT，Swing 的组件丰富而强大，增加了很多组件，如树、表格等。Swing 甚至与后面要介绍的 SWT 比都毫不逊色。

为了解决 AWT 对平台的依赖性，Swing 将对平台的依赖降到了最低。只有窗口和框架之类的顶层组件使用平台的对等体，大部分组件使用纯 Java 代码模拟，与平台无关。Swing 中，使用平台对等体的组

Swing 组件快速入门

件称为重量级（heavyweight）组件，Java 代码模拟的组件称为轻量级（lightweight）组件。Swing 允许在一个 GUI 应用中混合使用轻量级和重量级组件。Swing 中提供了不同的外观，可以模拟不同平台的效果。

3. SWT

AWT 和 Swing 都是原 Sun 公司推出的 Java GUI 工具包，而 SWT 是 Eclipse 组织为了开

发 Eclipse IDE 环境所编写的一组底层 GUI API。SWT 的设计者汲取了 AWT 和 Swing 两者的优点，取得了很大的进步。SWT 提供了丰富的组件集，完全可以与 Swing 媲美。SWT 是使用对等体实现的，不过对等体的工作方式与 AWT 不同。SWT 程序实质上就是一个当前平台的应用程序。

本章将主要介绍 Java 语言的 Swing 工具包，使用 Swing 构建图形用户界面，并进行事件处理。

17.2 Swing 中的组件

图 17-1　聊天室界面

Swing 的大部分组件类都是 JComponent 类的子类。例如，JButton 是按钮组件，JTextField 是文本框组件，JTextArea 是文本区域组件，JTable 是表格组件等。有一种特殊的组件被称为容器，容器中可以放置其他组件，如 JFrame、JPanel 都是容器。下面将通过具体例子展示常用组件的使用方法。

假设需要实现一个简单的聊天室程序，界面风格如图 17-1 所示。

可见，聊天室界面包含 Send、Quit 两个按钮，一个输入聊天信息的文本框和一个显示聊天内容的文本区域。代码如下：

```
package com.etc.chapter17;
public class ChatRoom{
    private JFrame frame;
    private JPanel panel;
    private JButton send,quit;
    private JTextArea output;
    private JTextField input;
    public ChatRoom(){
        frame=new JFrame("Welcome to ETC ChatRoom");
        panel=new JPanel();
        send=new JButton("Send");
        quit=new JButton("Quit");
        output=new JTextArea();
        input=new JTextField();
    }
}
```

上述代码中，声明并创建了聊天室界面中需要使用的组件，其中包含两个 JButton 按钮组件，用来构建 Send 和 Quit 按钮；一个 JTextField 组件，用来输入聊天信息；一个 JTextArea 组件，用来显示聊天内容；一个 JPanel 面板组件，用来作为两个按钮的容器，放置两个按钮；一个 JFrame 组件，用来构建聊天室窗口。除了这些简单组件外，Swing 还支持很多功能强大的组件，如 JTable、JTree 等。

17.3 Swing 中的布局

要成功构建一个 GUI 程序，首先要像第 17.2 节介绍的那样创建所有需要的组件，然后根据设计对组件进行布局。Java 语言中的 GUI 使用布局管理器进行布局，Swing 与 AWT 工具包的布局管理器可以通用。本节将逐一介绍 Swing 中常用的布局管理器。

1. FlowLayout

FlowLayout 称为流布局管理器。该管理器将组件按照从左到右、从上到下的自然顺序布局，效果如图 17-2 所示。

2. BorderLayout

BorderLayout 称为边界布局管理器。该管理器将容器分为 5 个区域，分别用东、南、西、北、中 5 个方位表示，布局效果如图 17-3 所示。

图 17-2　FlowLayout 布局效果

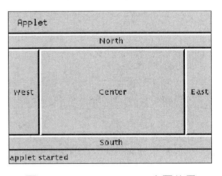

图 17-3　BorderLayout 布局效果

3. GridLayout

GridLayout 称为网格布局管理器。该管理器将容器分为大小相等的网格，布局效果如图 17-4 所示。

图 17-4　GridLayout 布局效果

4. CardLayout

CardLayout 称为卡片布局管理器。该管理器允许在一个位置放置多个组件，根据需要按顺序显示。

5. GridBagLayout

GridBagLayout 称为网袋布局管理器。该管理器是一个灵活、复杂的布局管理器，布局效果如图 17-5 所示。

Button1	Button2	Button3	Button4
Button5			
Button6			Button7
Button8	Button9		
	Button10		

Button4	Button3	Button2	Button1
Button5			
Button7	Button6		
Button9			Button8
Button10			

图 17-5 GridBagLayout 布局效果

要使用布局管理器，只需要容器对象调用 setLayout 方法，将具体的布局管理器对象传递给该方法即可。继续完善第 17.2 节中的 ChatRoom 类，增加 display 方法，对聊天室界面进行布局。如以下代码：

```java
public void display(){
    Container c=frame.getContentPane();
    frame.setSize(400, 300);
    c.setLayout(new BorderLayout());
    c.add(new JScrollPane(output),"Center");
    c.add(input,"South");
    c.add(panel,"East");
    panel.add(send);
    panel.add(quit);
    frame.setVisible(true);
}
public static void main(String[] args){
    ChatRoom room=new ChatRoom();
    room.display();
}
```

上述代码中，为窗口容器设置了 BorderLayout 布局管理器，通过 c.setLayout(new BorderLayout())方法实现，窗口被分为 5 个区域。将文本区域对象 output 布局到窗口的 Center 区域，将文本框对象 input 布局到窗口的 South 区域，将包含了两个按钮的面板对象 panel 布局到窗口的 East 区域。运行效果如图 17-6 所示。

图 17-6 聊天室界面布局效果

由于实际应用中使用 Swing 构建企业级应用的情况比较少，所以本章不过多介绍 Swing

复杂界面的构建方式，而只是使用简单案例演示 GUI 编程的基本过程。

17.4 Swing 中的事件处理

事件处理快速入门

　　第 17.3 节中创建了一个聊天室程序 GUI，然而该 GUI 是"又聋又哑"的，用户进行任何操作都没有响应。GUI 作为客户端程序，需要与用户有交互，即进行事件处理。Swing 的事件处理机制在 AWT 的基础上进行了扩展，与事件处理相关的 API 存在于 java.awt.event 和 javax.swing.event 两个包中。有两个与 Swing 事件处理相关的重要概念，即事件类和事件监听器接口。

　　当用户对 GUI 进行操作时，如单击按钮、在文本框中按回车键等，都会触发一种事件发生。java.awt.event 及 javax.swing.event 包中定义了常见的事件类，类名都以 Event 结尾。

　　（1）ActionEvent：动作事件。当用户单击按钮、在文本框中按回车键等时，都将触发该事件。

　　（2）WindowEvent：窗口事件。与窗口有关的动作都将触发该事件，如窗口打开、关闭、最大化、最小化等。

　　（3）MouseEvent：鼠标事件。与鼠标有关的动作都将触发该事件，如鼠标指针获取焦点、鼠标指针离开等。

　　还有很多其他类型的事件，都在 java.awt.event 包和 javax.swing.event 包中进行了定义。

　　API 针对每种事件定义了对应的接口，接口中定义了处理该事件的方法，这些接口称为事件监听器接口。事件监听器接口都以 Listener 结尾，如 ActionListener 中定义了处理 ActionEvent 的方法，WindowListener 中定义了处理 WindowEvent 的方法。

　　接下来对前面章节实现的聊天室进行事件处理：单击 Quit 按钮，聊天室程序退出。下面详细介绍 GUI 事件处理步骤。

　　1．确定事件源

　　要进行事件处理，首先要确定事件源，即发生事件的组件。例如，单击 Quit 按钮，事件源就是 Quit 按钮；拖动窗口，事件源就是窗口。

　　2．确定事件类型

　　确定事件源后，需根据要处理的事件确定事件类型。如单击按钮的事件类型是 ActionEvent，关闭窗口的事件类型是 WindowEvent。

　　3．确定事件监听器接口

　　确定事件类型后，需要进一步确定处理该事件的事件监听器接口，如 ActionEvent 对应的接口是 ActionListener。确定接口后，需要自定义事件处理器类实现该接口。定义 QuitHandler 类实现 ActionListener 接口，作为处理 Quit 按钮 ActionEvent 的处理器类。如以下代码：

```
package com.etc.chapter17;
public class QuitHandler implements ActionListener{
    public void actionPerformed(ActionEvent arg0){}
}
```

4. 覆盖事件监听器接口中合适的方法

自定义类实现事件监听器接口后，需要覆盖事件监听器中特定的方法。事件监听器接口中可能声明了多个方法，事件处理机制会针对不同的用户操作自动调用不同的方法。在 QuitHandler 类中重写 ActionListener 接口的 actionPerformed 方法，实现聊天室程序退出的功能。代码如下：

```
public void actionPerformed(ActionEvent arg0){
    System.exit(0);
}
```

到此为止，已经创建了 QuitHandler 类以实现 ActionListener 接口，而且覆盖了接口中的 actionPerformed 方法，实现了退出聊天室程序的功能。

5. 为事件源注册事件监听器

实现事件监听器后，需要为事件源注册事件监听器才能生效。每个组件都有一系列 addXxxListener 方法，可以用来为组件注册不同的事件监听器。例如，JButton 类中定义了 addActionListener 方法，可以为 JButton 组件注册 ActionListener 监听器。修改 ChatRoom 类，为 Quit 按钮注册事件监听器。代码如下：

```
quit.addActionListener(new QuitHandler());
```

到此为止，Quit 按钮的事件处理已经完成，单击 Quit 按钮，聊天室程序将退出。通过该例子的学习，读者也可以总结出 GUI 事件处理的基本步骤。

17.5 使用内部类进行事件处理

内部类事件处理

Java 中的内部类是外部类的一个成员，可以直接使用外部类的属性和方法。在 GUI 事件处理过程中，常常用到内部类。

本节继续对前面章节实现的聊天室进行事件处理，实现发送消息的功能：在文本框中输入聊天信息，单击 Send 按钮后，消息显示到显示聊天内容的文本区域。事件源是 Send 按钮，事件类型是 ActionEvent，需要使用的事件监听器为 ActionListener。因此，首先需要定义一个类实现 ActionListener 接口，覆盖其中的 actionPerformed 方法，实现发送消息的功能。然后，使用 addActionListener 方法为 Send 按钮注册事件监听器。

创建 SendHandler 类，实现 ActionListener 接口，覆盖其中的 actionPerformed 方法，实现将文本框信息发送到文本区域的功能。代码如下：

```
public class SendHandler implements ActionListener{
    public void actionPerformed(ActionEvent arg0){
        output.append(input.getText()+"\n");
        input.setText("");
    }
}
```

上述代码中，SendHandler 类需要使用到 ChatRoom 类的 output 属性及 input 属性。那么

SendHandler 类就应该作为 ChatRoom 类的内部类存在，直接使用外部类的属性。代码如下：

```
package com.etc.chapter17;
public class ChatRoom{
    //省略其他代码
    public class SendHandler implements ActionListener{
        public void actionPerformed(ActionEvent arg0){
            output.append(input.getText()+"\n");
            input.setText("");
        }
    }
    public static void main(String[] args){
        ChatRoom room=new ChatRoom();
        room.display();
    }
}
```

运行该类后，Send 按钮将可以进行事件处理，完成发送消息的功能。通过该例子可以更为直观地理解内部类的作用，内部类作为外部类的成员存在，可以直接使用外部类的属性。

17.6 使用匿名内部类进行事件处理

在第 17.5 节的例子中，使用了内部类 SendHandler 进行事件处理。分析发现，内部类 SendHandler 自始至终只需要实例化一个对象，作为 Send 按钮的 ActionEvent 的监听器对象使用。如果只需要使用内部类的一个对象，那么就可以在声明类的同时创建该对象，而隐去该内部类的名称，这样的内部类称为匿名内部类。如以下代码：

匿名内部类

```
//省略其他代码
send.addActionListener(sendHandler);
//匿名内部类
ActionListener sendHandler=new ActionListener(){
    public void actionPerformed(ActionEvent arg0){
        output.append(input.getText()+"\n");
        input.setText("");
    }
};
```

上述代码中使用匿名内部类创建了 sendHandler 对象，并将该对象作为 Send 按钮的事件处理器使用。匿名内部类是没有名称的内部类，在类声明的同时创建对象，往往在某内部类只需要一个对象的情况下使用。匿名内部类的类体与内部类的类体相同，也需要实现其接口的所有方法。匿名内部类对象的类型使用其需要实现的接口或抽象类来声明，如例子中使用 ActionListener 接口作为对象类型。

进一步思考，如果 sendHandler 对象也只在一处使用，那么也没有必要声明对象名，可以使用匿名内部类的匿名对象。如以下代码：

```
send.addActionListener(new ActionListener(){
    public void actionPerformed(ActionEvent arg0){
        output.append(input.getText()+"\n");
        input.setText("");
    }
});
```

上述代码中，addActionListener 方法需要一个 ActionListener 类型的对象，那么就使用一个匿名内部类直接创建对象传递给该方法，省略了声明内部类、声明内部类引用的过程，直接使用一个匿名内部类的匿名对象作为方法的参数。

17.7 GUI 中的并发任务

单线程阻塞

在 GUI 中，常常需要处理并发任务。例如，聊天室程序可以支持传递文件功能，而传递文件的同时可以继续聊天。接下来，修改前面章节的聊天室程序，增加一个 Loop 按钮，单击该按钮后程序进入死循环，做简单的输出。代码如下：

```
loop.addActionListener(new ActionListener(){
    public void actionPerformed(ActionEvent arg0){
        int x=0;
        while(true){
            System.out.println(x++);
        }
    }
});
```

运行 ChatRoom.java 类，界面如图 17-7 所示。

图 17-7 加入 Loop 按钮后的聊天室界面

在没有单击 Loop 按钮前，Send、Quit 按钮可以正常使用。如果单击 Loop 按钮，将执行死循环，Send、Quit 按钮将无法获得焦点，聊天室的其他功能都无法使用。GUI 应用中常常需要处理并发任务，这时就需要使用多线程编程，相关内容将在第 18 章介绍。

17.8 本章小结

　　本章介绍了 Java 语言的 GUI 编程。首先介绍了 3 种常见的 Java GUI 工具包：AWT、Swing 和 SWT。其中 AWT 和 Swing 都是原 Sun 公司开发的，而 SWT 是 Eclipse 公司组织开发的。AWT 和 SWT 都是平台相关的，而 Swing 的大多数组件都与平台无关。开发 GUI 应用，除了要熟悉各种组件的使用、界面的布局处理，还需要使 GUI 动起来，即进行事件处理。GUI 的事件处理涉及事件类和事件处理器接口两个重要概念。API 中有丰富的事件类和事件监听器接口，本章使用常见的 ActionEvent 和 ActionListener 做演示。其次，本章还借助事件处理的例子，展示了内部类及匿名内部类、匿名内部类匿名对象的用法。最后，通过增加一个死循环按钮，引出了 GUI 中常见的多任务并发问题。

第 18 章

多线程编程

系统中正在运行的程序称为一个进程（Process），而每个进程又包含一个或多个线程（Thread）。可以将线程理解为程序中的代码片段，其可以在程序里独立执行，负责多个任务。通常由操作系统负责多个线程的调度和执行。线程是程序中一个单一的顺序控制流程。在单个程序中同时运行多个线程完成不同的工作，称为多线程。线程和进程的区别在于，不同进程使用不同的代码和数据空间，而多个线程却可以共享数据空间。可以将多线程想象成每个线程都运行在一个 CPU 上，从而实现多个任务并发运行在一台主机上的效果。然而，往往并不是每个线程都运行在一个物理 CPU 上，而是分享 CPU 的时间片。

Java 语言对多线程编程提供了语言级别的支持，可以很容易地创建线程对象、启动线程。本章将介绍如何使用 Java 语言进行多线程编程。

18.1 与线程有关的 API

1. Thread 类

Java API 中提供了与线程有关的类和接口，因此可以非常直观地使用 Java 语言进行多线程编程。与线程有关的 API 大多位于 java.lang 包中，本节先介绍常用的 Thread 类。

Thread 类即线程类，Thread 类的对象即线程对象。Thread 类中提供了很多方法，start 方法和 run 方法是两个基本的、常用的方法。

（1）public void start()。该方法用来启动线程。创建一个线程对象后，必须启动该线程才能被调度。启动线程并不会导致线程马上运行，而是需要等到 CPU 的调度才能运行。一个线程最多只能启动一次，线程运行结束后不可能再次启动。

（2）public void run()。该方法用来运行线程。当线程调用了 start 方法并得到 CPU 的时间片调度后，就会执行 run 方法。然而，Thread 类中的 run 方法的方法体是空的，所以使用前需要覆盖 run 方法，在 run 方法中编写该线程对象需要执行的任务代码。

2. Runnable 接口

Runnable 接口是 Java 线程 API 中常用的接口，该接口已经被 Thread 类实现。接口中只有一个方法：public void run()。

该接口的实现类需要覆盖 run 方法，在 run 方法中编写线程执行的代码。接口实现类的对象作为线程运行对象存在。具体使用将在第 18.2 节介绍。

18.2 创建线程

要编写多线程应用，首先要创建线程对象。Java 语言中提供了创建
线程对象的便捷方法，本节将详细介绍两种常用的创建 Java 线程对象的
方法。

创建线程的两种方法

1. 继承 Thread 类

创建线程对象的第一种方式是创建一个子类继承 Thread 类，覆盖其中的 run 方法，Thread
类的子类对象就是线程对象。如以下代码：

```java
package com.etc.chapter18;
public class ProducerThread extends Thread{
  public void run(){
    while(true){
      System.out.println(Thread.currentThread().getName()+" : x="+Math.random()*100);
    }
  }
  public static void main(String[] args){
    ProducerThread pt1=new ProducerThread();
    ProducerThread pt2=new ProducerThread();
    pt1.start();
    pt2.start();
  }
}
```

上述代码中创建的子类 ProducerThread 继承了 Thread 类，那么 ProducerThread 类的对象
就是线程对象。代码中创建了 pt1 和 pt2 两个线程对象，并分别使用 start 方法启动。线程得
到 CPU 时间片调度后，将运行 ProducerThread 类的 run 方法，该方法输出当前执行的线程名
称及产生的随机数。部分运行结果如下：

```
Thread-0：x=44.896315563602286
Thread-1：x=29.778731861902706
Thread-0：x=74.84669322326201
Thread-1：x=93.70572232945499
Thread-0：x=69.00361619367197
Thread-1：x=18.055932892986636
Thread-0：x=81.95621923211436
Thread-1：x=5.769264854130429
Thread-0：x=76.04165144260631
Thread-1：x=93.5910840458088
Thread-0：x=34.55113634401306
Thread-1：x=64.76278193147358
Thread-0：x=30.311226756317655
Thread-1：x=83.50066777235415
```

```
Thread-0：x=82.04051093202057
Thread-1：x=47.93059495772244
```

由于线程的执行大都依靠操作系统的调度，所以多线程程序的运行结果与平台有关，每次可能都不同。

2. 实现 Runnable 接口

第一种创建线程的方式是创建 Thread 类的子类，使用子类直接创建线程对象。第二种方式是实现 Runnable 接口，覆盖其中的 run 方法。Runnable 接口的实现类可以封装线程运行的数据和代码，这种创建线程的方式使用 Thread 类的如下构造方法：public Thread(Runnable target)。其中，构造方法的参数类型是 Runnable，即 Runnable 接口实现类的对象。

首先，创建子类实现 Runnable 接口，覆盖其中的 run 方法。代码如下：

```
package com.etc.chapter18;
public class Producer implements Runnable{
    private int x;
    public void run(){
        while(true){
            System.out.println(Thread.currentThread().getName()+"：x="+x);
            x++;
        }
    }
}
```

上述代码中使用 Producer 类实现 Runnable 接口，覆盖接口中的 run 方法，实现线程运行体代码。接下来可以创建线程对象，启动线程。代码如下：

```
package com.etc.chapter18;
public class TestRunnable{
    public static void main(String[] args){
        Producer p1=new Producer();
        Thread t1=new Thread(p1);
        Producer p2=new Producer();
        Thread t2=new Thread(p2);
        t1.start();
        t2.start();
    }
}
```

上述代码中创建了 p1 和 p2 两个 Producer 对象，封装线程运行的数据和方法。然后分别使用这两个 Producer 对象创建 t1 和 t2 两个线程对象。t1 线程运行时将使用 p1 对象的属性和方法，而 t2 线程运行时将使用 p2 对象的属性和方法。部分运行结果如下：

```
Thread-1：x=43
Thread-0：x=46
Thread-1：x=44
Thread-0：x=47
Thread-1：x=45
```

```
Thread-0：x=48
Thread-1：x=46
Thread-0：x=49
Thread-1：x=47
Thread-1：x=48
Thread-1：x=49
```

　　本节介绍了 Java 语言中两种常见的创建线程的方法，其中第二种方式较为常用。因为类对接口可以实现一对多的关系，而类继承类只能是一对一的关系。而且，使用第二种方式创建线程，能够将线程运行的数据和方法单独封装到 Runnable 的实现类中，程序的可维护性和可读性都更强。

　　下面对第 17 章的 GUI 循环问题进行修改。第 17 章的 GUI 应用有一个 Loop 按钮，该按钮的事件处理代码是一个死循环。因此，只要单击了该按钮，main 方法的线程将被阻塞，GUI 的其他功能将不能正常使用。解决办法是对 GUI 进行多线程编程，修改 Loop 按钮的事件处理程序。代码如下：

```
loop.addActionListener(new ActionListener(){
    public void actionPerformed(ActionEvent arg0){
        new Thread(new Runnable(){
            public void run(){
                int x=0;
                while(true){
                    System.out.println(x++);
                }
            }
        }).start();
    }
});
```

　　上述代码中，在 Loop 按钮的事件处理方法中创建并启动了一个线程，使用该线程来执行 Loop 按钮的死循环功能，所以不会发生 main 方法的线程被阻塞的情况，而是在一个新的线程中执行死循环功能，其他功能不受影响。上述代码中使用了两次匿名内部类的匿名对象，首先是 ActionListener 的实现类对象，然后是 Runnable 接口的实现类对象。运行聊天室程序，效果如图 18-1 所示。

图 18-1　修改聊天室 GUI 循环问题后的运行效果

由于单击 Loop 按钮后启动了新线程来处理死循环，所以聊天室的其他功能依然能使用，可以较直观地说明多线程编程的必要性。

18.3 线程同步

当使用第二种方式创建线程时，如果两个线程对象都使用同一个
Runnable 对象创建，那么这两个线程将共享数据。如以下代码：

线程同步

```java
public class Producer implements Runnable{
    private int x;
    public void run(){
        for(int i=0;i<50;i++){
            System.out.println(Thread.currentThread().getName()+": x="+x);
            x++;
        }
    }
}
public class TestRunnable{
    public static void main(String[] args){
        Producer p1=new Producer();
        Thread t1=new Thread(p1);
        Thread t2=new Thread(p1);
        t1.start();
        t2.start();
    }
}
```

上述代码中的线程对象 t1 和 t2 都使用对象 p1 创建，可以说 t1 和 t2 对象共享 Producer
类的 p1 对象。运行结果如下：

```
Thread-1: x=5
Thread-0: x=6
Thread-1: x=7
Thread-0: x=8
Thread-1: x=9
Thread-0: x=10
Thread-1: x=11
Thread-0: x=12
Thread-1: x=13
Thread-0: x=14
```

分析运行结果可见，两个线程输出的 x 值是累加的，这是因为两个线程共享一个 Producer
对象，所以使用的 x 也是同一个变量。然而，当线程共享数据时，有时却可能发生特殊情况，
如两次输出同一个 x 值：

```
Thread-1: x=0
Thread-0: x=0
```

```
Thread-1: x=1
Thread-0: x=2
Thread-1: x=3
Thread-0: x=4
```

结果中 x=0 输出了两次。下面分析发生这种情况的原因。t1 和 t2 两个线程对象由于共享一个 Producer 对象，所以操作的是同一个 x，而对 x 的操作共有两条语句。代码如下：

```
System.out.println(Thread.currentThread().getName()+": x="+x);
x++;
```

发生两次输出同一个 x 值的情况，是因为某线程刚执行完第一条语句时，操作系统将 CPU 的时间片分配给另一个线程，x++ 语句还没有执行，因此 x 值保持不变，被再次输出。如果线程的运行体不是简单的输出，而是订票系统，就可能发生某张票被预订两次的严重错误。

为了避免多线程共享对象冲突，当多个线程共享对象时，应该保证正在运行的线程执行完全部代码后，才能将时间片分走，避免数据被破坏的情况发生。

Java 语言提供了关键字 synchronized（同步）来完成此功能，称为给对象加锁，以保证操作共享对象的代码同一时刻只被一个线程访问。下面介绍 synchronized 关键字的两种使用方式。

1. Synchronized 关键字修饰代码块

synchronized 关键字可以修饰代码块，使该代码块成为同步块。语法如下：

```
synchronized(共享的对象){
    需要同步的代码
}
```

使用 synchronized 关键字，称为给共享对象加锁，当一个线程要运行同步块时，首先要确定是否能得到共享对象的锁，如果有线程正在运行该同步块，就占有这把锁，其他线程将无法得到锁，也就无法执行同步块代码。线程执行完同步块后，立即释放锁，其他线程就可以继续"争夺"锁，从而在得到调度的时候来执行同步块。

修改 Producer.java 中的 run 方法，对 this 对象使用 synchronized 关键字加锁，将处理变量 x 的两行代码放到同步块中。代码如下：

```
public void run(){
    for(int i=0;i<50;i++){
        synchronized(this){
            System.out.println(Thread.currentThread().getName()+": x="+x);
            x++;
        }
    }
}
```

再次运行测试代码，就不会出现 x 值重复输出的情况。因为当线程要运行 for 的循环体时，会先检测 this 对象的锁有没有被其他线程占有，如果被占有，就需要等待，直到占有锁的线程执行完同步块，释放锁为止。这样就能做到只要某线程开始运行同步块代码，就一定能保证运行结束后时间片才被分走，那么 x 值就能保证一致。

2. Synchronized 关键字修饰方法

Synchronized 关键字可以直接修饰方法，使方法成为同步方法。如以下代码：

```
public synchronized void push(char c){
    方法体
}
```

Synchronized 关键字修饰方法后，该方法的方法体都是同步的，与以下代码有相同效果：

```
public void push(char c){
    synchronized(this){
        方法体
    }
}
```

由于 synchronized 块一个时刻只能被一个线程访问，所以将降低性能和效率。因此，使用 synchronized 关键字时，要遵守"只同步必要的代码块"的原则，不要盲目对不需要同步的代码使用 synchronized 关键字修饰，以免影响性能和效率。

18.4 线程通信

线程通信

如果多个线程共享某些数据，为了避免共享数据被破坏，可以使用 synchronized 关键字对线程进行同步。但是，有时某个线程必须等待另一个线程中的某些条件满足才能执行，那么线程之间就需要通信。线程通信的方法在 Object 类中定义。需要注意的是，线程通信的方法必须在同步块中使用。实现线程通信的方法主要有以下几个。

1. wait 方法

如果某个对象调用了 wait 方法，那么该线程被阻塞，处于等待状态，且释放其占用的锁。语法如下：

```
synchronized(obj){
    while(<condition does not hold>)
    obj.wait();
}
```

2. notify 方法

notify 方法可以唤醒某个等待的线程。如果有多个等待的线程，到底会唤醒哪个不能确定，由 JVM 决定。语法如下：

```
synchronized(obj){
    condition=true;
    obj.notify();
}
```

3. notifyAll 方法

notifyAll 方法可以唤醒所有等待的线程，但是并不意味着所有被唤醒的线程都能马上运行 wait 后的代码。被唤醒的线程需要得到对象的锁，才可能在被调度后运行 wait 后的代码。语法如下：

```
synchronized(obj){
    condition=true;
    obj.notifyAll();
}
```

介绍了常用的线程通信方法后，下面模拟生产者/消费者逻辑，演示线程间的通信方法。

（1）仓库类 WareHouse。

仓库类有两个方法，即存货和购买。购买方法首先检查仓库中是否有商品，如果没有就使线程等待。往仓库中存货后即调用 notify 方法，随机唤醒一个等待的线程。代码如下：

```
package com.etc.chapter18;
public class WareHouse{
    private List<String> store=new ArrayList<String>();
    public void stock(String product){
        store.add(product);
        synchronized(this){
            this.notify();
            System.out.println("卖家已经存入了货物："+product+"，通知等待的购买者");
        }
    }
    public void buy(){
        if(store.size()==0){
            synchronized(this){
                try{
                    System.out.println("仓库目前没有货物，买家请等待...");
                    this.wait();
                }catch(InterruptedException e){
                    e.printStackTrace();
                }
            }
        }else{
            String p=store.remove(0);
            System.out.println("买家已经买到了货物："+p);
        }
    }
}
```

上述代码中的 stock 方法模拟货物上架操作，将货物存入仓库中后，在同步块中使用 notify 方法唤醒因为缺货而等待的线程。buy 方法模拟购买操作，先检查仓库中是否有存货，如果没有，则在同步块中调用 wait 方法，进入等待状态。

（2）售货者类 Seller。

售货者类是售货者线程的运行体类，实现了 Runnable 接口，覆盖了 run 方法，在 run 方法中调用仓库的 stock 方法进行货物上架处理。代码如下：

```java
package com.etc.chapter18;
public class Seller implements Runnable{
    private WareHouse wareHouse=new WareHouse();
    public Seller(WareHouse wareHouse){
        super();
        this.wareHouse=wareHouse;
    }
    public void run(){
        for(int i=0;i<50;i++){
            wareHouse.stock("Product"+i);
            i++;
        }
    }
}
```

（3）购买者类 Buyer。

购买者类是购买者线程的运行体类，实现了 Runnable 接口，覆盖了 run 方法，在 run 方法中调用仓库的 buy 方法进行购物操作。代码如下：

```java
package com.etc.chapter18;
public class Buyer implements Runnable{
    private WareHouse wareHouse=new WareHouse();
    public Buyer(WareHouse wareHouse){
        super();
        this.wareHouse=wareHouse;
    }
    public void run(){
        for(int i=0;i<50;i++){
            wareHouse.buy();
        }
    }
}
```

（4）测试类 TestWaitNotify。

使用测试类 TestWaitNotify 对上述功能进行测试。代码如下：

```java
package com.etc.chapter18;
public class TestWaitNotify{
    public static void main(String[] args){
        WareHouse wareHouse=new WareHouse();
        Seller seller=new Seller(wareHouse);
        Buyer buyer=new Buyer(wareHouse);
        Thread sellerThread=new Thread(seller);
        Thread buyerThread=new Thread(buyer);
```

```
            buyerThread.start();
            sellerThread.start();
        }
    }
```

上述代码中创建了一个 WareHouse 对象，使用该对象创建了两个线程，分别是售货者线程 seller 和购买者线程 buyer，这两个线程共享同一个仓库对象 wareHouse。由于购买者线程在仓库中没有商品的情况下，必须等待售货者线程存货后才能执行，所以这两个线程之间需要使用 wait 和 notify 方法进行通信。部分运行结果如下：

```
仓库目前没有货物，买家请等待...
卖家已经存入了货物：Product0，通知等待的购买者
卖家已经存入了货物：Product2，通知等待的购买者
买家已经买到了货物：Product0
卖家已经存入了货物：Product4，通知等待的购买者
买家已经买到了货物：Product2
卖家已经存入了货物：Product6，通知等待的购买者
买家已经买到了货物：Product4
```

分析运行结果可见，当仓库中没有货物时，购买者线程处于等待状态；当售货者线程存入货物后，就会通知等待的线程，等待的线程获得对象锁后，就可以在被调度后执行。

18.5 Thread 类的方法

前面章节介绍了线程的创建、同步、通信等相关知识点，其中的核心类是 Thread 类。线程对象都是 Thread 类型的对象，本节对 Thread 类的常用方法进行介绍。

Thread 类的常用方法

1. start 方法

start 方法是启动线程的方法。启动线程后，线程需要等到 CPU 调度才能运行。

2. run 方法

run 方法是线程运行时调用的方法，只有当线程被 CPU 调度了，才会自动执行 run 方法。可以通过继承 Thread 类，或者实现 Runnable 接口的方式，覆盖对象中的 run 方法，实现线程运行体。

3. currentThread 方法

该方法是 Thread 类的静态方法，可以使用 Thread 类名直接调用，返回正在运行的线程引用。

4. sleep(long millis)方法

该方法是使线程休眠的方法，方法参数是线程休眠的时长。当该休眠时间段结束时，线程将"醒来"，重新等待调度。

5. join 方法

join 方法可以让调用该方法的线程强行占有 CPU 资源，其他线程必须等待该线程运行结束才可能被调度。join 方法还有一个重载的方法：join(long millis)。该方法可以使调用该方法的线程在指定时间内强行占有资源，时间段结束后，该线程将不再有"特权"，与其他线程一起等待系统调度。

6. yield 方法

yield 方法可以使调用该方法的线程降低优先级，给其他线程机会。

7. getPriority/setPriority 方法

线程都有优先级，可通过 getPriority 方法获取优先级，也可通过 setPriority 方法设置优先级。系统对线程的调度会参考线程的优先级。

18.6 线程死锁

在多线程应用中都会存在死锁问题，Java 语言的多线程也不例外。线程死锁往往是因为多线程共享资源，而共享资源的加锁顺序不当导致的。下面使用代码演示线程死锁问题：

```
package com.etc.chapter18;
public class DieLock1 extends Thread{
    private String shareObj1;
    private String shareObj2;
    public DieLock1(String shareObj1, String shareObj2){
        super();
        this.shareObj1=shareObj1;
        this.shareObj2=shareObj2;
    }
    @Override
    public void run(){
        synchronized(shareObj1){
            System.out.println(Thread.currentThread().getName()+"：占有shareObj1的锁。");
            System.out.println(Thread.currentThread().getName()+"：在等待shareObj2的锁。");
            synchronized(shareObj2){
                System.out.println(Thread.currentThread().getName()+"：占有shareObj2的锁。");
            }
        }
    }
}
```

DieLock1 类继承了 Thread 类，该类的对象就是线程对象，run 方法中先对 shareObj1 加锁，再对 shareObj2 加锁。

DieLock2 类也继承了 Thread 类，该类的对象也是一个线程对象，run 方法中先对 shareObj2 加锁，再对 shareObj1 加锁，加锁顺序正好与 DieLock1 相反。代码如下：

```
package com.etc.chapter18;
```

```
public class DieLock2 extends Thread{
    private String shareObj1;
    private String shareObj2;
    public DieLock2(String shareObj1, String shareObj2){
        super();
        this.shareObj1=shareObj1;
        this.shareObj2=shareObj2;
    }
    @Override
    public void run(){
        synchronized(shareObj2){
            System.out.println(Thread.currentThread().getName()+"：占有shareObj2的锁。");
            System.out.println(Thread.currentThread().getName()+"：在等待shareObj1的锁。");
            synchronized(shareObj1){
                System.out.println(Thread.currentThread().getName()+"：占有shareObj1的锁。");
            }
        }
    }
}
```

使用以下代码进行测试：

```
package com.etc.chapter18;
public class TestDieLock{
    public static void main(String[] args){
        String shareObj1="obj1";
        String shareObj2="obj2";
        DieLock1 t1=new DieLock1(shareObj1,shareObj2);
        DieLock2 t2=new DieLock2(shareObj1,shareObj2);
        t1.start();
        t2.start();
    }
}
```

上述代码中，创建了 t1 和 t2 两个线程，分别是 DieLock1 和 DieLock2 类型。这两个线程使用的属性是相同的两个字符串对象 shareObj1 和 shareObj2。t1 线程的 run 方法需要先获取 shareObj1 的锁，然后获取 shareObj2 的锁。而 t2 线程需要先获取 shareObj2 的锁，再获取 shareObj1 的锁。那么在运行过程中，就可能出现以下结果：

```
Thread-0：占有shareObj1的锁。
Thread-1：占有shareObj2的锁。
Thread-0：在等待shareObj2的锁。
Thread-1：在等待shareObj1的锁。
```

可见线程 t1 和 t2 陷入互相等待锁的情况，都无法执行下去，即发生死锁。

Java 语言中的死锁能完全避免吗？Java 中的死锁不能在语言层面解决，只能通过优良的设计来尽量降低死锁发生的可能。例如，要按照同一顺序访问共享对象等。

18.7 守护线程

Java 语言中的线程有两种：守护（Daemon）线程和用户线程。前面章节中的线程都是用户线程，都是在程序中创建的。而守护线程有两种来源，一种是 Java 虚拟机内部创建的线程，即"在后台执行任务"的线程，如垃圾回收的线程就是守护线程；另一种是创建 Thread 对象后，通过调用 Thread 类的 setDaemon 方法，指定该线程是守护线程。

守护线程是为用户线程服务的，当应用中没有任何用户线程运行时，Java 虚拟机将退出。

18.8 本章小结

本章介绍了如何使用 Java 语言进行多线程编程。Java 语言对多线程编程提供了语言级别的支持。与线程有关的常用 API 是 Thread 类和 Runnable 接口。通常创建线程的方式有两种，即继承 Thread 类和实现 Runnable 接口，通常采用实现 Runnable 接口的方式。当多线程共享资源时，往往需要使用 synchronized 关键字来对共享对象加锁。很多时候，某线程的运行需要一个前提条件，而这个前提条件需要在其他线程中完成，此时多线程之间就需要进行通信。线程通信的方法在 Object 类中定义，主要有 wait、notify 和 notifyAll 这 3 个方法。这 3 个线程通信方法必须在 synchronized 块中使用。本章还介绍了 Thread 类中的常用方法和死锁、守护线程等概念。

第 **19** 章
Java 网络编程

企业级应用往往都是基于网络的应用，可以分为 C/S（Client/Server）和 B/S（Browser/Server）两种形式。其中 C/S 结构的应用必须安装客户端程序，如 QQ、MSN 等都是 C/S 结构的应用；而 B/S 结构的应用中，客户端就是浏览器，如电子商务网站就是 B/S 结构的应用。使用 Java 语言既可以编写 C/S 结构的应用又可以编写 B/S 结构的应用。C/S 结构的应用大多基于 TCP/IP，而 B/S 结构的应用基于 HTTP。本章将介绍如何在 Java 语言环境中进行基于 TCP/IP 的网络编程。

19.1 TCP/IP 概述

TCP/IP 概述

要使用 Java 语言进行基于 TCP/IP 的网络编程，就有必要了解 TCP/IP，本节将对 TCP/IP 进行概述性介绍。TCP/IP 是互联网的基础，要想理解互联网，就必须理解这个模型。TCP/IP 是一系列网络协议的总称，这些协议的作用是使计算机之间可以进行信息交换。所谓协议，可以理解成计算机之间交谈的语言，每种协议都有自己的作用。TCP/IP 中有很多种协议，这些协议可以分为 4 层，被称为 TCP/IP 模型的 4 层结构，如图 19-1 所示。

接下来介绍每层的主要作用。

1. 应用层

应用层为用户提供所需要的各种服务，负责传送各种最终形态的数据，是直接与用户打交道的层，典型协议有超文本传送协议（HTTP）、文件传送协议（FTP）等。

图 19-1　TCP/IP 模型的 4 层结构

2. 传输层

传输层为应用层实体提供端到端的通信功能。该层定义了两个主要的协议：传输控制协议（TCP）和用户数据报协议（UDP）。

其中，TCP 是 Transfer Control Protocol 的简称，是一种面向连接的保证可靠传输的协议。通过 TCP 传输，得到的是一个有序的、无差错的数据流。因此 TCP 在网络通信上有极强的生命力。例如，远程连接（Telnet）和文件传输（FTP）都需要不定长度的数据被可靠地传输。但是可靠的传输是要付出代价的，对数据内容正确性的检验必然占用计算机的处理时间和网络的带宽，因此 TCP 的效率不如 UDP 高。UDP 是 User Datagram Protocol 的简称，是一种无连接的协议，每个数据报都是一个独立的信息，包括完整的源地址或目的地址，在网络上以任何可能的路径传往目的地，因此能否到达目的地、到达目的地的时间及内容的正确性都是不能被保证的。UDP 操作简单，而且仅需要较少的监护。例如，视频会议系统，并不要求音频/视频数据绝对正确，只要保证连贯性就可以了，这种情况下显然使用 UDP 更合理一些。

3. 网络层

网络层主要解决主机到主机的通信问题。该层有 4 个主要协议：网络协议（IP）、地址解析协议（ARP）、互联网组管理协议（IGMP）和互联网控制报文协议（ICMP）。其中，IP 是网络层最重要的协议。

4. 链路层

链路层负责建立连接，是整个网络的物理基础，典型协议有以太网、非对称数字用户线（ADSL）等。

通过了解 TCP/IP 模型的 4 层结构，可以总结出进行网络编程主要需要解决两个问题。第一个问题是如何在网络中找到一台或多台主机，第二个问题是当通信双方成功连接后，如何进行可靠的数据传输。第一个问题可以依靠网络层的 IP 解决，即按主机的 IP 地址找到主机。第二个问题就要通过针对传输层进行编程解决。

19.2 使用 Socket 进行基于 TCP 的编程

单客户端 Socket 编程

多客户端服务器

通过第 19.1 节的介绍可知，要使用 Java 进行网络编程，主要的编程对象就是传输层的 TCP 和 UDP。本节将介绍如何在 Java 语言中基于 TCP 编程。Java 语言中，往往使用 Socket 进行 TCP 编程。Socket 通常称为"套接字"，应用程序通常通过"套接字"向网络发出请求或者应答网络请求，一个 Socket 由一个 IP 地址和一个端口号唯一确定。

Java API 的 java.net 包中提供了 Socket 类和 ServerSocket 类，分别表示双向连接中的客户端和服务器端，是进行 Socket 编程的主要 API。Socket 类和 ServerSocket 类都提供了很多构造方法，可以方便地创建对象。代码如下：

```
Socket(InetAddress address, int port);
Socket(InetAddress address, int port, boolean stream);
Socket(String host, int port);
Socket(String host, int port, boolean stream);
Socket(SocketImpl impl);
Socket(String host, int port, InetAddress localAddr, int localPort);
Socket(InetAddress address, int port, InetAddress localAddr, int localPort);
ServerSocket(int port);
ServerSocket(int port, int backlog);
ServerSocket(int port, int backlog, InetAddress bindAddr)
```

上述构造方法中，常用的参数有 address、host、port、stream 等。其中，address 参数表示双向连接中另一方的 IP 地址，host 参数表示另一方的主机名，port 表示端口号，stream 指明 Socket 是流 Socket 还是数据报 Socket。

例如，可以使用以下代码创建 Socket 对象：

```
Socket socket=new Socket( " 127.0.0.1 " ,5400);
```

上述代码中的 127.0.0.1 是客户端要连接的服务器的 IP 地址，5400 是客户端要连接的服务器的端口号。在选择端口时必须小心，因为每个端口提供一种特定的服务，只有给出正确的端口，才能获得相应的服务。0～1023 为系统所保留的端口号，例如，HTTP 服务的端口号为 80，Telnet 服务的端口号为 21，FTP 服务的端口号为 23，所以在选择端口号时，最好选择一个大于 1023 的数值，防止与系统端口冲突。

可以使用以下代码创建 ServerSocket 对象：

```
try{
    ServerSocket server=null;
try{
    server=new ServerSocket(5400);
}catch(Exception e){
    System.out.println("服务器启动出错");
}
}
```

上述代码中使用 5400 端口创建 ServerSocket 对象。当服务器端启动了服务后，就可以接收客户端的请求。使用以下代码可以接收客户端请求：

```
Socket socket=null;
try{
    socket=server.accept();
}catch(Exception e){
    System.out.println(e);
}
```

上述代码中使用 ServerSocket 类的 accept 方法接收客户端请求，并返回一个 Socket 对象。该 Socket 对象与客户端发出请求的 Socket 对象对应，可以用来进行数据传输。

通过上面的介绍，可以了解客户端如何发出请求及服务器端如何接收请求，当通信双方成功建立连接后，就需要考虑双方如何进行数据传输。

Socket 编程中，数据传输主要依赖 Socket 类获得输入流和输出流。Socket 类中有两个方法用来获得输入流和输出流。

（1）InputStream、getInputStream()：获得与当前 Socket 对象相关的输入流，可以进行读数据操作。

（2）OutputStream、getOutputStream()：获得与当前 Socket 对象相关的输出流，可以进行写数据操作。

由于客户端总是创建一个 Socket 对象来发出请求，而服务器端获得请求后总是返回一个 Socket 对象，所以在客户端和服务器端都可以使用 Socket 对象的 getInputStream() 和 getOutputStream() 方法获得通信中的输入流和输出流，进而进行数据传输。

下面使用实例演示 Socket 编程。首先创建客户端程序，代码如下：

```java
public class TCPClient{
    public static void main(String[] args){
        try{
            Socket socket=new Socket("127.0.0.1",5400);
            BufferedReader sin=new BufferedReader(new InputStreamReader(System.in));
            PrintWriter os=new PrintWriter(socket.getOutputStream());
            BufferedReader is=new BufferedReader(new InputStreamReader(socket.getInputStream()));
            String readline;
            readline=sin.readLine();
            while(!readline.equals("exit")){
                os.println(readline);
                os.flush();
                System.out.println("Client：  "+readline);
                System.out.println("Server：  "+is.readLine());
                readline=sin.readLine();
            }
            os.close();
            is.close();
            socket.close();
        }catch(Exception e){
            System.out.println(e);
        }
    }
}
```

上述代码中首先创建了 Socket 对象，向 127.0.0.1 主机的 5400 端口发送请求，然后将用键盘输入的内容发送到服务器端，并接收服务器端发过来的信息。当输入 exit 时，客户端退出。

接下来创建服务器端程序，接收客户端请求，并进行数据传输。代码如下：

```java
public class TCPServer{
    public static void main(String[] args){
        try{
```

```java
        ServerSocket server=null;
        try{
            server=new ServerSocket(4700);
        }catch(Exception e){
            System.out.println("服务器启动出错");
        }
        Socket socket=null;
        try{
            socket=server.accept();
        }catch(Exception e){
            System.out.println(e);
        }
        String line;
        BufferedReader is=new BufferedReader(new InputStreamReader(socket.getInputStream()));
        PrintWriter os=new PrintWriter(socket.getOutputStream());
        BufferedReader sin=new BufferedReader(new InputStreamReader(System.in));
        System.out.println("Client:"+is.readLine());
        line=sin.readLine();
        while(!line.equals("exit")){
            os.println(line);
            os.flush();
            System.out.println("Server:"+line);
            System.out.println("Client:"+is.readLine());
            line=sin.readLine();
        }
        os.close();
        is.close();
        socket.close();
        server.close();
        }catch(Exception e){
            System.out.println("Error:"+e);
        }
    }
}
```

上述代码中首先使用 accept 方法接收客户端请求，然后输出客户端发送的信息，并且将用键盘输入的内容发送给客户端。当输入 exit 后，服务器程序退出。运行结果如图 19-2 和图 19-3 所示。

图 19-2　客户端程序运行结果　　　　　　　图 19-3　服务器端程序运行结果

19.3 使用 Datagram 进行基于 UDP 的编程

第 19.2 节介绍了在 Java 中如何使用 Socket 进行基于 TCP 的编程，除了 TCP，还有一种数据传输协议——UDP。Java 中使用数据报进行基于 UDP 的网络编程。数据报如同邮件系统，不能保证可靠的传输，而面向连接的 TCP 就好比打电话，双方能肯定对方接收到了信息。Java API 中，java.net 包提供了 DatagramSocket 和 DatagramPacket 两个类，用来支持数据报通信，DatagramSocket 用来在程序之间建立传送数据报的通信连接，DatagramPacket 用来表示一个数据报。用数据报方式进行网络编程时，无论是客户端还是服务器端都要建立一个 DatagramSocket 对象，用来接收或发送数据报，然后使用 DatagramPacket 对象作为传输数据的载体。

DatagramSocket 类定义了构造方法，可以方便地创建该对象。构造方法如下：

```
DatagramSocket()
DatagramSocket(int port)
DatagramSocket(int port, InetAddress laddr)
```

构造方法中的常用参数 port 表示端口，laddr 表示本地地址。

DatagramPacket 类定义了很多构造方法，可以很方便地构建对象。构造方法如下：

```
DatagramPacket(byte buf[], int length);
DatagramPacket(byte buf[], int length, InetAddress addr, int port);
DatagramPacket(byte[] buf, int offset, int length);
DatagramPacket(byte[] buf, int offset, int length, InetAddress address, int port);
```

构造方法中的常用参数 buf 是一个数组，用来存放数据报数据；length 表示数据报中数据的长度；addr 和 port 表示目的地址和端口；offset 表示数据报的位移量。

下面使用实例演示基于 UDP 的网络编程。首先创建客户端程序，发送数据报。代码如下：

```java
public class UDPClient{
    public static void main(String[] args){
        try{
            DatagramSocket sendSocket=new DatagramSocket(3456);
            String string="Hello,I come form ICSS!";
            byte[] databyte=new byte[100];
            databyte=string.getBytes();
            DatagramPacket sendPacket=new DatagramPacket(databyte,string.length(), InetAddress.
getByName("127.0.0.1"),5000);
            sendSocket.send(sendPacket);
            System.out.println("发送数据："+string);
        }catch(SocketException e){
            System.out.println(e);
        }catch(IOException ioe){
            System.out.println(ioe);
```

```
      }
    }
  }
```

上述代码中首先创建 DatagramSocket 对象用来发送数据报；然后将字符串 "Hello,I come form ICSS!" 封装成 DatagramPacket 对象，使用 DatagramSocket 对象发送给 127.0.0.1 主机的 5000 端口。

下面创建服务器端程序，用来接收客户端的数据报，并输出。代码如下：

```
public class UDPServer{
  public static void main(String[] args){
    try{
      DatagramSocket receiveSocket=new DatagramSocket(5000);
      byte buf[]=new byte[1000];
      DatagramPacket receivePacket=new DatagramPacket(buf,buf.length);
      System.out.println("starting to receive packet");
      while(true){
        receiveSocket.receive(receivePacket);
        String name=receivePacket.getAddress().toString();
        System.out.println("来自主机: "+name+"端口: "+receivePacket.getPort());
        String s=new String(receivePacket.getData(),0,receivePacket.getLength());
        System.out.println("接收数据: "+s);
      }
    }catch(SocketException e){
      e.printStackTrace();
      System.exit(1);
    }catch(IOException e){
      System.out.println(e);
    }
  }
}
```

上述代码首先创建 DatagramSocket 对象用来接收数据报对象，然后使用其 receive 方法接收客户端的数据报，并进行输出。客户端运行结果如下：

```
E:\net＞java com.etc.chapter19.UDPClient
发送数据：Hello,I come form ICSS!
```

服务器端程序运行结果如下：

```
E:\net＞java com.etc.chapter19.UDPServer
starting to receive packet
来自主机: /127.0.0.1端口: 3456
接收数据: Hello,I come form ICSS!
```

19.4 本章小结

本章主要介绍了使用 Java 语言进行网络编程的相关知识。企业级的网络应用往往有 C/S

和 B/S 两种结构，本章介绍了使用 Java 语言构建 C/S 结构应用的基础知识。TCP/IP 模型的 4 层结构中定义了 TCP 和 UDP 两种主要传输协议，Java 语言中使用 Socket 进行 TCP 传输，使用数据报进行 UDP 传输。本章通过实例演示了使用 Java 语言进行 Socket 编程及数据报编程的基本步骤。

第 20 章

其他常用 API

除了前面章节介绍的集合、输入/输出、线程等 API，JDK 中还有很多其他 API 经常在实际开发中使用，如日期、国际化、格式化等。本章将介绍这些常用的 API，并通过实例演示这些 API 的作用和使用方法。

20.1 日期

日期、日历

日期是在实际应用开发中经常使用的类型，而 Java 中的日期是比较复杂的一部分内容。API 中与日期有关的类主要有 Date、Calendar、GregorianCalendar、DateFormat 及 SimpleDateFormat，下面将介绍每个类的具体使用方法。

1. java.util.Date 类

Date 类用来表示特定的瞬间，能够精确到毫秒。如以下代码：

```
Date date=new Date();
System.out.println(date);
```

上述代码中使用 Date 类的无参构造方法创建对象 date，date 表示当前的系统时间，输出结果如下：

```
Wed May 31 10:09:55 CST 2023
```

Date 类中提供了很多 getXxx 方法获取 Date 对象中的具体信息，如 getMonth 方法返回对象中的月份信息。目前 Date 类中的大部分构造方法和方法都被 Calendar 类中的方法取代了。

2. java.util.Calendar 类

Calendar 类是一个抽象类，是系统时间的抽象表示。由于日历与当前平台的时区等信息有关，所以 Calendar 类是一个平台相关类，类中提供的静态 getInstance 方法可以返回当前平台下的 Calendar 实例。Calendar 类中定义了大量静态常量，表示日历中的年、月、日等信息，如 YEAR、MONTH 等。值得注意的是，MONTH 从 0 开始编号。Calendar 类中定义了 get(int) 方法，可以将时间中的年、月、日等信息返回。如以下代码：

```
Calendar cal=Calendar.getInstance();
```

```
cal.setTime(new Date());
System.out.println(cal.get(Calendar.YEAR)+" 年 "+(cal.get(Calendar.MONTH)+1)+" 月"+cal.get
(Calendar.DAY_OF_MONTH)+" 日 ");
```

上述代码中首先通过 Calendar 类中的 getInstance 方法返回当前平台下的 Calendar 实例，然后通过 setTime 方法将当前系统时间封装给 Calendar 实例，最后通过 get 方法返回时间中的年、月、日信息并输出。输出结果如下：

2023 年 5 月 31 日

3. java.util.GregorianCalendar 类

GregorianCalendar 类是 Calendar 类的一个实现类，提供了目前大多数国家使用的标准日历系统，可以结合 Calendar 抽象类使用。GregorianCalendar 类是一个具体类，所以可以使用类的任意构造方法进行实例化。如以下代码：

```
GregorianCalendar gcal1=new GregorianCalendar(2023,5,1);
GregorianCalendar gcal2=new GregorianCalendar(Locale.CHINA);
System.out.println("gcal1: "+gcal1.get(Calendar.YEAR)+" "+gcal1.get (Calendar.MONTH)+" "+gcal1.
get(Calendar.DAY_OF_MONTH));
System.out.println("gcal2: "+gcal2.get(Calendar.YEAR)+" "+gcal2.get (Calendar.MONTH)+" "+gcal2.
get(Calendar.DAY_OF_MONTH));
```

上述代码中首先创建了两个 GregorianCalendar 对象，分别使用两种构造方法，第一种方法直接指定年、月、日信息，第二种方法通过 Locale 实例进行初始化。接下来使用 get(int) 方法返回对象中的年、月、日信息。输出结果如下：

gcal1: 2023 5 1
gcal2: 2023 4 30

4. java.text.DateFormat 类

通过上面的实例可见，为了能够将日期按照一定格式输出，总要进行比较复杂的转换。DateFormat 类用来对日期和时间类型进行转换，是一个抽象类，定义了日期和时间格式化的通用方法 format，以与语言无关的方式格式化并分析日期和时间。DateFormat 类提供了很多静态方法，可以获得基于默认或给定语言环境和多种格式化风格的格式化对象。格式化风格包括 FULL、LONG、MEDIUM 和 SHORT 4 种。

DateFormat 类中定义了多个静态方法，可以获得格式化对象。其中 getInstance 方法返回的 DateFormat 对象可以同时格式化日期和时间。如以下代码：

```
DateFormat format1=DateFormat.getInstance();
System.out.println(format1.format(new Date()));
```

上述代码中首先通过 DateFormat 类的 getInstance 方法返回该类的实例，然后调用 format 方法对当前系统日期和时间进行格式化。输出结果如下：

23-5-31 下午2:04

DateFormat 类中还定义了多个 getDateInstance 方法，用来格式化日期信息，如 getDateInstance (int style, Locale aLocale)方法，可以指定格式化的风格及地区信息。如以下代码：

```
DateFormat format2=DateFormat.getDateInstance(DateFormat.SHORT,Locale.US);
DateFormat format3=DateFormat.getDateInstance(DateFormat.LONG,Locale.CHINA);
DateFormat format4=DateFormat.getDateInstance(DateFormat.FULL,Locale.FRANCE);
DateFormat format5=DateFormat.getDateInstance(DateFormat.MEDIUM,Locale.JAPAN);
System.out.println(format2.format(new Date()));
System.out.println(format3.format(new Date()));
System.out.println(format4.format(new Date()));
System.out.println(format5.format(new Date()));
```

上述代码中使用 getDateInstance(int style, Locale aLocale)方法创建了 4 个 DateFormat 对象，指定了格式和区域，使用了 SHORT、LONG、FULL、MEDIUM 4 种格式及美国、中国、法国、日本 4 个区域。输出结果如下：

```
5/31/23
2023年5月31日
mardi 31 mai 2023
2023/05/31
```

可见，格式化对象根据指定的风格及区域不同，对日期进行了不同风格和形式的显示。

5. java.text.SimpleDateFormat 类

SimpleDateFormat 类是 DateFormat 类的子类，可以使用任何用户自定义的日期格式模式进行格式化。用户自定义的模式用一个字符串表示。如以下代码：

```
SimpleDateFormat sdf1=new SimpleDateFormat("yyyy年MM月dd日 hh时mm分ss秒 EE", Locale.CHINA);
System.out.println(sdf1.format(new Date()));
```

上述代码中，首先使用 SimpleDateFormat 类的构造方法 SimpleDateFormat(String pattern, Locale locale)创建了对象，指定了格式模式为"yyyy 年 MM 月 dd 日 hh 时 mm 分 ss 秒 EE"，区域为中国。格式模式中的 y 表示年，M 表示月份，d 表示日，h 表示小时，m 表示分钟，s 表示秒，E 表示星期。输出结果如下：

```
2023年05月31日 04时53分47秒 星期三
```

API 中定义了很多模式字母，用来表示不同的含义。模式字母如表 20-1 所示。

表 20-1　模式字母

字　　母	含　　义
y	年
M	月份
w	年中的周数
W	月中的周数
D	年中的天数
d	月中的天数

续表

字　母	含　义
F	星期（数字）
E	星期（文本）
a	AM/PM 标记
H	小时（0～23）
k	小时（1～24）
K	小时（0～11）
h	小时（1～12）
m	分钟
s	秒
S	毫秒
z	时区

　　有了这些模式字母，就可以根据实际情况编写模式字符串，如 "h:mm a" 表示按照 "10:13 pm" 这样的格式显示时间。如以下代码：

```
SimpleDateFormat sdf2=new SimpleDateFormat("h:mm a");
System.out.println(sdf2.format(new Date()));
```

　　输出结果如下：

```
9:52 上午
```

　　因为上述代码中没有指定 Locale 信息，默认使用当前系统默认的区域信息，所以使用中文 "上午" 表示。可以修改代码，指定特定的 Locale 信息，代码如下：

```
SimpleDateFormat sdf3=new SimpleDateFormat("h:mm a",Locale.US);
System.out.println(sdf3.format(new Date()));
```

　　上述代码中使用 Locale.US 指定使用美国区域信息。输出结果如下：

```
9:57 AM
```

20.2　国际化

国际化支持

　　很多应用往往需要在不同语言环境及区域使用，也就是说，不同语言环境及区域的用户访问应用时，应用程序必须使用用户能看懂的语言和符合用户文化习惯的方式显示信息，这就需要进行国际化（Internationalization）。国际化是设计一个适用于多种语言和区域的应用的过程，有时简称为 i18n，因为国际化英文单词的首字母 i 和末字母 n 之间有 18 个字母。

　　为了能够实现国际化，必须提供不同语言版本的资源文件。资源文件都是属性文件，后缀为.properties，内容都是键值对的形式。命名方式有以下 3 种：

（1）basename_language_country.properties。

（2）basename_language.properties。

（3）basename.properties。

其中 basename 是资源文件的基础名称，language 是语言的简称，country 是国家的简称，如 message_zh_CN.properties、message_en_US.properties 都是符合标准的命名方式，其中 message 是基础名称，zh 和 en 是语言的简称，CN 和 US 是国家的简称。首先准备两个资源文件，资源文件中只包含一个键值对，键值是 msg，对应的值有两种语言版本。

在 message_zh_CN.properties 文件中定义中文版本，代码如下：

```
#message_zh_CN.properties
msg=您好！欢迎来到ETC！
```

在 message_en_US.properties 文件中定义英文版本，代码如下：

```
#message_en_US.properties
msg=Hello,welcome to ETC!
```

如果资源文件中包含非英文字符，如中文字符，可以使用 JDK 提供的 native2ascii 工具将资源文件中的字符转换成符合当前平台规范的 Unicode 编码，避免乱码问题。使用以下代码格式，可以将 message_zh_CN.properties 文件转换成 temp.properties：

```
native2ascii message_zh_CN.properties temp.properties
```

上述代码将 message_zh_CN.properties 文件中的中文转换成了 Unicode 编码，存到了 temp.properties 文件中。接下来把 temp.properties 文件中的内容覆盖到 message_zh_CN.properties 文件中。代码如下：

```
#message_zh_CN.properties
msg=\u60A8\u597D\uFF01\u6B22\u8FCE\u6765\u5230ETC\uFF01
```

至此，已经准备好了两个资源文件，一个是中文版本，另一个是英文版本，而且中文版本中的中文部分已经使用 native2ascii 工具转换成了 Unicode 编码。

准备好了资源文件后，就可以使用 Java API 处理资源文件，实现国际化。Java API 中提供了 3 个与国际化有关的类。

（1）java.util.Locale：对应一个特定的国家/区域、语言环境。

（2）java.util.ResourceBundle：用于加载一个资源包，并从资源包中获取需要的内容。

（3）java.text.MessageFormat：用于将消息格式化，如动态为占位符赋值。

Locale 类用来封装一个特定区域的信息，包含语言环境、政治区域等，可以用来表示用户所在的区域。使用如下形式创建不同的 Locale 对象：

```
Locale cnLocale=new Locale("zh","CN");
Locale usLocale=new Locale("en","US");
```

上述代码中创建了两个 Locale 对象，其中 cnLocale 的语言环境是中文，区域是中国，usLocale 的语言环境是英语，区域是美国。

ResourceBundle 类提供了静态方法 getBundle，可以根据 Locale 对象及资源文件的基础名称返回 ResourceBundle 对象。如以下代码：

```
ResourceBundle rb1=ResourceBundle.getBundle("com/etc/chapter20/message", cnLocale);
ResourceBundle rb2=ResourceBundle.getBundle("com/etc/chapter20/message", usLocale);
```

上述代码中返回了两个 ResourceBundle 实例，其中 rb1 加载了已经定义的资源文件 message_zh_CN.properties，rb2 加载了资源文件 message_en_US.properties。接下来可以使用 ResourceBundle 类的 getString 方法，根据资源文件中的 key 值返回其 value 值。如以下代码：

```
System.out.println("中文："+rb1.getString("msg"));
System.out.println("英文："+rb2.getString("msg"));
```

输出结果如下：

```
中文：您好！欢迎来到ETC！
英文：Hello,welcome to ETC!
```

通过输出结果可见，rb1.getString 方法返回了 message_zh_CN.properties 文件中的 msg 值，而 rb2.getString 方法返回了 message_en_US.properties 文件中的 msg 值，实现了根据不同 Locale 信息使用不同资源文件的功能。

上述实例中的资源文件内容都是静态的，但很多时候需要动态获取，此时可以使用占位符来表示动态内容，例如 copyright_zh_CN.properties 文件如下：

```
copyright=作者：{0}    所在公司：{1}
```

其中作者名及公司名需要在使用时动态传递，{0}和{1}是两个占位符。要为占位符动态赋值，就需要使用 MessageFormat 类的 format(String pattern, Object...arguments)方法。如以下代码：

```
Locale cnLocale=new Locale("zh","CN");
ResourceBundle rb=ResourceBundle.getBundle("com/etc/chapter20/copyright",cnLocale);
String msg=rb.getString("copyright");
System.out.println("版权信息："+MessageFormat.format(msg, "王晓华","中软国际"));
```

上述代码中首先返回 copyright_zh_CN.properties 中的 copyright 值，然后使用 MessageFormat 类的 format 方法动态为资源文件中的占位符赋值，将第1个占位符赋值为"王晓华"，将第2个占位符赋值为"中软国际"。输出结果如下：

```
版权信息：作者：王晓华    所在公司：中软国际
```

通过上面的学习，读者应该已经熟悉了 Java 中国际化相关 API 的使用，下面总结 Java 国际化的基本步骤。

（1）准备好不同版本的资源文件，使用统一的 basename，如 message_zh_CN.properties、message_en_US.properties。如果资源文件中包含非西文字符，可使用 JDK 的 native2ascii 工具进行转换。

（2）创建与用户所在环境匹配的 Locale 对象。

（3）根据资源文件的 basename 和需要使用的 Locale 对象，获得 ResourceBundle 对象。

（4）使用 ResourceBundle 对象的 getString 方法返回资源文件中的内容。

（5）如果资源文件中包含占位符，可以使用 MessageFormat 类的 format 方法为占位符动态赋值。

20.3 格式化

应用中常常需要使用一些与本地相关的信息，如日期、数字、消息等。为了保证不同区域用户访问应用时都能够看到符合自己习惯的显示格式，Java API 中提供了格式化相关 API。

java.text.Format 类是一个抽象类，定义了将对象格式化为字符串及将字符串转换为对象的方法，其中 format(Object obj)方法可以将对象格式化为字符串，parseObject(String source)方法可以将字符串转换为对象。Format 类有 3 个子类，分别负责不同对象的格式化。

（1）DateFormat：用来对日期进行格式化。

（2）MessageFormat：用来对消息进行格式化。

（3）NumberFormat：用来对数字进行格式化。

DateFormat 类和 MessageFormat 类都已经在前面章节中介绍过了，本节主要介绍 NumberFormat 类的使用。NumberFormat 类是一个抽象类，定义了对数字进行格式化的规范。 NumberFormat 类定义了多个静态方法，可以返回 NumberFormat 实例，如 getPercentInstance (Locale inLocale)方法返回一个可以将数字根据 Locale 信息格式化为百分数格式的 NumberFormat 实例，getCurrencyInstance(Locale inLocale)方法返回一个可以根据 Locale 信息将数字格式化为货币格式的 NumberFormat 实例。如以下代码：

```
NumberFormat nf1=NumberFormat.getPercentInstance(new Locale("zh","CN"));
NumberFormat nf2=NumberFormat.getCurrencyInstance(new Locale("zh","CN"));
NumberFormat nf3=NumberFormat.getCurrencyInstance(new Locale("en","US"));
System.out.println("将0.31按照百分数格式显示："+nf1.format(0.31));
System.out.println("将50用中国货币格式显示："+nf2.format(50));
System.out.println("将50用美国货币格式显示："+nf3.format(50));
```

上述代码中首先使用 getPercentInstance 方法返回一个能够将数字格式化为百分数格式的 NumberFormat 实例，然后使用 getCurrencyInstance 方法返回两个能够将数字格式化为货币格式的 NumberFormat 实例，并分别使用中国和美国区域信息显示。接下来使用 NumberFormat 中的 format 方法对数字进行格式化。输出结果如下：

```
将0.31按照百分数格式显示：31%
将50用中国货币格式显示：¥50.00
将50用美国货币格式显示：$50.00
```

可见，通过使用 NumberFormat 进行格式化，数字可按照不同格式显示，而且能够根据不同的 Locale 显示为与区域相关的格式。

NumberFormat 类是一个抽象类，有两个子类。

（1）ChoiceFormat：用来将数字与字符串对应起来，常常结合 MessageFormat 类使用。

（2）DecimalFormat：用来将十进制数格式化。

ChoiceFormat 类可以通过构造方法实例化，而不用 getXxx 方法获得实例。如以下代码：

```
double[] limits={1,2,3,4,5,6,7};
String[] names={"Sun","Mon","Tue","Wed","Thur","Fri","Sat"};
ChoiceFormat form=new ChoiceFormat(limits, names);
for (int i=0; i<7;++i){
    System.out.println(limits[i]+" -> "+form.format(limits[i]));
}
```

上述代码中首先创建了两个数组，一个是数字数组 limits，另一个是字符串数组 names。然后使用这两个数组创建 ChoiceFormat 对象 form。最后使用 for 循环遍历数组，并使用 format 方法对 limits 数组中的数字进行格式化，返回 names 数组中对应的字符串。输出结果如下：

```
1.0 -> Sun
2.0 -> Mon
3.0 -> Tue
4.0 -> Wed
5.0 -> Thur
6.0 -> Fri
7.0 -> Sat
```

DecimalFormat 类可以使用用户自定义的模式字符来格式化十进制数字。API 中定义了一系列模式字符，如表 20-2 所示。

表 20-2　模式字符

字　符	含　义
0	数字
#	数字，0 不显示
.	十进制分隔符或货币分隔符
-	减号
,	分组符
E	科学计数法中分开尾数和指数
;	分开正负子模式
%	乘以 100，使用百分数格式表示
\u2030	乘以 1000，以千为单位显示
\u00A4	通货符号
'	引特殊字符

用户可以使用表 20-2 中的模式字符，根据需要编写模式，如 "#.00" 表示保留小数点后两位，不足两位用 0 补齐。如以下代码：

```
double temp=2356.98712;
java.text.DecimalFormat df=new java.text.DecimalFormat("#.00");
String value=df.format(temp);
```

```
System.out.println(value);
```

上述代码中，使用 "#.00" 模式创建 DecimalFormat 对象，然后使用 format 方法格式化数字 2356.98712，结果只保留小数点后两位，输出 2356.99。

20.4　大数据类型

大整数

Java 语言中可以使用基本数据类型表示数字，如 int、double、float。然而，基本数据类型都有固定的长度，如 int 表示 32 位的整数，如果超过该范围，就将失去精度。如以下代码：

```
int a , b;
a=1000000000;
b=400000;
System.out.println("a*b="+a*b);
```

上述代码中的变量 a 与变量 b 相乘的值为 400000000000000，超过了 int 类型的取值范围，所以输出结果将只保留 32 位的值，损失一定的精度。输出结果如下：

```
a*b=1105788928
```

可见结果并不是 400000000000000，而是损失了一定精度后的 1105788928。另外，在对浮点数进行运算时，也常常会出现不准确的情况。如以下代码：

```
double d1=1.3;
double d2=1.4;
System.out.println(d1+d2);
```

上述代码中对 1.3 和 1.4 进行加的运算，输出结果应该为 2.7。然而，数值在内存中都以二进制形式存在，这样将 1.3 和 1.4 相加的结果肯定不是 2.7。为了解决上面提到的问题，Java API 中定义了 BigInteger 类和 BigDecimal 类，用来封装任意精度的数值，被称为大数据类型。

BigInteger 类封装任意精度的整型数值，类中提供了很多构造方法，其中 BigInteger(String) 方法可以将一个内容为整数的字符串封装为 BigInteger 类，并提供进行数学运算的方法。修改上面的第一段代码：

```
BigInteger ai=new BigInteger("1000000000");
BigInteger bi=new BigInteger("400000");
System.out.println("ai*bi="+ai.multiply(bi));
```

上述代码中将 1000000000 和 400000 封装为 BigInteger 对象，然后使用 BigInteger 类中的 multiply 方法进行乘法运算，输出结果为 400000000000000。可见虽然结果超过了整型的范围，但是依然没有损失精度。

BigDecimal 类可以封装任意精度的有符号数，包括整数和浮点数。类中提供了很多构造方法，其中 BigDecimal(double) 方法可以把 double 类型的数值封装为 BigDecimal 对象，从而进行精确计算。修改上面第二段代码：

```
double d1=1.3;
double d2=1.4;
BigDecimal bd1=new BigDecimal(d1);
BigDecimal bd2=new BigDecimal(d2);
System.out.println(bd1.add(bd2));
```

上述代码中将 1.3 和 1.4 封装为 BigDecimal 对象，然后使用 BigDecimal 类中的 add 方法进行加运算。输出结果如下：

2.6999999999999999555910790149937383830547332763671875

可见，使用 BigDecimal 类封装浮点数并进行运算后，1.3 与 1.4 相加得到的是一个精确值。

20.5 反射

反射是一种强大的工具，能够用来创建灵活的代码，这些代码可以在运行时装配，而不需要在源代码中就指定具体信息。Java 语言对反射提供了支持，利用反射机制能够实现很多动态的功能，例如在运行期判

反射的概念和作用

断一个对象有哪些方法、动态为对象增加成员、运行期调用任意对象的任意方法等。Java 语言中与反射有关的类主要有以下几个。

（1）java.lang.Class 类：表示一个类，是反射 API 中重要的类，使用反射往往都是从 Class 类开始的。该类中定义了很多方法，可以操作类的属性、方法、构造方法等。

（2）java.lang.reflect.Field 类：表示类的成员变量，用来反射类中的成员变量，包括实例变量和静态变量。

（3）java.lang.reflect.Method 类：表示类的方法，用来反射类中的方法，可以动态执行方法体，获得方法声明信息等。

（4）java.lang.reflect.Constructor 类：表示类的构造方法，可以动态创建实例、获得构造方法声明信息等。

使用 Java 语言的反射功能，往往从 Class 类开始，该类中封装了获得其他对象的方法，如 getField(String name)方法可以根据变量名返回 Field 对象；getMethod(String name,

Class 类

Field 类

Method 类

Constructor 类

Class...parameterTypes)方法可以根据方法名和参数类型返回 Method 对象；getMethods()方法返回 Class 类中的所有方法，封装到 Method 数组中。要使用 Class 类，首先需要创建 Class 类的对象。可以用以下 3 种方式返回 Class 对象。

1. 使用 Object 类的 getClass 方法

Object 类中定义了 getClass 方法，可以返回实例的 Class 对象。任何类的对象都可以使用这个方法返回对应的 Class 实例。如以下代码：

```
String s="hello";
Class<String> clazz=(Class<String>) s.getClass();
```

上述代码中首先创建了 String 类的实例 s，然后调用 getClass 方法返回实例的 Class 对象 clazz。

2. 使用 Class 类的 forName 方法

如果需要根据类名返回该类的 Class 对象，那么可以使用 Class 类的静态方法 forName 返回该类的 Class 实例。如以下代码：

```
try{
    Class clazz2=Class.forName("java.lang.String");
}catch(ClassNotFoundException e){
    e.printStackTrace();
}
```

上述代码中使用 Class.forName("java.lang.String")返回 String 类的 Class 对象。

3. 使用"类名.class"形式返回 Class 实例

如果已知某个类的具体名称，需要返回该类的 Class 实例，那么只需要使用"类名.class"形式即可。如以下代码：

```
Class clazz3=java.lang.String.class;
```

上述代码中直接使用 java.lang.String.class 形式返回 String 类的 Class 对象。

通过上面 3 种方式，可以在不同情况下返回类的 Class 实例。有了 Class 实例后，就可以调用 Class 类中的方法，返回 Field、Method、Constructor 等对象，进一步动态操作类中的变量、方法、构造方法等。

下面通过一个实例演示反射 API 的使用。在类 MethodInvoker 中声明方法 execute，该方法可以根据类名、方法名及方法参数动态调用某个方法。代码如下：

```
public class MethodInvoker{
    public Object execute(String className, String methodName, Object args[]){
        Object results=null;
        try{
            Class clazz=Class.forName(className);
            Method method=null;
            for (int i=0; i<clazz.getMethods().length; i++){
                method=clazz.getMethods()[i];
                if(methodName.equals(method.getName())){
                    results=method.invoke(clazz.newInstance(), args);
                    break;
                }
            }
        }catch (Exception e){
            e.printStackTrace();
        }
        return results;
    }
}
```

上述代码中的 execute 方法声明了类名、方法名、方法参数数组 3 个形式参数。方法中首先通过类名返回 Class 实例 clazz，然后通过 Class 类的 getMethods 方法返回类的所有方法。接下来，迭代返回方法数组，找到与参数中方法名匹配的方法，调用 Method 类的 invoke 方法执行该方法。invoke 方法需要两个参数，一个是该类的实例，另一个是方法参数，其中类的实例使用 Class 对象的 newInstance 方法返回。execute 方法最终调用了一个指定类的指定方法，并返回该方法的返回值。

接下来，创建 Calculator 类以测试 execute 方法的使用。代码如下：

```
public class Calculator{
    public int add(Integer x,Integer y){
        return x+y;
    }
    public int minus(Integer x,Integer y){
        return x-y;
    }
}
```

上述代码中实现了两个整数相加及两个整数相减的方法。下面使用 MethodInvoker 类的 execute 方法动态调用 Calculator 类的方法。代码如下：

```
Integer z=(Integer)MethodInvoker.execute("com.etc.chapter20.Calculator","add", new Integer[]{20,10});
Integer m=(Integer)MethodInvoker.execute("com.etc.chapter20.Calculator","minus", new Integer[]
{20,10});
System.out.println(z);
System.out.println(m);
```

上述代码中，通过类名、方法名、方法参数动态调用了 Calculator 类的 add 方法和 minus 方法，输出结果如下：

```
30
10
```

通过上面的实例可见，MethodInvoker 类的 execute 方法可以根据需要动态调用任何类的任何方法，非常灵活。如果不使用反射 API，没有办法实现这样的功能。

反射是构建灵活应用的主要工具，目前很多流行的 JavaEE 框架都使用了反射技术，如 Spring 框架等。

20.6 本章小结

本章主要介绍了一系列常用的 Java API，包括 Java 中的日期和时间处理、国际化处理、格式化处理、Java 中的大数据类型及反射 API 的使用。API 都非常复杂，本章没有"面面俱到"地讲述每个细节，而是对实际应用开发中常用的功能进行了介绍和演示，帮助读者快速掌握常用的功能。

第 **21** 章
第四部分自我测试

一、简答题

1. 用简单代码演示使用 Runnable 接口、利用匿名内部类的语法创建线程和启动线程的方法。

2. List 方法和 Set 方法有什么联系和区别？

3. 如何将 List 对象转换成数组对象？

4. HashSet 方法和 TreeSet 方法有什么区别？

5. Java 语言中的 File 类是表示文件还是表示目录？

6. 启动线程对象是使用 start 方法还是使用 run 方法？

7. Collection 方法和 Collections 方法有什么区别？

8. Runnable 接口有什么作用？

9. InputStream 方法和 OutputStream 方法有什么区别？

10. ArrayList 方法与 Vector 方法有什么区别？

11. Thread 类的 join 方法有什么作用？

12. Collection 接口有哪几个常用的子接口？

13. HashMap 方法和 Hashtable 方法有什么区别？

14. wait 方法和 join 方法有何区别？

15. Java I/O 流中，有一些流用来直接封装数据源，称为节点流。请列出至少 3 种节点流类名。

16. 内部类是否可以继承其他类？是否可以实现其他接口？

17. Java API 中，实现动态数组和链表的类分别是什么？

18. Java I/O 流中，字节流和字符流有什么区别？其父类分别是什么？

19. synchronized 关键字有什么作用？请说明其用法。

20. Wait、notify、notifyAll 定义在哪个类中？实现什么功能？

21. 请写出至少两种遍历 ArrayList 对象的方法。

22. 线程间的通信如何实现？

23. sleep 方法、wait 方法、join 方法分别有什么作用？

24. Properties 类是 Map 接口的实现类吗？主要作用是什么？

25. BufferedReader 是常用的 I/O 流，请说明其作用。

二、选择题

1. 向 HashMap 对象里添加一个元素的方法是（　　　）。

    A．add(Object obj)　　　　　　　　　　　　B．add(Object obj,Object obj2)

    C．put(Object obj,Object obj2)　　　　　　D．put(Object obj)

2. 以下关于集合框架的说法正确的是（　　　）。

    A．Set 接口实现了 Collection 接口，不允许出现重复数据

    B．List 接口实现了 Collection 接口，不允许出现重复数据

    C．Map 接口是 Collection 接口的子接口

    D．经常要遍历一个集合对象而不修改时，采用 LinkedList 比 ArrayList 性能优越

3. File 类的（　　　）方法可以用来判断文件或目录是否存在。

    A．exists()　　　　　　B．fileExist()　　　　　　C．exist()　　　　　　D．fileExists()

4. 文本文件的读/写过程中，需要处理下列（　　　）异常。

    A．ClassNotFoundException　　　　　　　B．SQLException

    C．IOException　　　　　　　　　　　　　D．ArithmeticException

5. 以下 Java 语句中，可以构造一个 BufferedInputStream 对象的是（　　　）。

    A．new BufferedInputStream(new FileOutputStream(" abc.txt "));

    B．new BufferedInputStream(new InputStream(" abc.txt "));

    C．new BufferedInputStream(new FileReader(" abc.txt "));

    D．new BufferedInputStream(new FileInputStream(" abc.txt "));

6. 利用下列构造函数对文件 abc.txt 进行操作，但文件 abc.txt 在当前目录不存在，不会产生运行时错误的是（　　　）。

    A．BufferedReader breader=new BufferedReader(new FileReader("abc.txt"));

    B．PrintWriter out=new PrintWriter(new Writer("abc.txt"),true);

    C．FileInputStream fin=new FileInputStream("abc.txt");

    D．OutputStreamWriter out=new OutputStreamWriter(new FileOutputStream("abc.txt"));

7. 在 Java 多线程编程里，为避免死锁而提供的 wait() 和 notify() 一般用在（　　　）中。

    A．一般的实例方法

    B．静态方法

    C．静态块

    D．用 synchronized 关键字修饰的实例方法

8. 以下代码的执行结果是（　　　）。

```
public class Example implements Runnable{
    public static void main(String[] args){
        Example ex1=new Example();
        Example ex2=new Example();
        Example ex3=new Example();
        ex1.run();
        ex2.run();
        ex3.run();
    }
    public void run(){
```

```
        while(true){
            System.out.println(Thread.currentThread().getName());
            try{
                Thread.sleep(100);
            }catch(InterruptedException e){
                e.printStackTrace();
            }
        }
    }
}
```

A．代码编译失败，因为 ex2.run() 无法执行

B．代码编译成功，存在 3 个可运行的线程

C．代码编译成功，仅存在 1 个可运行的线程

D．代码编译成功，循环交替输出不同的线程名

9. 服务器 www.***.com 上提供了基于 TCP 的时间服务应用,该应用使用的端口为 5566。创建连接到此服务器的语句是（　　　　）。

A．Socket s=new Socket("www.***.com", 5566);

B．Socket s=new Socket("www.***.com:5566");

C．Socket s=Socket.accept("www.***.com", 5566);

D．Socket s=Socket.accept("www.***.com:5566");

10．关于 Socket 通信编程，以下描述错误的是（　　　　）。

A．服务器端通过 new ServerSocket() 方法创建 TCP 连接对象

B．服务器端通过 TCP 连接对象调用 accept() 方法创建通信的 Socket 对象

C．客户端通过 new Socket() 方法创建通信的 Socket 对象

D．客户端通过 new ServerSocket() 方法创建 TCP 连接对象

三、编程题

1．创建 ArrayList 并在其中存储整型数字 1～5，使用不同方式遍历每个元素，将每个元素按顺序输出。

2．编写程序实现：创建储户类，类中包含编号、姓名、余额等属性；创建 HashMap 对象，用于存储银行储户的信息；计算并显示其中某个储户的当前余额。

3．查找 D:\mydir 目录及其子目录下的所有后缀为.txt 的文件，输出到控制台。

4．编写程序实现 Runnable 接口并创建新线程。主线程中循环输出 0～9，新线程中循环输出 10～19。

5. 编写程序实现生产者和消费者问题。

6. 编写程序创建服务器端和客户端，实现服务器端可以与多个客户端连接。

7. 使用基于 TCP 的 Java Socket 编程，完成以下功能：

（1）从客户端输入几个字符，发送到服务器端。

（2）由服务器端将接收到的字符输出。

（3）服务器端向客户端发送响应消息。

（4）客户端接收服务器端的响应信息。

8. 使用基于 UDP 的 Java Socket 编程，完成在线咨询功能：

（1）客户向咨询人员咨询。

（2）咨询人员给出回答。

（3）客户和咨询人员可以一直沟通，直到客户发送 "bye" 信息为止。

9. 完成用户登录功能：

（1）客户端输入用户名和密码，向服务器发出登录请求。

（2）服务器接收数据并进行判断，如果用户名和密码均是 admin，则登录成功，否则登录失败，返回响应信息。

（3）客户端接收响应信息并输出登录结果。

10. 使用多线程实现多个文件同步复制功能，并在控制台上显示复制的进度，进度以百分数格式表示。例如：把文件 A 复制到 D 盘某文件夹下，在控制台上显示 "×××文件已复制 10%"，"×××文件已复制 20%" …… "×××文件已复制 100%""×××文件复制完成！"

· 第五部分 ·

特 性 总 结

在 JavaSE 的发展历程中，每个版本都有一些重大飞跃。本部分将总结在 JDK 发展过程中增加的一些特性，包括泛型、枚举、可变参数等。在学习这些特性时，不仅要了解每种特性的作用、使用方法，还要掌握每种特性的适用场合，避免对性能、可读性等产生影响。

第 **22** 章

泛　　型

在集合的章节中，为了介绍集合 API，已经对泛型做了基本介绍。泛型是 Java 非常重要的一个特性，本章将系统介绍泛型的相关知识点。

22.1　泛型概述

泛型的本质就是参数化类型，是对类型的抽象，JDK 5.0 及以后版本的集合框架中大量使用了泛型。为了能够深入理解泛型的作用，首先看一下 JDK 5.0 以前版本中没有使用泛型时，集合类的使用方法。如以下代码：

```
List list1=new ArrayList();
list1.add("abc");
list1.add(new Integer(1));
String s=(String)list1.get(0);
```

上述代码中的 ArrayList 是一个非泛型类，对象 list1 可以保存任何 Object 类型元素。可见，list1 对象中可以加入任何类型的对象，可以是字符串，也可以是 Integer 对象。从 list1 中获取元素后，也必须强制转换成特定类型，代码非常烦琐。实际使用过程中，一个集合中存储不同类型元素的情况是很少见的，往往都存储某种特定类型的元素。JDK 5.0 及以后版本中的集合都使用了泛型，对其中的元素类型进行参数化。如以下代码：

```
List<String> list2=new ArrayList<String>();
list2.add("abc");
//list2.add(new Integer(2));//出现编译错误！！！
String ss=list2.get(0);
```

上述代码中使用了泛型类 ArrayList<E>（E 可以是任何其他字母），list2 对象是一个泛型的集合对象，指定其元素类型为 String，因此只能将 String 类型对象存储到 list2 中，如果添加其他类型元素将出现编译错误。另外，由于 list2 中的元素类型为 String，所以获取 list2 中的元素后，无须进行类型转换，可以直接返回 String 类型。

22.2　定义简单泛型类

泛型类

　　API 中有大量的泛型类、泛型接口等，如第 22.1 节使用的集合框架中的类和接口就是典型的泛型类与泛型接口。本节将介绍如何自定义简单的泛型类。定义泛型类的语法与非泛型类大致相同。只需要在声明类时在类名后使用<E>的形式指定该类是一个泛型类，E 称为类型参数，类型参数可以在该类中需要数据类型的地方使用，如属性声明、方法声明等。在具体使用该类时，E 可以使用任何一个具体类型替代。如以下代码：

```
package com.etc.chapter22;
public class GenClass<E>{
    private E attr;
    public GenClass(E attr){
        this.attr=attr;
    }
    public E getAttr(){
        return attr;
    }
    public void setAttr(E attr){
        this.attr=attr;
    }
    public static void main(String[] args){
        GenClass<String> g1=new GenClass<String>("hello");
        System.out.println(g1.getAttr());
        GenClass<Integer> g2=new GenClass<Integer>(new Integer(100));
        System.out.println(g2.getAttr());
    }
}
```

　　上述代码中声明了 GenClass 类，在类名后使用<E>指定了该类是一个泛型类。类型参数 E 在 GenClass 类中的属性声明、方法声明中都有使用。创建泛型类 GenClass<E>的对象时，必须指定类型参数 E 的具体类型。上述代码中创建了两个对象 g1 和 g2，其中 g1 的泛型类型是 String，g2 的泛型类型是 Integer。运行结果如下：

```
hello
100
```

22.3　泛型与继承

　　继承是面向对象的基本特征，然而在使用泛型时，非常容易错误地使用继承。本节将具体介绍泛型中的继承。Object 类是所有类的父类，所以下面的代码是正确的：

```
String s="hello";
```

```
Object o=s;
```

然而下面的代码却出现编译错误：

```
List<String> ls=new ArrayList<String>();
List<Object> lo=ls;//出现编译错误！！！
```

上述代码中的第一行是正确的，编译错误出现在第二行。也就是说，一个泛型类型为 String 的 List 并不是一个泛型类型为 Object 的 List 的子类型，这与很多人的直觉是相反的。可以用反向推导的方式来理解这个问题。假设一个 String 的 List 是一个 Object 的 List，那么以下代码就应该成立：

```
lo.add(new Object());
String str=lo.get(0);
```

然而，很显然不能够把一个 Object 对象转换成一个 String 对象，所以这个假设并不成立。也就是说，一个 String 的 List 并不是一个 Object 的 List。总之，如果 Foo 是 Bar 的一个子类型（子类或子接口），而 G 是某种泛型声明，那么 G<Foo>是 G<Bar>的子类型这一说法并不成立。

22.4 通配符

第 22.3 节介绍了泛型中的继承关系，可以了解到 Collection<Object>并不是任何类型的 Collection 类的父类。那么什么是各种 Collection 类的父类呢？它写为 Collection<?>（读为 collection of unknown），元素类型可以匹配任何类型，"?"被称为通配符。如以下代码：

```
void printCollection(Collection<?> c){
    for(Object e : c){
        System.out.println(e);
    }
}
```

上述代码中的 printCollection 方法的参数是 Collection<?>，即所有类型的 Collection 对象。这种用法的 "?" 是没有任何限制的，表示任何类型。而很多时候，可能会使用有限制的通配符。如以下代码：

```
class Shape{}
class Circle extends Shape{}
class Rectangle{}
public class TestWildCards{
    public void test(List<? extends Shape> shape){
    }
}
```

其中 test 方法的参数是 List<? extends Shape>类型，通配符 "?" 被限制为 Shape 的子类类型。由于 Circle 类和 Rectangle 类是 Shape 类的子类，所以 Test 方法可以接收 List<Circle>和 List<Rectangle>类型的对象。

22.5　泛型方法

泛型方法

　　前面章节中的泛型，都是应用于整个类，是在类声明的时候指定了类型参数。同样可以在类中包含参数化方法，即泛型方法，而泛型方法所在的类可以是泛型类，也可以不是泛型类。泛型方法能够独立于类而产生变化。要定义泛型方法，只要将泛型参数列表置于返回值之前即可。如以下代码：

```
package com.etc.chapter22;
public class GenMethod{
    public <E> E getX(E x){
        return x;
    }
    public static void main(String[] args){
        GenMethod gm=new GenMethod();
        System.out.println(gm.getX(new String("hello,etc!")));
        System.out.println(gm.getX(new Integer(10)));
    }
}
```

　　上述代码中的类并不是泛型类，但其中的 getX 方法是一个泛型方法，在方法声明时指定了泛型类型列表，该方法可以独立于类而变化。在使用 getX 方法时，可以指定类型参数 E 的具体类型，上述代码中分别使用了 String 和 Integer 类型。运行结果如下：

```
hello,etc!
10
```

22.6　本章小结

　　本章对泛型中的一些关键概念进行了介绍。首先通过介绍泛型在集合中的使用以辅助理解泛型的作用，然后对泛型中的继承、通配符与泛型方法等相关知识点逐一进行了介绍。

第 23 章

枚 举

在 JDK 5.0 以前的版本中，Java 应用中要么是类，要么是接口。而 JDK 5.0 及以后版本中增加了一个类型——枚举，使用关键字 enum 来表示。本章将介绍枚举的使用。

23.1 枚举概述

为了能更好地理解枚举的概念，本节将使用简单例子，说明为什么要使用枚举。

实际应用中，往往需要使用一些静态常量值，例如，某应用中的学生对象有一个"等级"属性，等级有且仅有 3 个值："A""B""C"，可以使用一个类来定义这 3 个静态常量。代码如下：

```
package com.etc.chapter23;
public class Grade{
    public static final String A="A";
    public static final String B="B";
    public static final String C="C";
}
```

上述代码的 Grade 类中定义了 3 个字符串常量，表示成绩级别。在 Student 类中使用上述常量，代码如下：

```
package com.etc.chapter23;
public class Student{
    private String name;
    private String grade;
    public Student1(String name){
        super();
        this.name=name;
    }
    public String getGrade(){
        return grade;
    }
    public void setGrade(String grade){
        this.grade=grade;
```

```
    }
    public static void main(String[] args){
        Student1 stu1=new Student1("Kate");
        stu1.setGrade(Grade.A);
        stu1.setGrade("E");
    }
}
```

上述代码中的 Student 类有一个属性 grade，类型为 String。grade 的有效值都在 Grade 类中使用静态常量进行了定义，有且只有"A""B""C"3 个值。上述代码中使用 setGrade("E");将 grade 属性值赋为 E，不会出现编译错误，因为 grade 属性类型是 String，随意指定字符串值都能够编译通过，但如果指定的值不是有效值，将导致逻辑错误，然而在编译期无法检测到。

要解决这个问题，可以使用枚举。枚举使用 enum 关键字声明。如以下代码：

```
package com.etc.chapter23;
public enum StudentGrade{
    A,B,C;
}
```

上述代码中声明了枚举 StudentGrade，并定义了 3 个值"A""B""C"，要使用枚举中的值，可以通过"枚举名称.枚举值"形式调用。枚举 StudentGrade 可以作为一种类型使用。如以下代码：

```
package com.etc.chapter23;
public class Student{
    private String name;
    private StudentGrade grade;
    public Student(String name){
        super();
        this.name=name;
    }
    public StudentGrade getGrade(){
        return grade;
    }
    public void setGrade(StudentGrade grade){
        this.grade=grade;
    }
    public static void main(String[] args){
        Student stu=new Student("Alice");
        stu.setGrade(StudentGrade.A);
        stu.setGrade("B");//出现编译错误！！！
        stu.setGrade("E");//出现编译错误！！！
    }
}
```

上述代码中，Student 类的属性 grade 不再是 String 类型，而是枚举 StudentGrade 类型。枚举值不是字符串，因此使用 stu.setGrade("B");或 stu.setGrade("E");赋值时都将出现编译错误。

所以只能通过 StudentGrade 的枚举值来赋值，grade 的属性值能且只能被赋为 A、B、C 中的一个，否则将出现编译错误。使用枚举后，能成功解决静态常量属性值不可控的问题。

总而言之，当应用中需要一些特定的常量值时，就可以使用 enum 类型，以保证在编译期检测应用中使用的常量值是合法的，避免运行期出现逻辑错误。

23.2 创建枚举

枚举的创建很简单，使用 enum 关键字进行声明，指定 enum 的名称，然后在 enum 体中指定枚举值即可。如以下代码：

```
package com.etc.chapter23;
public enum Orientation{
    East,South,West,North,Center
}
```

上述代码中声明了枚举 Orientation，枚举中有 5 个值，分别是 East、South、West、North、Center。

枚举不仅可以独立声明，还可以在类中声明。如以下代码：

```
package com.etc.chapter23;
public class GUIDisplayer{
    public enum Orientation{
        East,South,West,North,Center
    }
}
```

上述代码中，在类 GUIDisplayer 中声明了枚举 Orientation。

23.3 Enum 类

枚举类型的本质是一个 Java 类，编译将生成 class 文件。Java API 中有一个 Enum 类，所有枚举类型都继承了该类，该类继承了 Object 类，同时实现了 Comparable 接口。因此所有的 enum 值都可以使用 Enum 类、Object 类及 Comparable 接口中的方法。如以下代码：

```
package com.etc.chapter23;
public class TestEnum{
    public enum Grade{
        A,B,C
    }
    public static void main(String[] args){
        System.out.println(Grade.A.compareTo(Grade.C));
        System.out.println(Grade.A.toString());
        System.out.println(Grade.A.ordinal());
    }
```

}

上述代码中使用的 compareTo、toString、ordinal 方法都是 Enum 类中的方法，可以使用枚举值进行调用。其中，compareTo 方法对枚举值进行比较，toString 方法将枚举值转换成字符串，ordinal 方法取出枚举值的顺序号。运行结果如下：

```
-2
A
0
```

23.4 遍历 Enum 的值

实际使用中，往往需要遍历枚举中的值。任何枚举对象都可以通过枚举名称调用 values 方法，返回一个枚举类型的数组，进而使用增强 for 循环遍历 Enum 的值。如以下代码：

```java
package com.etc.chapter23;
public class TestIteratorEnum{
    public static void main(String[] args){
        Orientation[] ors=Orientation.values();
        for(Orientation o:ors){
            System.out.println(o);
        }
    }
}
```

上述代码中使用枚举 Orientation 调用 values 方法，返回一个 Orientation 类型的数组，该数组中包含了枚举 Orientation 中所有的值。进一步使用增强 for 循环就可以遍历这个数组，达到遍历枚举的目的。

23.5 Enum 的细节问题

前面章节中使用的 Enum 都是比较基础和简单的形式，而在某些应用场景中，可能需要更为复杂的 Enum，本节将介绍 Enum 的其他细节问题。

1. Enum 中的构造方法、属性、方法

Enum 中可以声明属性，也可以声明构造方法，但是构造方法的权限必须是私有的，即 Enum 的构造方法不能在其他类中调用。声明构造方法后，枚举常量的声明就必须调用对应的构造方法。另外，枚举本质上也是一个 Java 类，所以在 Enum 中也可以像在 Java 类中那样声明方法。如以下代码：

```java
package com.etc.chapter23;
public enum Type{
    A(12.0),
    B(23.5),
```

```
      C(34.7);
      private double price;
      private Type(double price){
          this.price=price;
      }
      public double getPrice(){
          return this.price;
      }
      public static void main(String[] args){
          System.out.println(Type.A.getPrice());
      }
  }
```

上述代码中声明了枚举 Type，在 Type 中存在一个属性 price，为了能够为该属性赋初值，声明了构造方法。可以在构造方法中为 price 赋值。只要枚举中有构造方法，那么枚举的值就必须调用某个构造方法，如 A(12.0)会将 price 赋值为 12.0。另外，枚举 Type 中声明了方法 getPrice，该方法可以使用枚举值进行调用，如 Type.A.getPrice，将返回 12.0。

2. 在 switch 中使用 Enum

switch 语句中的变量类型可以为 byte、short、int、enum。如以下代码：

```
package com.etc.chapter23;
public class TestEnumSwitch{
    public static void test(StudentGrade grade){
        switch(grade){
        case A:System.out.println("成绩优秀");break;
        case B:System.out.println("成绩优良");break;
        case C:System.out.println("成绩及格");break;
        }
    }
    public static void main(String[] args){
        test(StudentGrade.A);
    }
}
```

上述代码中的 switch 语句的变量值是 StudentGrade 类型，即枚举类型。值得注意的是，case 后的值直接使用 Enum 中的静态常量，不允许使用 StudentGrade.A 格式，否则会出现编译错误。

23.6 本章小结

本章介绍了一种新类型 Enum，Enum 解决了静态常量的使用问题。本章通过简单例子，展示了如何在实际应用中使用 Enum、Enum 的继承关系，以及 Enum 中的构造方法、属性、方法等知识点。

第 **24** 章

其 他 特 性

24.1 增强 for 循环

增强 for 循环是用来迭代数组和集合对象的方法。同时依然可以使用传统的 for 循环迭代数组和集合，但是增强 for 循环使代码更为简单。语法如下：

```
for(数组或集合中的元素类型 临时变量：需要迭代的数组或集合的引用){
}
```

以下代码演示了使用传统 for 循环和增强 for 循环迭代数组和集合的方法：

```java
package com.etc.chapter24;
import java.util.ArrayList;
import java.util.List;
public class TestForIn{
  public static void main(String[] args){
    String[] sArray={"BeiJing","TianJin","XiangGang","ShangHai"};
    List<String> sList=new ArrayList<String>();
    sList.add("IBM");
    sList.add("Microsoft");
    sList.add("Intel");
    //传统for循环迭代数组
    System.out.println("使用传统for循环迭代数组的方式：");
    for(int i=0;i<sArray.length;i++){
      System.out.println(sArray[i]);
    }
    //增强for循环迭代数组
    System.out.println("使用增强for循环迭代数组的方式：");
    for(String s:sArray){
      System.out.println(s);
    }
    //传统for循环迭代集合
    System.out.println("使用传统for循环迭代集合的方式：");
    for(int i=0;i<sList.size();i++){
```

```
        System.out.println(sList.get(i));
    }
    //增强for循环迭代集合
    System.out.println("使用增强for循环迭代集合的方式: ");
    for(String s:sList){
        System.out.println(s);
    }
  }
}
```

上述代码中分别使用传统 for 循环及增强 for 循环迭代数组和集合，传统 for 循环将数组及集合的长度作为循环条件，而增强 for 循环的语法非常简练，只要声明数组或集合的元素类型，指定数组及集合的引用名称即可迭代。有了增强 for 循环后，迭代器 Iterator 就很少被使用了，大多数时候都使用增强 for 循环迭代数组和集合。

24.2 自动装箱、自动拆箱

Java 语言中有 8 种基本数据类型：byte、short、int、long、float、double、char、boolean。另外有 8 种引用类型与之对应：Byte、Short、Integer、Long、Float、Double、Character、Boolean。这 8 种引用类型统称为 Wrapper 类型。将基本数据类型转换为 Wrapper 类型，称为装箱；将 Wrapper 类型转换为基本数据类型，称为拆箱。传统装箱、传统拆箱方式如以下代码：

```
int x=10;
Integer ix=new Integer(x);
int y=ix.intValue();
```

自动装箱和自动拆箱是用来对 Wrapper 类型和基本数据类型进行自动转换的方法。如以下代码：

```
int m=100;
Integer im=m;
int n=im;
```

可见，自动装箱和自动拆箱可以直接对 Wrapper 类型进行数学运算。如以下代码：

```
int m=100;
Integer im=m;
int n=im;
im++;
int result=m+im;
```

虽然使用自动装箱、自动拆箱的特性可以将 Wrapper 类型当成基本数据类型直接使用，但是实质上依然是先将 Wrapper 类型转换成了基本数据类型。因此，自动装箱、自动拆箱应该在必须使用时才使用，不能盲目使用，否则可能会降低效率。

24.3 静态导入

当 Java 类使用不同包的类时，可以使用 import 引入该类，还可以使用 import static 引入某类的静态属性和方法。如以下代码：

```
package com.etc.chapter24;
import static java.util.Arrays.sort;
public class TestStaticImport{
    public static void main(String[] args){
        int[] a={1,2,3};
        sort(a);
    }
}
```

上述代码中的 import static java.util.Arrays.sort;语句实现了静态导入，导入了 Arrays 类的静态方法 sort。因此，在 TestStaticImport 类中，可以直接使用 sort 方法，而不需要再使用 Arrays.sort 的形式。静态导入不仅可以导入静态方法，还能导入类的静态属性，方式与导入静态方法一样。静态导入虽然提高了便利性，却不同程度地降低了程序的可读性，应该谨慎使用。

24.4 可变参数

在实际应用中，可能某个类中会有多个参数类型完全相同但参数个数不同的方法。如以下代码：

```
package com.etc.chapter24;
public class Calculator{
    public int add(int x1,int x2){
        return x1+x2;
    }
    public int add(int x1,int x2,int x3){
        return x1+x2+x3;
    }
    public int add(int x1,int x2,int x3,int x4){
        return x1+x2+x3+x4;
    }
}
```

上述代码中，Calculator 类的 3 个 add 方法都是对整数进行加运算，参数类型完全相同，只是参数个数不同。针对这种情况，可以使用可变参数的特性进行改进。可变参数的语法如下：

> 方法声明(形式参数1,形式参数2,...,可变参数类型...可变参数名){}

可变参数在一个方法中只能有一个，且必须是形式参数的最后一个，可变参数类型后使用 "..." 的形式声明。修改上面的 Calculator 类，使用可变参数对 add 方法进行声明。如以下代码：

```
package com.etc.chapter24;
public class CalculatorVarArg{
    public static int add(int...args){
        int result=0;
        for(int x:args){
            result+=x;
        }
        return result;
    }
    public static void main(String[] args){
        System.out.println(add(1,2,3,4));
        System.out.println(add(1,2,3,4,5,6,7));
    }
}
```

可变参数实质上是一个数组，数组的长度在调用该方法时根据传递的参数个数决定，因此在上述代码中的 add 方法中，要使用增强 for 循环对 args 参数进行遍历。

24.5 Annotation

常常会看到一个程序设计术语——元数据（metadata），metadata 是信息的信息。例如，为了说明某个方法是覆盖父类的方法，可以使用"该方法是覆盖父类的方法"或"Override the method"。这两种方式在文件说明上都没有问题，然而没有工具可以分析该方法是否符合方法覆盖的规范。注释（Annotation）就可以通过已经定义好的 metadata 机制解决这个问题。

Annotation 是适用于包、类型声明、构造方法、方法、属性、参数、变量的修饰符。Annotation 采用 name=value 成对的形式。Java API 中提供了内置的 Annotation 类型，也可以自定义 Annotation 类型。

JDK 提供了 3 种标准的 Annotation 类型，都定义在 java.lang 包中。

1. Override

Override 用来说明一个方法，表示该方法覆盖了父类中的方法。如果不符合覆盖的要求，将出现编译错误。如以下代码：

```
@Override
public String toString(){
    return super.toString();
}
```

2. Deprecated

Deprecated 用来指出某个方法或元素的使用是被阻止的。

3. SuppressWarnings

SuppressWarnings 用来关掉 class、method、field 与 variable 初始化的编译期警告。

除了可以直接使用上述 3 种已有的 Annotation，还可以自定义 Annotation 类型。自定义 Annotation 使用@interface 关键字进行声明。如以下代码：

```
package com.etc.chapter24;
public @interface TODO{
    String value();
    String comment();
}
```

上述代码中，TODO 类型的 Annotation 中定义了两个抽象方法：value 和 comment。编译器会自动生成两个同名的属性，使用时可以通过 name=value 的方式指定属性值。如以下代码：

```
@TODO(
    value="110108",
    comment="This is a test method")
public void test(){
}
```

Annotation 目前在很多开源框架中得到了广泛的使用，在一定程度上降低了使用框架时 XML 配置文件的复杂程度。

24.6 本章小结

本章主要介绍了除泛型、枚举外的其他几个特性，包括增强 for 循环、自动装/拆箱、静态导入、可变参数和 Annotation。对于每个特性，读者需要掌握其使用的场合及价值。但是，使用某些特性也可能带来问题，如自动装箱、自动拆箱可能导致性能降低等，要谨慎使用。

第 **25** 章

第五部分自我测试

一、简答题

1. Enum 有什么作用？如何遍历一个 Enum 中的值？
2. Annotation 是什么意思？有什么作用？
3. 泛型是什么意思？有什么作用？
4. 什么是泛型中的限定通配符和非限定通配符？
5. 什么是自动装箱、自动拆箱？
6. 什么是可变参数？有什么作用？
7. 什么是静态导入？

二、选择题

1. 下列选项中，（　　）是 Java 语言中的包装类。

   A. java.lang.Double
   B. java.lang.Char
   C. java.lang.Int
   D. java.lang.Bit

2. 以下关于枚举类的说法中，错误的是（　　）。

   A. 枚举类型也可以实现一个或多个接口

   B. 枚举类型继承接口要使用关键字 extends

   C. 枚举类型实现接口时也要实现该接口中的全部方法

   D. 在枚举类型中定义抽象方法无须显式地使用 abstract 关键字

3. 以下关于 Enum 枚举类中 name 方法作用的说法中，正确的是（　　）。

   A. 比较此枚举与指定对象的顺序

   B. 返回枚举常量的序数

   C. 返回枚举常量的名称，在其枚举声明中对其进行声明

   D. 返回指定名称的指定枚举类型的枚举常量

4. 以下关于泛型的说法中，错误的是（　　）。

   A. 泛型是 JDK1.5 出现的新特性
   B. 泛型是一种安全机制
   C. 使用泛型避免了强制类型转换
   D. 使用泛型必须进行强制类型转换

5. 以下关于注解的说法中，错误的是（　　）。

   A. 注解使用@Interface 定义

   B. 使代码更加干净易读

C．Java 注解和注释作用类似

D．默认情况下，注解可以修饰的元素包括类、方法、成员变量等

6．实现以下代码，选项（　　）中的 class 能够被存储到 list 对象中。

```java
public class T{}
public class A extends T{}
public class B extends A{}
public class Test{
    public static void main(String[] args){
        List<Class<? extends T>> list=new ArrayList<>();
    }
}
```

A．只有 A.class   B．只有 B.class

C．A.class 和 B.class   D．A.class、B.class 和 T.class

7．以下代码的运行结果正确的是（　　）。

```java
public static void main(String[] args){
    Integer i1=59;
    Integer i2=Integer.valueOf(59);
    Integer i3=129;
    Integer i4=Integer.valueOf(129);
    System.out.println(i1==i2);
    System.out.println(i7==i8);
}
```

A．true false   B．true true   C．false false   D．false true

8．以下代码中，横线处不可写为（　　）。

```java
public class Changepar{
    public static int sum(int... a){
        int ret=0;
        for(int x:a){
            ret+=x;
        }
        return ret;
    }
    public static void main(String[] args){
        _____
    }
}
```

A．System.out.println(sum(1,2,3));

B．System.out.println(sum("1,2,3"));

C．int[] arr=new int[]{1,2,3}; System.out.println(sum(arr));

D．System.out.println(sum(new int[]{1,2,3}));

9．以下是错误的定义语句的是（　　）。

A．ArrayList lists=new ArrayList<String>();

B．ArrayList<String> lists=new ArrayList();

C．ArrayList<String> lists=new ArrayList<String>();

D．ArrayList<String> lists=new ArrayList<Object>();

10．以下不属于 Java 的元注解的是（　　　）。

A．@Annotation　　　　　　　　　B．@Inherited

C．@Retention　　　　　　　　　　D．@Documented

三、编程题

1．编写程序实现：分别用方法重载和可变参数的方式计算三角形、四边形、五边形、六边形的周长。

2．编写程序实现：一个自定义注解，用来校验非空字段。

3．编写程序实现：一个泛型方法，用来打印不同类型字符（整型、浮点型、字符串等）的元素。

4．编写程序实现：一个泛型方法，用来比较 3 个值，并返回最小值。

5．编写程序实现：500 个人围成一个圈，从 1 开始报数，每数到 3 的倍数的人离开圈子，循环反复，直到最后圈中只剩下一人为止，求剩下的人在圈中最初的位置。

JDK8 及以后版本特性总结

Oracle 公司于 2014 年 3 月 18 日发布 Java 8，Java 8 可谓自 Java 5（发布于 2004 年）以来的革命性版本。Java 8 所做的改变，在许多方面比 Java 历史上任何一次改变都深远。这个版本在语言、编译器、类库、工具和 JVM 等方面都带来了不少特性。本部分将重点介绍一些常用的特性，如 Lambda 表达式、函数式接口、方法引用、Stream、Optional 类、新的 Date-Time API 等，并通过实际的例子说明这些特性的应用场景和使用方法。

第 26 章

Lambda 表达式

Lambda 表达式，也称为闭包，可以说是 Java 8 最大的卖点之一。Lambda 允许把函数作为一个方法的参数，或者把代码看成数据。Lambda 表达式可以使代码变得更加简洁紧凑，但也使初次了解的人感觉到难以阅读，学习了其语法和用法后便可习惯。很多语言从一开始就支持 Lambda 表达式，像 Groovy、Scala 等。

26.1 Lambda 表达式的基本语法

Lambda 表达式可以理解为传递匿名函数的一种方式，它没有名称，但是有参数列表、函数主体、返回类型，可能还有一个可以抛出的异常列表。Lambda 表达式解决了使用匿名方法的麻烦，并且给予 Java 简洁而强大的函数化编程能力。

Lambda 表达式由参数列表、箭头和主体组成，其语法格式如下：

```
(parameters) -> expression
```

或

```
(parameters) -> { statements; }
```

以下是 Lambda 表达式的重要特征。

- 可选的类型声明：参数类型可省略，编译器可以统一识别参数值。
- 可选的参数圆括号：有一个参数时可省略圆括号，但有多个参数时需要定义圆括号。
- 可选的主体花括号：主体只包含一个语句时可省略花括号。
- 可选的返回关键字：只有一行代码时可以省略 return 语句。

下面提供几个 Lambda 表达式的简单示例：

```
//1. 没有参数，返回值为 5
() -> 5

//2. 接收一个数字类型的参数，返回两倍的值
x -> 2 * x

//3. 接收两个数字类型的参数，返回两个数的差值
(x, y) -> x - y
```

```
//4. 接收两个int型整数，返回两个数的和
(int x, int y) -> x+y

//5. 接收一个String类型参数，返回该字符串的长度
(String s) -> s.length()

//6. 接收一个String类型参数，并将其在控制台输出
(String s) -> System.out.print(s)
```

26.2 函数式接口

函数式接口可以被隐式转换为 Lambda 表达式，函数式接口有如下几个特征：

- 接口中只能有一个接口方法，可以有多个非抽象方法；
- 可以有静态方法和默认方法；
- 可以使用 @FunctionalInterface 标记；
- 默认方法可以被覆写。

定义一个函数式接口，代码如下：

```
@FunctionalInterface
interface HelloService{
    void sayMessage(String message);
}
```

使用 Lambda 表达式来表示该接口的一个实现，代码如下：

```
HelloService helloService=message -> System.out.println("Hello"+message);
```

Java API 提供了大量默认的函数式接口，部分函数式接口列举如下：

```
//java.util.Comparator
public interface Comparable<T>{
    public int compareTo(T o1, T o2);
}

//java.lang.Runnable
public interface Runnable{
    public abstract void run();
}

//java.util.concurrent.Callable
public interface Callable<V>{
    V call() throws Exception;
}
```

Lambda 表达式允许直接以内联形式为函数式接口的抽象方法提供实现，并把整个表达式

作为函数式接口的实例，可以将其理解为函数式接口的一个具体实现的实例。匿名内部类也可以实现相同效果，不过实现过程更为烦琐。使用 Lambda 表达式和匿名类的实现代码如下：

```
//Lambda表达式实现
Runnable r1=() -> System.out.println("Hello World 111");

//匿名类实现
Runnable r2=new Runnable(){
    public void run(){
        System.out.println("Hello World 222");
    }
}
```

上述代码可以调用线程执行方法，相关代码如下：

```
//线程执行方法
public static void process(Runnable r){
    r.run();
}
process(r1);
process(r2);
```

也可以直接传递 Lambda 表达式实现，相关代码如下：

```
process(() -> System.out.println( " Hello World 333 " ));
```

26.3 变量作用域

Lambda 表达式可以没有限制地捕获实例变量和静态变量，但只能引用标记了 final 的外层局部变量，即不能在 Lambda 表达式内部修改定义在域外的局部变量，否则会出现编译错误。因为 Lambda 表达式可能在另一个线程中运行，而局部变量是在栈上的，Lambda 表达式作为额外的线程会生成一份变量副本。这样可能会出现同步问题，因为主线程的局部变量或许已经被回收。实例变量存储于堆中，堆是共享的，静态变量也是共享的。

Lambda 表达式的局部变量也可以不声明为 final，但是变量不可被后面的代码修改（隐性的具有 final 的语义），代码如下：

```
int num=1;
Converter<Integer, String> s=(param) -> System.out.println(String.valueOf(param+num));
s.convert(2);
num=5;
//报错信息：Local variable num defined in an enclosing scope must be final or effectively final
```

在 Lambda 表达式中不允许声明一个与局部变量同名的参数或局部变量：

```
String first="";
//编译将报错
Comparator<String> comparator=(first, second) -> Integer.compare(first.length(), second.length());
```

y

26.4 方法引用

方法引用可以使开发者直接引用构造方法、静态方法、实例方法或实例对象。方法引用和 Lambda 表达式配合使用，可以让代码看起来更加简洁，没有很多复杂的模板代码。

（1）对象::实例方法，将 Lambda 表达式的参数当成方法的参数使用。代码如下：

```
Consumer<String> sc=System.out::println;
//等同于
Consumer<String> sc=(x) -> System.out.println(x);
//对象调用方法
sc.accept("Hello World!");
```

Consumer 接口源代码如图 26-1 所示，接口中有抽象方法 accept(T t)。

```
@FunctionalInterface
public interface Consumer<T> {

    /**
     * Performs this operation on the given argument.
     *
     * @param t the input argument
     */
    void accept(T t);

    /**
     * Returns a composed {@code Consumer} that performs, in sequence, this
     * operation followed by the {@code after} operation. If performing either
     * operation throws an exception, it is relayed to the caller of the
     * composed operation.  If performing this operation throws an exception,
     * the {@code after} operation will not be performed.
     *
     * @param after the operation to perform after this operation
     * @return a composed {@code Consumer} that performs in sequence this
     * operation followed by the {@code after} operation
     * @throws NullPointerException if {@code after} is null
     */
    default Consumer<T> andThen(Consumer<? super T> after) {
        Objects.requireNonNull(after);
        return (T t) -> { accept(t); after.accept(t); };
    }
}
```

图 26-1 Consumer 接口源代码

（2）类::静态方法，将 Lambda 表达式的参数当成方法的参数使用。代码如下：

```
Function<Integer, String> sf=String::valueOf;
//等同于
Function<Integer, String> sf=(x) -> String.valueOf(x);
String apply1=sf.apply(888);
```

Function 接口源代码如图 26-2 所示，接口中有抽象方法 apply(T t)。

（3）类::实例方法，将 Lambda 表达式的第一个参数当成方法的调用者，其余参数作为方法的参数。开发中应尽量减少此类写法，以降低后续维护成本。代码如下：

```
BiPredicate<String, String> sbp=String::equals;
//等同于
```

```
BiPredicate<String, String> sbp=(x, y) -> x.equals(y);
boolean test=sbp.test("a", "A");
```

```java
@FunctionalInterface
public interface Function<T, R> {

    /**
     * Applies this function to the given argument.
     *
     * @param t the function argument
     * @return the function result
     */
    R apply(T t);

    /**
     * Returns a composed function that first applies the {@code before}
     * function to its input, and then applies this function to the result.
     * If evaluation of either function throws an exception, it is relayed to
     * the caller of the composed function.
     *
     * @param <V> the type of input to the {@code before} function, and to the
     *           composed function
     * @param before the function to apply before this function is applied
     * @return a composed function that first applies the {@code before}
     * function and then applies this function
     * @throws NullPointerException if before is null
     *
     * @see #andThen(Function)
     */
    default <V> Function<V, R> compose(Function<? super V, ? extends T> before) {
        Objects.requireNonNull(before);
        return (V v) -> apply(before.apply(v));
    }
}
```

图 26-2　Function 接口源代码

BiPredicate 接口源代码如图 26-3 所示，接口中有抽象方法 test(T t,U u)。

```java
@FunctionalInterface
public interface BiPredicate<T, U> {

    /**
     * Evaluates this predicate on the given arguments.
     *
     * @param t the first input argument
     * @param u the second input argument
     * @return {@code true} if the input arguments match the predicate,
     * otherwise {@code false}
     */
    boolean test(T t, U u);

    /**
     * Returns a composed predicate that represents a short-circuiting logical
     * AND of this predicate and another.  When evaluating the composed
     * predicate, if this predicate is {@code false}, then the {@code other}
     * predicate is not evaluated.
     *
     * <p>Any exceptions thrown during evaluation of either predicate are relayed
     * to the caller; if evaluation of this predicate throws an exception, the
     * {@code other} predicate will not be evaluated.
     *
     * @param other a predicate that will be logically-ANDed with this
     *              predicate
     * @return a composed predicate that represents the short-circuiting logical
     * AND of this predicate and the {@code other} predicate
     * @throws NullPointerException if other is null
     */
    default BiPredicate<T, U> and(BiPredicate<? super T, ? super U> other) {
        Objects.requireNonNull(other);
        return (T t, U u) -> test(t, u) && other.test(t, u);
    }
}
```

图 26-3　BiPredicate 接口源代码

（4）无参的构造方法就是类::实例方法模型。构造方法可以通过"类名::new"的方式引用，如以下代码：

```java
Supplier<User> us=User::new;
//等同于
Supplier<User> us=() -> new User();
```

```
//调用方法获取对象
User user=us.get();
```

Supplier 接口源代码如图 26-4 所示，接口中有抽象方法 get()。

```
 *
 * @since 1.8
 */
@FunctionalInterface
public interface Supplier<T> {

    /**
     * Gets a result.
     *
     * @return a result
     */
    T get();
}
```

图 26-4　Supplier 接口源代码

通常可以通过 Lambda 表达式的参数和方法来确定一个方法，这样的每个方法都叫方法签名。方法签名由方法名+参数列表唯一确定，其实也是方法重载的判断方式。

26.5　本章小结

Lambda 表达式是一个非常重要且常用的特性，它可以使代码看起来简洁，在一定程度上增加了代码的可读性及调试的复杂性。本章对 Lambda 表达式中的一些关键概念进行了介绍。首先介绍了 Lambda 表达式的基本语法和概念，然后对函数式接口、变量作用域、方法引用等相关知识点逐一进行介绍。

第 **27** 章

Stream

Stream（流）是 Java 8 中处理集合的关键抽象概念，它可以对指定集合进行操作，可以执行非常复杂的查找、过滤和映射数据等操作。使用 Stream API 对集合数据进行操作，就类似于使用 SQL 执行数据库查询，还可以使用 Stream API 来并行执行操作。简而言之，Stream API 提供了一种高效且易于使用的处理数据的方式。

27.1 Stream 概述

Stream 是一个来自数据源的元素队列，支持聚合操作，允许以声明的方式处理数据集合。Stream API 把真正的函数式编程风格引入 Java 中。Stream 将要处理的元素集合看成一种流，元素是特定类型的对象，形成一个队列。在处理流的过程中，借助 Stream API 对 Stream 中的元素进行操作，如筛选、排序、聚合等。

Stream 包含数据源和聚合操作两个部分。

（1）数据源：流的来源，可以是集合、数组、I/O channel、产生器（generator）等。

（2）聚合操作：类似 SQL 语句的操作，如 filter、map、reduce、find、match、sorted 等。

对 Stream 的操作分为两种。

（1）中间操作：每次返回一个新的流，可以有多个。

（2）终端操作：每个流只能进行一次终端操作，终端操作可视为关闭流的操作，操作结束后流无法再次使用。终端操作会产生一个新的集合或值。

Stream 的特性如下。

（1）集合侧重的是数据，流侧重的则是计算。Stream 不存储数据，而是按需计算，按照特定的规则对数据进行计算，一般会输出结果。

（2）Stream 不会改变数据源，会返回一个持有结果的新 Stream。

（3）Stream 具有延迟执行特性，只有调用终端操作时，中间操作才会执行。

（4）以前对集合进行遍历都是通过迭代器 Iterator 或 for 循环的方式，显式地在集合外部进行迭代，称为外部迭代。Stream 提供了内部迭代的方式，通过访问者模式（Visitor）实现。

流的使用可以总结为如下内容。

（1）一个数据源（集合等）执行一个查询。

（2）一个中间操作链形成一条流的流水线。

（3）一个终端操作执行流水线，并生成结果。

27.2 创建 Stream

Stream 可以通过集合、数组等来创建。

1. 通过集合创建流

Java 8 中的 Collection 接口被扩展，提供了两个获取流的方法：返回一个顺序流的方法 default Stream stream()和返回一个并行流的方法 default Stream parallelStream()。如以下代码：

```
List<String> list=Arrays.asList("a", "b", "c");
//创建一个顺序流
Stream<String> stream=list.stream();
//创建一个并行流
Stream<String> parallelStream=list.parallelStream();
```

2. 通过数组创建流

Java 8 中使用 Arrays 的静态方法 stream()可以获取数组流，同时提供了 static Stream stream(T[] array)、public static IntStream stream(int[] array)、public static LongStream stream(long[] array)、public static DoubleStream stream(double[] array)等多个重载方法，方便处理对应基本数据类型的数组。

如以下代码：

```
int[] array={1,3,5,6,8};
IntStream stream=Arrays.stream(array);
```

3. 通过 Stream 静态方法 of()、iterate()、generate()创建流

使用 Stream.of()方法，通过给定值创建一个流，可以接收任意数量的参数。还可以使用 iterate()方法、generate()方法创建无限流。

传值：public static Stream of(T... values)。

迭代：public static Stream iterate(final T seed, finalUnaryOperator f)。

生成：public static Stream generate(Supplier s)。

如以下代码：

```
Stream<Integer> stream1=Stream.of(1, 2, 3, 4, 5, 6);

Stream<Integer> stream2=Stream.iterate(0,(x) -> x+3).limit(4);
stream2.forEach(System.out::println);

Stream<Double> stream3=Stream.generate(Math::random).limit(3);
stream3.forEach(System.out::println);
```

27.3 Stream 的中间操作

多个中间操作可以连接起来形成一个流水线，中间操作不会执行任何的处理，直到流水线上触发终端操作，并且在终端操作时一次性全部处理，因此该过程称为"惰性求值"。

常用的 Stream API 如下。

1. 筛选与切片

筛选与切片的方法及每个方法的描述如表 27-1 所示。

表 27-1　筛选与切片的方法及每个方法的描述

方　　法	描　　述
filter(Predicate p)	使用给定的过滤函数对 Stream 中的元素进行过滤操作，新生成的 Stream 只含符合条件的元素
distinct()	筛选，通过流所生成元素的 hashCode() 和 equals() 去除重复元素。新生成的 Stream 中没有重复的元素
limit(long maxSize)	截断流，使其元素不超过给定数量。如果原 Stream 中的元素个数小于给定数量，则获取其所有的元素
skip(long n)	跳过元素，返回一个扔掉了前 n 个元素的流。如果流中元素不足 n 个，则返回一个空流。与 limit(n) 函数互补

2. 映射

映射的方法及每个方法的描述如表 27-2 所示。

表 27-2　映射的方法及每个方法的描述

方　　法	描　　述
map(Function f)	接收一个函数作为参数，该函数会被应用到每个元素上，并将其映射成一个新的元素
mapToDouble(ToDoubleFunction f)	接收一个函数作为参数，该函数会被应用到每个元素上，产生一个新的 DoubleStream。可以免除自动装箱/拆箱的额外消耗
mapToInt(ToIntFunction f)	接收一个函数作为参数，该函数会被应用到每个元素上，产生一个新的 IntStream。可以免除自动装箱/拆箱的额外消耗
mapToLong(ToLongFunction f)	接收一个函数作为参数，该函数会被应用到每个元素上，产生一个新的 LongStream。可以免除自动装箱/拆箱的额外消耗
flatMap(Function f)	接收一个函数作为参数，将流中的每个值都换成另一个流，然后把所有流连接成一个流
peek(Consumer<? super T>action)	生成一个包含原 Stream 的所有元素的新 Stream，同时会提供一个消费函数（Consumer 实例），新 Stream 的每个元素被消费时都会执行给定的消费函数

3. 排序

排序的方法及每个方法的描述如表 27-3 所示。

表 27-3　排序的方法及每个方法的描述

方　　法	描　　述
sorted()	产生一个新流，其中的元素按自然顺序排序
sorted(Comparator comp)	产生一个新流，其中的元素按比较器顺序排序

27.4　Stream 的终端操作

终端操作会从流的流水线中生成结果，该结果可以是任何不是流的值，如 List、Integer、void 等。一个常见的数据处理方式就是查看数据集中的某些元素是否匹配一个给定的属性。Stream API 通过一系列方法提供了便利的实现途径。

1. 查找与匹配

查找与匹配的方法及每个方法的描述如表 27-4 所示。

表 27-4　查找与匹配的方法及每个方法的描述

方　　法	描　　述
allMatch(Predicate p)	检查是否匹配所有元素
anyMatch(Predicate p)	检查是否至少匹配一个元素
noneMatch(Predicate p)	检查是否没有匹配所有元素
findFirst()	返回第一个元素
findAny()	返回当前流中的任意元素
count()	返回流中元素的总数
max(Comparator c)	返回流中的最大值
min(Comparator c)	返回流中的最小值
forEach(Consumer c)	内部迭代

2. 归约

归约的方法及每个方法的描述如表 27-5 所示。

表 27-5　归约的方法及每个方法的描述

方　　法	描　　述
reduce(T iden, BinaryOperator b)	可以将流中元素反复结合起来，得到一个值，返回 T
reduce(BinaryOperator b)	可以将流中元素反复结合起来，得到一个值，返回 Optional<T>

3. 收集

收集的方法及每个方法的描述如表 27-6 所示。

表 27-6　收集的方法及每个方法的描述

方　　法	描　　述
collect(Collector c)	将流转换为其他形式，接收一个 Collector 接口的实现，用于对 Stream 中的元素做汇总

Collector 接口中方法的实现决定了如何对流执行收集操作（如收集到 List、Set、Map）。Collectors 类提供了很多静态方法，可以方便地创建常见收集器实例，具体方法与实例如表 27-7 所示。

表 27-7　Collectors 类的方法与实例

方　　法	返 回 类 型	作用与实例
toList	List\<T\>	将流中元素收集到 List 中 List\<User\> users=list.stream().collect(Collectors.toList());
toSet	Set\<T\>	将流中元素收集到 Set 中 Set\<User\> users=list.stream().collect(Collectors.toSet());
toCollection	Collection\<T\>	将流中元素收集到创建的集合中 Collection\<User\> users= list.stream().collect(Collectors.toCollection(ArrayList::new));
counting	Long	计算流中元素的个数 long count=list.stream().collect(Collectors.counting());
summingInt	Integer	对流中元素的整数属性求和 int total=list.stream().collect(Collectors.summingInt(User::getScore));
averagingInt	Double	计算流中整数属性元素的平均值 Double avg=list.stream().collect(Collectors.averagingInt(User::getScore));
summarizingInt	IntSummaryStatistics	收集流中元素的整数属性的统计值（平均值等） IntSummaryStatistics iss= list.stream().collect(Collectors.summarizingInt(User::getScore));
joining	String	连接流中的每个字符串 String str=list.stream().map(User::getName).collect(Collectors.joining());
maxBy	Optional\<T\>	根据比较器选择最大值 Optional\<User\> max= list.stream().collect(Collectors.maxBy(comparingInt(User::getScore)));
minBy	Optional\<T\>	根据比较器选择最小值 Optional\<User\> min= list.stream().collect(Collectors.minBy(comparingInt(User::getScore)));
reducing	归约产生的类型	从一个作为累加器的初始值开始，利用 BinaryOperator 与流中元素逐个结合，归约成单个值 int total=list.stream().collect(Collectors.reducing(0, User::getScore, Integer::sum));
collectingAndThen	转换函数返回的类型	包裹另一个收集器，对其结果进行转换 int how= list.stream().collect(Collectors.collectingAndThen(Collectors.toList(), List::size));
groupingBy	Map\<K, List\<T\>\>	根据某属性值对流进行分组，属性为K，结果为T Map\<User.Status, List\<User\>\> map= list.stream().collect(Collectors.groupingBy(User::getStatus));
partitioningBy	Map\<Boolean, List\<T\>\>	根据 true 或 false 进行分区 Map\<Boolean, List\<User\>\> vd= list.stream().collect(Collectors.partitioningBy(User::getManage));

27.5 串行流与并行流

串行流：stream，由主线程按顺序对流执行操作。

并行流：parallelStream，将一个内容分成多个数据块，并用不同的线程分别处理每个数据块的流。前提是流中的数据处理没有顺序要求。

使用 parallelStream 输出空字符串的数量，代码如下：

```
List<String> strings=Arrays.asList("ac", "", "bc", "eg", "abd","", "jkl");
long count=strings.parallelStream().filter(string -> string.isEmpty()).count();
```

为了更好地理解串行流和并行流的区别，用筛选集合中的奇数的过程展示两者处理数据的不同之处，如图 27-1 所示。

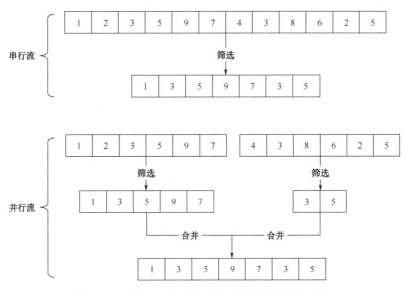

图 27-1　串行流和并行流筛选集合中的奇数的过程

如果流中的数据量足够大，并行流可以加快处理速度。Java 8 中对并行流进行了优化，可以很容易地对数据进行并行操作。Stream API 可以通过 parallel()方法和 sequential()方法在串行流与并行流之间进行切换。如以下代码：

```
Optional<Integer> findFirst=list.stream().parallel().filter(x -> x>6).findFirst();
```

27.6 本章小结

本章介绍了 Stream 的一些关键概念和方法。首先介绍了 Stream 的多种创建方式，然后介绍了 Stream 的中间操作和终端操作两种操作类型，并举例说明了两种操作类型中方法的实现。最后介绍了串行流与并行流的区别和切换方式。

第 28 章
Optional 类

Java 8 中引入了类 java.util.Optional<T>。Optional<T>类是一个封装 Optional 值的容器类，代表一个值存在或不存在。空指针异常（NullPointerException）是 Java 开发过程中经常遭遇的异常类型，Optional 用来解决 Java 中的 NullPointerException，从而避免源码被各种空检查污染，使源码更加简洁和更加容易阅读。

28.1 Optional 类入门

Optional 类是一个可以为 null 的容器对象，它可以保存类型为 T 的值，或者仅仅保存 null。Optional 提供很多有用的方法，这样就不用显式进行空值检测。如果值存在，则 isPresent()方法会返回 true，调用 get()方法会返回该对象。Optional 类的引入很好地解决了空指针异常问题。

例如：如果一个人可能有也可能没有计算机，那么 Person 类内部的 computer 变量就不应该声明为 Computer，因为这样当某人没有计算机时，仍会把 null 赋值给它，进而可能造成空指针异常。现在通过 Optional 类，可以将其声明为 Optional<Computer>类型，如图 28-1 所示。

Optional<Computer>

Computer

包含一个 Computer 类型的对象

Optional<Computer>

一个空的 Optional 对象

图 28-1　Optional 类的使用

变量存在时，Optional 类只是对类进行简单封装。变量不存在时，缺失的值会被建模成一个 "空" 的 Optional 对象，由方法 Optional.empty()返回。该方法是一个静态工厂方法，返回 Optional 类的特定单一实例。这样当对该实例对象进行操作时，便不会出现空指针异常。

在代码编写过程中，使用 Optional 类可以很清晰地界定出变量值的缺失是结构上的问题，还是算法上的缺陷，又或者是数据的问题。但是要注意，引入 Optional 类的目的并不是消除每个 null 引用，而是帮助开发人员更好地设计出普适的 API，通过方法签名，就能了解它是否能接收一个 Optional 的值。

Optional<T>类的声明代码如下：

```
public final class Optional<T> extends Object
```

Optional 设计的初衷仅仅是支持能返回 Optional 对象的语法，即由于 Optional 类设计时就没有特别考虑将其作为类的字段使用，因此它并没有实现序列化（Serializable）接口。所以当应用使用了某些要求序列化的库或框架时，在域模型中使用 Optional 有可能出现问题。当然，用 Optional 声明域模型中的某些类型是不错的用法，尤其是需要遍历有可能全部或部分为空甚至可能不存在的对象时。如果一定要实现序列化的域模型，作为替代方案，可以提供一个能访问声明为 Optional、变量值可能缺失的接口。如以下代码：

```
public class Person{
    private Computer computer;
    public Optional<Computer> getCompAsOptional(){
        return Optional.ofNullable(computer);
    }
}
```

28.2　Optional 类中的方法

对 Optional 类中的方法进行分类，具体描述如表 28-1 所示。

表 28-1　Optional 类的方法及描述

方　　法	描　　述
static <T> Optional<T> empty()	返回一个空的 Optional 实例
Optional<T>filter(Predicate<?super <T> predicate)	如果值存在且满足提供的谓词（predicate），就返回包含该值的 Optional 对象，否则返回一个空的 Optional 对象
<U> Optional<U> flatMap(Function<? super T,Optional<U>> mapper)	如果值存在，就对该值执行提供的 mapping 函数调用，返回基于 Optional 包含的映射方法的值，否则返回一个空的 Optional 对象
T get()	如果值存在，就返回被 Optional 封装的值，否则抛出 NoSuchElementException 异常
void ifPresent(Consumer<? super T> consumer)	如果值存在，就执行使用该值的方法调用，否则什么都不做
boolean isPresent()	如果值存在，就返回 true，否则返回 false
<U>Optional<U> map(Function<? super T,? extends U> mapper)	如果值存在，则对其执行调用映射函数，得到返回值。如果返回值不为 null，就创建包含映射返回值的 Optional 作为 map 方法的返回值，否则返回空 Optional
static <T> Optional<T> of(T value)	将指定值用 Optional 封装之后返回，如果该值为 null，则抛出一个空指针异常
static <T> Optional<T> ofNullable(T value)	将指定值用 Optional 封装之后返回，如果该值为 null，则返回一个空的 Optional 对象
T orElse(T other)	如果值存在，就将其返回，否则返回一个默认值
TorElseGet(Supplier<?extendsT> other)	如果值存在，就将其返回，否则返回由指定的 Supplier 接口生成的值

<X extends Throwable> T orElseThrow (Supplier<? extends X>exceptionSupplier)	如果值存在，就将其返回，否则抛出由指定的 Supplier 接口生成的异常

续表

方　法	描　述
boolean equals(Object obj)	从 Object 类继承并重写，判断对象是否等于 Optional
int hashCode()	从 Object 类继承并重写，返回存在值的哈希码，如果值不存在则返回 0
String toString()	从 Object 类继承并重写，返回一个 Optional 的非空字符串，用来调试

28.3　创建 Optional 对象

创建 Optional 对象的方法有以下 3 种。

1. 声明一个空的 Optional

如第 28.1 节所述，可以通过静态工厂方法 Optional.empty()创建一个空的 Optional 对象。如以下代码：

```
Optional<Computer> optComputer=Optional.empty();
```

2. 依据一个非空值创建 Optional

可以使用静态工厂方法 Optional.of()，依据一个非空值创建 Optional 对象。如果传入的是空值，则该方法会抛出 NullPointerException 异常，而不会在引用对象属性时抛出空指针异常。如以下代码：

```
Optional<Computer> optComputer=Optional.of(computer);
```

3. 可接收 null 的 Optional

使用静态工厂方法 Optional.ofNullable，可以创建一个允许为空值的 Optional 对象。如果传入的是空值，则得到的 Optional 对象是一个空对象。如以下代码：

```
Optional<Computer> optComputer=Optional.ofNullable(computer);
```

28.4　获取 Optional 中的值

获取 Optional 中的值的方法有以下两种。

1. 使用 map 从 Optional 对象中提取和转换值

从对象中提取信息是一种常见的模式。在没有使用 Optional 时，需要先检查对象是否为 null，再调用获取方法。否则会报空指针异常。如以下代码：

```
String name="";
if(dog !=null){
    name=dog.getName();
}
```

如果使用 Optional 类，并使用其提供的 map 方法，则可以快速提取信息，并可避免空指针异常的检查。如以下代码：

```
Optional<Dog> optDog=Optional.ofNullable(dog);
Optional<String> name=optDog.map(Dog::getName);
```

2. 使用 flatMap 链接 Optional 对象

如果需要获取多级嵌套对象中最里层对象的属性，如获取班级中某个学生的学科成绩，在没有使用 Optional 时，需要多个 if 语句检查对象是否为空。如以下代码：

```
public String getScore(ClassObj class){
    if(class==null){
        return "obj null";
    }
    Student student=class.getStudent();
    if(student==null){
        return "obj null";
    }
    Course course=student.getCourse();
    if(course==null){
        return "obj null";
    }
    return course.getScore();
}
```

使用 Optional 类，并使用其提供的 flatMap 方法和 map 方法，可以用非常容易的方法实现上述效果，不再需要使用那么多的条件分支，也不会增加代码的复杂性。因此，在处理潜在可能缺失的值时，使用 Optional 具有明显的优势。如以下代码：

```
public String getScore(Optional<ClassObj> class){
    return class.flatMap(ClassObj::getStudent)
    .flatMap(Student::getCourse)
    .map(Course::getCourse)
    .orElse("obj null");
}
```

28.5　本章小结

本章介绍了 java.util.Optional<T>类的一些重要概念和方法，以及 Optional 类的多种创建方式和获取内容的方法。使用 Optional 类能设计出更好的 API，只需掌握本章内容并结合实例熟练操作，就能更好地运用该类及方法。

第 **29** 章
日期和时间 API

Java 8 通过发布更新的 Date-Time API 来进一步加强对日期和时间的处理，目标是克服旧的日期和时间 API 实现中所有的缺陷。API 是 JSR-310 规范的实现，受 Joda-Time 的影响，提供了更新的 java.time 包，可以用来替代 java.util.Date 类和 java.util.Calendar 类。一般会用到 LocalDate、LocalTime、LocalDateTime、ZonedDateTime、Duration、Period 等类。

29.1 更新的日期和时间 API 概述

Java 曾三次引入处理时间的 API，JDK1.0 版本对日期和时间的支持只能依赖 java.util.Date 类，这个类如类名所表达的，无法表示日期，只能以毫秒的精度表示时间，且其易用性很差。Date 类的大多数方法在 Java1.1 版本引入 java.util.Calendar 类之后被弃用。但是 Calendar 类也有类似的问题和设计缺陷。它的实例都是可变的，而且它的 API 很难使用，甚至月份从 0 开始；同时存在 Date 和 Calendar 两个类，容易造成混乱。Java 8 引入了 java.time API 之后纠正了之前的问题，且已经完全实现了 JSR-310 规范。

Java 8 之前，与日期、时间相关的类存在的诸多问题如下。

（1）Java 中的日期、时间类的定义并不一致，java.util 包和 java.sql 包中都有日期类，java.text 包中还有用于格式化和解析的 DateFormat 类。

（2）java.util.Date 类同时包含日期和时间，而 java.sql.Date 类仅包含日期，将其纳入 java.sql 包并不合理，且两个类有相同的名称，是不友好的设计。

（3）对于时间、时间戳、格式化及解析，并没有一些明确定义的类。对于格式化和解析的需求，有 java.text.DateFormat 抽象类，通常情况下可用 SimpleDateFormat 类。

（4）java.util.Date 类是非线程安全的，所有的日期类都是可变的，这也是 Java 日期类最大的问题之一。

（5）日期类并不支持国际化，不支持时区，因此后来引入了 java.util.Calendar 类和 java.util.TimeZone 类，但同样存在上述所有的问题。

（6）日期和时间类中定义的方法还存在一些其他的问题，所有这些问题会导致开发人员转投第三方的日期和时间库，如 Joda-Time 等。所以 Oracle 公司决定在原生的 Java API 中提供高质量的日期和时间支持类，新的 API 也整合了很多如 Joda-Time 等工具的特性。

Java 8 更新的日期和时间工具都在 java.time 包及其子包中，time 包中的类是不可变且线程安全的。包涵盖了所有处理日期、时间、日期和时间、时区、时刻、过程与时钟的操作。API 包含的包与对应描述如表 29-1 所示。

表 29-1　API 包含的包与对应描述

包	描　　述
java.time 包	更新的 Java 日期和时间 API 的基础包，所有的基础类都是这个包的一部分，如 LocalDate、LocalTime、LocalDateTime、Instant、Period、Duration 等。所有这些类都是不可变的和线程安全的，在绝大多数情况下，这些类能够有效地处理一些公共的需求
java.time.chrono 包	为非 ISO 的日历系统定义了一些泛化的 API，可以通过扩展 AbstractChronology 类来创建自己的日历系统
java.time.format 包	包含能够格式化与解析日期和时间对象的类，绝大多数情况下，不应该直接使用它们，因为 java.time 包中相应的类已经提供了格式化与解析的方法
java.time.temporal 包	包含一些时态对象，可以用其找出关于日期和时间对象的某个特定日期或时间，比如，可以找到某月的第一天或最后一天。命名格式为 "withXxx"，因此可以非常容易地认出这些方法
java.time.zone 包	包含支持不同时区及相关规则的类

API 的一些设计原则如下。

（1）不变性：更新的 API 中，所有的类都是不可变的，这种设计有利于并发编程。

（2）关注点分离：更新的 API 将可读的日期和时间与机器时间明确分离，为日期、时间、日期和时间、时间戳及时区定义了不同的类。

（3）清晰：在所有的类中，方法都被明确定义。例如，要拿到当前实例可以使用 now() 方法，在所有的类中都定义了 format() 和 parse() 方法，而不是像以前那样专门有一个独立的类。同时，为了更好地处理问题，所有的类都使用了工厂模式和策略模式，一旦使用了其中某个类的方法，与其他类协同工作就会更加容易。

（4）实用操作：所有更新的日期和时间 API 类都实现了一系列方法用以完成通用的任务，如加、减、格式化、解析、从日期和时间中提取单独部分等操作。

（5）可扩展性：更新的日期和时间 API 是工作在 ISO-8601 日历系统上的，但也可以将其应用在非 ISO 的日历系统上。

一般机器时间用从 1970-01-01 00:00 到现在的秒数来表示时间，时间大致可以分为三个部分：日期、时间、时区。其中，日期可分为年、月、日，时间可分为时、分、秒。几乎所有的时间对象都实现了 Temporal 接口，所以接口参数一般都是 Temporal。以下为两类比较重要的 API。

（1）Local（本地）：简化了日期和时间的处理，没有时区的问题。

（2）Zoned（时区）：通过制定的时区处理日期和时间。

还可再细分为如表 29-2 所示的部分关键类包。

表 29-2　日期和时间部分关键类包与描述

包	描　　述
LocalDate	不包含具体时间的日期，如 2020-11-11
LocalTime	不包含日期的时间，如 20:15:40
LocalDateTime	包含日期及时间，没有偏移信息或时区

续表

包	描 述
Instant	时间戳，即时间线上的一个点（瞬时），参考点是标准的 Java 纪元，即 1970-01-01 00:00:00（1970 年 1 月 1 日 00:00:00 GMT）
Period	用于计算日期间隔
Duration	用于计算时间间隔
ZoneId	时区
ZonedDateTime	包含时区的完整日期和时间，偏移量以协调世界时（UTC）/格林尼治标准时（GMT）时间为基准
DateTimeFormatter	用于日期和时间的格式化

29.2 本地化日期和时间 API

java.time 包中提供了 LocalDate、LocalTime、LocalDateTime、Instant、Duration 和 Period 类来支持创建简单的日期和时间间隔。LocalDate、LocalTime 和 LocalDateTime 类可以处理时区不必需的情况。

1. LocalDate

开始使用更新的日期和时间 API 时，最先碰到的可能是 LocalDate 类。LocalDate 类是一个不可变的类，该类的实例是一个不可变的对象，它只提供了简单的日期，并不含当天的时间信息，也不附带任何与时区相关的信息。它表示默认格式（yyyy-MM-dd）的日期。获取 LocalDate 实例可以通过以下几种方式。

（1）使用工厂方法 now()，从系统时钟中获取当前日期。代码如下：

```
LocalDate localDate=LocalDate.now();
System.out.println("Current LocalDate="+localDate);
```

（2）提供输入年份、月份和日期的输入参数，通过静态工厂方法 of(year, month, day)来创建一个 LocalDate 实例。代码如下：

```
LocalDate firstDay_2020=LocalDate.of(2020, Month.JANUARY, 1);
System.out.println("Specific LocalDate="+firstDay_2020);
```

（3）使用静态方法 parse，通过解析代表它们的字符串创建对象。还可以传递一个 DateTimeFormatter 指定格式来格式化一个日期对象，方法可能抛出继承自 RuntimeException 的 DateTimeParseException 异常。代码如下：

```
LocalDate localDate=LocalDate.parse( " 2020-11-15 " );
System.out.println("LocalDate="+localDate);
```

（4）为 now()方法提供重载方法，可以传入 ZoneId 类获得指定时区的日期。代码如下：

```
LocalDate todayKolkata=LocalDate.now(ZoneId.of("Asia/Kolkata"));
System.out.println("Current LocalDate in IST="+todayKolkata);
```

（5）传入一个数值 N，获取格林尼治标准时（1970-01-01）之后第 N 日的日期。代码如下：

```
LocalDate dateFromBase=LocalDate.ofEpochDay(365);
// 1971-01-01
System.out.println("365th day from base date="+dateFromBase);
```

（6）传入年份和一个数值 N，获取当年第 N 日的日期对象。代码如下：

```
LocalDate hundredDay2020=LocalDate.ofYearDay(2020, 100);
// 2020-04-10
System.out.println("100th day of 2020="+hundredDay2020);
```

LocalDate 类提供与 java.sql.Date 类相同的功能。LocalDate 实例提供了多种方法来读取常用的值，如年份、月份、星期等。如以下代码：

```
LocalDate date=LocalDate.of(2020, 11, 25);
int year=date.getYear(); //2020
Month month=date.getMonth(); //November
int day=date.getDayOfMonth(); //25
DayOfWeek dow=date.getDayOfWeek(); //Wednesday
int len=date.lengthOfMonth(); //30（月份中的天数）
Boolean leap=date.isLeapYear(); //true（判断是不是闰年）
```

也可以通过传递一个 TemporalField 参数给 get 方法读取到同样的信息。TemporalField 是一个接口，它定义了如何访问 temporal 对象某个字段的值。ChronoField 枚举实现了这一接口，因此可以很方便地使用 get 方法得到枚举元素的值。如以下代码：

```
LocalDate date=LocalDate.of(2020, 11, 25);
int year=date.get(ChronoField.YEAR);
int month=date(ChronoField.MONTH_OF_YEAR);
int day=date(ChronoField.DAY_OF_MONTH);
```

2. LocalTime

同样，一天中的时间，如 12:20:42，也可以用 LocalTime 类表示。LocalTime 是一个不可变的类，它的实例代表一个常规可读格式的时间，默认格式为 hh:mm:ss.zzz。与 LocalDate 类一样，该类也提供了时区支持，也可以传入小时、分钟和秒等输入参数创建实例。获取 LocalTime 实例可以通过以下几种方式。

（1）使用工厂方法 now()，从系统时钟中获取当前时间。代码如下：

```
LocalTime time=LocalTime.now();
System.out.println("Current LocalTime="+time);
```

（2）使用 of 重载的多个工厂方法，一个接收小时和分钟，另一个接收小时、分钟和秒数，还有可以接收小时、分钟、秒数和毫秒数 4 个参数的方法。代码如下：

```
LocalTime time=LocalTime.of(13, 22);
LocalTime time=LocalTime.of(13, 22, 35);
LocalTime time=LocalTime.of(13, 22, 35, 40);
System.out.println("Specific LocalTime="+time);
```

（3）使用静态方法 parse，通过解析代表它们的字符串创建对象。还可以传递一个
DateTimeFormatter 指定格式来格式化一个时间对象，方法可能抛出继承自 RuntimeException
的 DateTimeParseException 异常。代码如下：

```
LocalTime time=LocalTime.parse("14:42:24");
System.out.println("LocalTime="+time);
```

（4）为 now()方法提供重载方法，可以传入 ZoneId 类获得指定时区的时间。代码如下：

```
LocalTime timeKolkata=LocalTime.now(ZoneId.of("Asia/Kolkata"));
System.out.println("Current Time in IST="+timeKolkata);
```

（5）传入一个数值 N，获取从格林尼治标准时（1970-01-01）开始之后第 N 秒的时间。
代码如下：

```
LocalTime specificSecondTime=LocalTime.ofSecondOfDay(10000);
//1970-01-01 02:46:40
System.out.println("10000th second time="+specificSecondTime);
```

LocalTime 类也提供了 getXxx 方法访问这些变量的值。代码如下：

```
int hour=time.getHour();
int minute=time.getMinute();
int second=time.getSecond();
```

3. LocalDateTime

LocalDateTime 是一个不可变的日期和时间对象，它表示一组日期和时间，即 LocalDate
和 LocalTime 的合体，但不带有时区信息。默认格式是 yyyy-MM-dd-HH-mm-ss.zzz。可以直
接创建对象，也可以通过合并日期和时间对象构造。获取 LocalDateTime 实例可以通过以下
几种方式。

（1）使用工厂方法 now()，从系统时钟中获取当前日期和时间。代码如下：

```
LocalDateTime today=LocalDateTime.now();
today=LocalDateTime.of(LocalDate.now(), LocalTime.now());
System.out.println("Current DateTime="+today);
```

（2）使用 of 方法，传入日期和时间数值创建对象。代码如下：

```
LocalDateTime specificDate=LocalDateTime.of(2020, Month.JANUARY, 1, 10, 10, 30);
System.out.println("Specific Date="+specificDate);
```

（3）通过传入 ZoneId 得到日期和时间数据。代码如下：

```
LocalDateTime todayKolkata=LocalDateTime.now(ZoneId.of("Asia/Kolkata"));
System.out.println("Current Date in IST="+todayKolkata);
```

（4）传入一个数值 N，获取从格林尼治标准时（1970-01-01）开始之后第 N 秒的日期
和时间。代码如下：

```
LocalDateTime dateFromBase=LocalDateTime.ofEpochSecond(10000, 0, ZoneOffset.UTC);
System.out.println("10000th second time from 01/01/1970="+dateFromBase);
```

（5）通过 LocalDate 的 atTime(time)方法或 LocalTime 的 atDate(date)方法，向 LocalDate 传递一个日期对象或者一个时间对象，同样可以创建一个 LocalDateTime 对象。也可以使用 toLocalDate 或 toLocalTime 方法，从 LocalDateTime 中提取 LocalDate 或 LocalTime 对象。代码如下：

```
//date为LocalDate对象，time为LocalTime对象
LocalDateTime dt1=date.atTime(time);
LocalDateTime dt2=time.atDate(date);
//反向获取日期和时间对象
LocalDate date=dt1.toLocalDate();
LocalTime time=dt1.toLocalTime();
```

4. Instant

人们习惯的星期几、几号、几点、几分的描述方式，对计算机来说并不容易理解。从计算机的角度来看，建模时间较自然的格式是表示一个持续时间段上某个点的单一大整数。这也是更新的 java.time.Instant 类对时间建模的方式，即 Instant 类是用在机器可读的时间格式上的，它以 UNIX 时间戳的形式存储日期和时间，基本上以 UNIX 元年时间（UTC 时区 1970 年 1 月 1 日零点）开始所经历的秒数进行计算。所以通常说的时间戳指的是秒数，而不是毫秒数，这一点容易搞错，一定要特别注意。获取 Instant 实例可以通过以下几种方式。

（1）使用工厂方法 now()，从系统时钟中获取当前日期和时间。代码如下：

```
Instant timestamp=Instant.now();
System.out.println("Current Timestamp="+timestamp);
```

（2）通过静态工厂方法 ofEpochMilli 创建实例。代码如下：

```
Instant specificTime=Instant.ofEpochMilli(timestamp.toEpochMilli());
System.out.println("Specific Time="+specificTime);
```

（3）通过静态工厂方法 ofEpochSecond 创建实例，该方法提供传递秒数或秒数和纳秒（1 秒=10^9 纳秒，可通过传递正、负值来表示之前和之后）的重载方法：

```
Instant specificTime1=Instant.ofEpochSecond(3);
Instant specificTime2=Instant.ofEpochSecond(3, 1_000_000_000);
Instant specificTime2=Instant.ofEpochSecond(3,-1_000_000_000);
System.out.println("Specific Time="+specificTime);
```

Instant 的设计初衷是为了方便机器使用，它包含的是由秒及纳秒所构成的数字。因此，它无法处理那些非常容易理解的时间单位，如使用以下代码会抛出异常。通常可以通过 Duration 和 Period 类使用 Instant，后面会详细介绍。

```
int day=Instant.now().get(ChronoField.DAY_OF_MONTH);
//抛出异常
java.time.temporal.UnsupportedTemporalType.Exception: Unsupported field:
DayOfMonth
```

5. Duration

Duration 类主要用于以秒和纳秒衡量时间的长短，通过 Duration 可以获取两个 Temporal 对象之间的持续时间。Duration 类提供了 between 静态方法，可以创建两个 LocalTime 对象、两个 LocalDateTime 或两个 Instant 对象的持续时间。但是不能在 LocalDateTime 和 Instant 两类对象之间创建 duration，否则会抛出 DateTimeException 异常。代码如下：

```
Duration d1=Duration.between(time1, time2);
Duration d2=Duration.between(dateTime1, dateTime2);
Duration d3=Duration.between(instant1, instant2);
```

Duration 类提供静态 of(long amount, TemporalUnit unit)方法来创建对象。代码如下：

```
Duration threeMinutes=Duration.of(3, ChronoUnit.MINUTES);
```

Duration 类还提供了一系列 ofXxx 方法，如 ofDays(long days)、ofHours(long hours)、ofMinutes(long minutes)、ofSeconds(long seconds)、ofMillis(long millis)、ofNanos(long nanos) 等。代码如下：

```
Duration thirtyDay=Duration.ofDays(30);
System.out.println(thirtyDay); // PT720H
```

6. Period

Duration 类主要用于以秒和纳秒衡量时间的长短，因此不能仅向 between 方法传递一个 LocalDate 对象参数。如果需要以年、月、日的方式对多个时间单位建模，可以使用 Period 类。类中提供静态工厂方法 between，可以得到两个 LocalDate 之间的时长。代码如下：

```
Period period=Period.between(LocalDate.of(2020,11, 18),LocalDate.of(2020,11, 28)); // P10D
```

Period 类提供了一系列 ofXxx 方法，如 ofYears(int years)、ofMonths(int months)、ofWeeks (int weeks)、ofDays(int days)、of(int years, int months, int days)等。代码如下：

```
Period period1=Period.ofDays(10); //P10D
Period period2=Period.ofWeeks(3); //P21D
Period period3=Period.of(2, 6, 1); //P2Y6M1D
```

Duration 类和 Period 类共享了很多相似的表示时间间隔的通用方法，如表 29-3 所示。

表 29-3　表示时间间隔的方法

方法名	静态方法	描述
between	是	创建两个时间点之间的 interval
from	是	由一个临时时间点创建 interval
of	是	由它的组成部分创建 interval 的实例
parse	是	由字符串创建 interval 的实例
addTo	否	创建该 interval 的副本，并将其叠加到某个指定的 temporal 对象
get	否	读取该 interval 的状态
isNegative	否	检查该 interval 是否为负值，不包含零
isZero	否	检查该 interval 的时长是否为零

续表

方 法 名	静 态 方 法	描　　述
minus	否	通过减去一定的时间创建该 interval 的副本
multipliedBy	否	将 interval 的值乘以某个标量创建该 interval 的副本
negated	否	以忽略某个时长的方式创建该 interval 的副本
plus	否	以增加某个指定的时长的方式创建该 interval 的副本
subtractFrom	否	从指定的 temporal 对象中减去该 interval

29.3　使用时区的日期和时间 API

1. 处理不同时区和日历系统

如果需要考虑到时区，就可以使用时区的日期和时间 API，时区的处理是 Java 8 及以后版本日期和时间 API 增加的重要功能。java.time.ZoneId 类是 java.util.TimeZone 类的替代品，它提供了获取所有时区和本地时区的方法，设计目标是让开发者无须为时区处理而操心，简化对时区的处理。与其他日期和时间类一样，ZoneId 也是无法修改的。可以使用静态方法 systemDefault()获取当前默认的 ZoneId。如以下代码：

```
ZoneId zoneId=ZoneId.systemDefault(); //Asia/Shanghai
```

时区是按照一定的规则将区域划分成的标准时间相同的区间。ZoneId 类中包含了 40 个这样的实例。可以简单地通过 ZoneId 的 getRules()得到指定时区的规则。每个特定的 ZoneId 对象都有一个地区 ID 标志。如以下代码：

```
ZoneId zoneId=ZoneId.of("Asia/Shanghai");
```

地区 ID 的格式为 "{区域}/{城市}"，这些地区的设定由因特网编号分配机构（IANA）的时区数据库提供。可以通过 ZoneId 的静态方法 getAvailableZoneIds()获取可支持的时区数据。如以下代码：

```
Set<String> availableZoneIds=ZoneId.getAvailableZoneIds();
availableZoneIds.forEach(System.out::println);
```

运行结果（部分）如图 29-1 所示。

可以通过 Java 8 及以后版本提供的 toZoneId 方法将一个老的时区对象转换为 ZoneId。如以下代码：

```
ZoneId zoneId=TimeZone.getDefault().toZoneId(); //Asia/Shanghai
```

得到 ZoneId 对象之后，可以将它与 LocalDate、LocalDateTime 或 Instant 对象整合起来，构造一个 ZonedDateTime 实例，表示相对于指定时区的时间点。为时间点添加时区信息，代码如下：

```
Asia/Kuching
Pacific/Honolulu
Pacific/Rarotonga
America/Guatemala
Australia/Hobart
Europe/London
America/Belize
America/Panama
Asia/Chungking
America/Managua
America/Indiana/Petersburg
Asia/Yerevan
Europe/Brussels
GMT
Europe/Warsaw
America/Chicago
Asia/Kashgar
Chile/Continental
Pacific/Yap
CET
Etc/GMT-1
Etc/GMT-0
Europe/Jersey
```

图 29-1　运行结果

```
ZoneId zoneId=ZoneId.systemDefault();

LocalDate date=LocalDate.of(2020, Month.NOVEMBER, 18);
ZonedDateTime zdt1=date.atStartOfDay(zoneId);
//结果：zdt1=2020-11-18T00:00+08:00[Asia/Shanghai]

LocalDateTime dateTime=LocalDateTime.of(2020, Month.NOVEMBER, 18, 13, 15);
ZonedDateTime zdt2=dateTime.atZone(zoneId);
//结果：zdt2=2020-11-18T13:15+08:00[Asia/Shanghai]

Instant instant=Instant.now();
ZonedDateTime zdt3=instant.atZone(zoneId);
//结果：zdt3=2020-12-18T12:51:37.333+08:00[Asia/Shanghai]
```

通过 ZoneId，可以将 LocalDateTime 转换为 Instant。如以下代码：

```
LocalDateTime dateTime=LocalDateTime.of(2020, Month.NOVEMBER, 18, 13, 15);
ZoneOffset zf=ZoneOffset.ofTotalSeconds(0); //ZoneOffset extends ZoneId
Instant instant=dateTime.toInstant(zf);
```

也可以反向通过 Instant 得到 LocalDateTime。如以下代码：

```
Instant instant=Instant.now();
ZoneId zoneId=ZoneId.systemDefault();
LocalDateTime dateTime=LocalDateTime.ofInstant(instant, zoneId);
```

ZonedDateTime 的组成部分可通过图 29-2 加强理解。

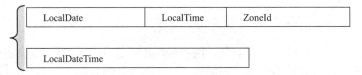

图 29-2　ZonedDateTime 的组成部分

2. 利用和 UTC/GMT 时间的固定偏差计算时区

有时候，会通过诸如"东京比北京早 1 小时""纽约晚于伦敦 5 小时"等表达方式来描述时间。利用当前时区和 UTC/GMT 时间的固定偏差描述时间，也是表达时区的一种常用方式。此时，可以使用 ZoneOffset 类，它是 ZoneId 的一个子类，表示的是当前时间和格林尼治标准时的差异，创建代码如下：

```
ZoneOffset newYorkOffset=ZoneOffset.of("-05:00");
```

其中，"-05:00"的偏差实际上对应的是美国东部标准时间。这里要注意，使用这种方式定义的 ZoneOffset 类并未考虑任何夏令时的影响，因此大多数情况下是不推荐使用的。因为 ZoneOffset 类继承了 ZoneId 类，所以还是推荐使用 ZoneId 类的实现方式。

还可以创建 OffsetDateTime 类，它使用 ISO-8601 日历系统（ISO-8601 日历系统是世界文明日历系统的事实标准），以相对于 UTC/GMT 时间的偏差方式表示日期和时间。如以下代码：

```
ZoneOffset newYorkOffset=ZoneOffset.of("-05:00");
LocalDateTime dateTime=LocalDateTime.of(2020, Month.NOVEMBER, 18, 13, 45);
OffsetDateTime dateTimeInNewYork=OffsetDateTime.of(dateTime, newYorkOffset);
//2020-11-18 13:45-05:00
```

3. 使用别的日历系统

Java 8 及以后版本的日期和时间 API 还提供了对非 ISO 日历系统（non-ISO calendaring）的支持。API 提供了几种其他的日历系统，这些日历系统中的每个都有一个对应的日志类。

- ThaiBuddhistDate：泰国日历。
- JapaneseDate：日本日历。
- HijrahDate：伊斯兰教日历，很复杂。

这些类都实现了 ChronoLocalDate 接口，能够对公历的日期进行建模。利用 LocalDate 对象，可以创建这些类的实例。使用它们提供的静态工厂方法，可以创建任何一个 Temporal 对象的实例。如以下代码：

```
LocalDate date=LocalDate.of(2020, Month.NOVEMBER, 18);
JapaneseDate japaneseDate=JapaneseDate.from(date);
//结果：japaneseDate=Japanese Heisei 32-11-18
```

还可以为某个 Locale 显式创建日历系统，接着创建该 Locale 对应的日期的实例。Chronology 接口建模了一个日历系统，使用它的静态工厂方法 ofLocale 可以得到一个实例。如以下代码：

```
Chronology japaneseChronology=Chronology.ofLocale(Locale.JAPAN);
ChronoLocalDate now=JapaneseChronology.dateNow(); //2020-11-18
```

日期和时间 API 的设计者建议使用 LocalDate，尽量避免使用 ChronoLocalDate。因为开发者在代码中可能会做一些假设，而这些假设在不同的日历系统中有可能不成立。比如，可能有人假设一年包括 12 个月，1 个月不超过 31 天，或者假设一年中包含的月份数是固定的。因此，建议在应用开发过程中使用 LocalDate，包括存储、操作、业务规则的解读。不过，如果是将程序的输入或输出本地化，则应该使用 ChronoLocalDate 类。

29.4 操纵、解析和格式化日期

LocalDate、LocalTime、LocalDateTime 及 Instant 这样表示时间点的日期和时间类提供了大量通用的方法。部分常用方法如表 29-4 所示。

表 29-4　表示时间点的日期和时间类提供的部分通用方法

方 法 名	静 态 方 法	描　　　　　述
from	是	依据传入的 Temporal 对象创建对象实例
now	是	依据系统时钟创建 Temporal 对象
of	是	由 Temporal 对象的某个部分创建该对象的实例
parse	是	由字符串创建 Temporal 对象的实例

续表

方法名	静态方法	描述
atOffset	否	将 Temporal 对象和某个时区偏移相结合
atZone	否	将 Temporal 对象和某个时区相结合
format	否	使用某个指定的格式器将 Temporal 对象转换为字符串（Instant 类不提供此方法）
get	否	读取 Temporal 对象的某一部分值
minus	否	创建 Temporal 对象的一个副本，通过将当前 Temporal 对象的值减去一定的时长创建该副本
plus	否	创建 Temporal 对象的一个副本，通过将当前 Temporal 对象的值加上一定的时长创建该副本
with	否	以该 Temporal 对象为模板，对某些状态进行修改，创建该对象的副本

1. 以比较直观的方式操纵日期

如果要修改一个 LocalDate 对象，可以使用 withXxx 方法，如 withYear(int year)、withMonth(int month)、withDayOfMonth(int dayOfMonth)、withDayOfYear(int dayOfYear)等。方法会创建对象的一个副本，并按照需要修改它的属性，但是并不会修改原来的对象。

采用更通用的 with 方法能达到同样的目的。所有的日期和时间 API 都实现了此方法。方法源代码如图 29-3 所示。

```java
@Override
public LocalDate with(TemporalField field, long newValue) {
    if (field instanceof ChronoField) {
        ChronoField f = (ChronoField) field;
        f.checkValidValue(newValue);
        switch (f) {
            case DAY_OF_WEEK: return plusDays(newValue - getDayOfWeek().getValue());
            case ALIGNED_DAY_OF_WEEK_IN_MONTH: return plusDays(newValue - getLong(ALIGNED_DAY_OF_WEEK_IN_MONTH));
            case ALIGNED_DAY_OF_WEEK_IN_YEAR: return plusDays(newValue - getLong(ALIGNED_DAY_OF_WEEK_IN_YEAR));
            case DAY_OF_MONTH: return withDayOfMonth((int) newValue);
            case DAY_OF_YEAR: return withDayOfYear((int) newValue);
            case EPOCH_DAY: return LocalDate.ofEpochDay(newValue);
            case ALIGNED_WEEK_OF_MONTH: return plusWeeks(newValue - getLong(ALIGNED_WEEK_OF_MONTH));
            case ALIGNED_WEEK_OF_YEAR: return plusWeeks(newValue - getLong(ALIGNED_WEEK_OF_YEAR));
            case MONTH_OF_YEAR: return withMonth((int) newValue);
            case PROLEPTIC_MONTH: return plusMonths(newValue - getProlepticMonth());
            case YEAR_OF_ERA: return withYear((int) (year >= 1 ? newValue : 1 - newValue));
            case YEAR: return withYear((int) newValue);
            case ERA: return (getLong(ERA) == newValue ? this : withYear(1 - year));
        }
        throw new UnsupportedTemporalTypeException("Unsupported field: " + field);
    }
    return field.adjustInto(this, newValue);
}
```

图 29-3   通用的 with 方法源代码

如以下代码：

```
LocalDate date1=LocalDate.of(2020, 11, 16); //2020-11-16
LocalDate date2=date1.withYear(2019); //2019-11-16
LocalDate date3=date2.withDayOfMonth(25); //2019-11-25
LocalDate date4=date3.with(ChronoField.MONTH_OF_YEAR, 5); //2019-05-25
```

2. 以相对方式修改日期

API 中提供了一系列方法实现通过加减年月日来修改日期属性。这样可以方便地将 Temporal 对象前溯或回滚到某个时间段。常用方法如下：

- plus(TemporalAmount amountToAdd);
- plus(long amountToAdd, TemporalUnit unit);

- plusYears(long yearsToAdd);
- plusMonths(long monthsToAdd);
- plusWeeks(long weeksToAdd);
- plusDays(long daysToAdd);
- minus(TemporalAmount amountToSubtract);
- minus(long amountToSubtract,TemporalUnit unit);
- minusYears(long yearsToSubtract);
- minusMonths(long monthsToSubtract);
- minusWeeks(long weeksToSubtract);
- minusDays(long daysToSubtract)。

如以下代码:

```
LocalDate date1=LocalDate.of(2020, 11, 16); //2020-11-16
LocalDate date2=date1.plusWeeks(1); //加1周, 2020-11-23
LocalDate date3=date2.minusYears(3); //减3年, 2017-11-23
LocalDate date4=date3.plus(6, ChronoUnit.MONTHS); //加6个月, 2018-05-23
```

3. 使用 TemporalAdjuster 类操纵日期

有时候需要进行一些更加复杂的操作, 比如将日期调整到下个周日、下个工作日或本月的最后一天等。此时可以使用重载版本的 with 方法, 向其传递一个有更多定制化选择的 TemporalAdjuster 对象, 以便更加灵活地处理日期。对于常见的用例, 日期和时间 API 已经提供了大量预定义的 TemporalAdjuster 类, 可以通过 TemporalAdjuster 类的静态工厂方法访问, 如以下代码:

```
import static java.time.temporal.TemporalAdjusters.*;
LocalDate date1=LocalDate.of(2020, 11, 16); //2020-11-16
LocalDate date2=date1.with(nextOrSame(DayOfWeek.SUNDAY)); //下个周日, 2020-11-22
LocalDate date3=date2.with(lastDayOfMonth()); //本月最后一天, 2020-11-30
```

TemporalAdjuster 类中的工厂方法如表 29-5 所示。

表 29-5　TemporalAdjuster 类中的工厂方法

方 法 名	描 述
dayOfWeekInMonth	创建一个新的日期, 它的值为同一个月中每一周的第几天
firstDayOfMonth	创建一个新的日期, 它的值为当月的第一天
firstDayOfNextMonth	创建一个新的日期, 它的值为下个月的第一天
firstDayOfNextYear	创建一个新的日期, 它的值为明年的第一天
firstDayOfYear	创建一个新的日期, 它的值为当年的第一天
firstInMonth	创建一个新的日期, 它的值为同一个月中第一个符合星期几要求的值
lastDayOfMonth	创建一个新的日期, 它的值为当月的最后一天
lastDayOfNextMonth	创建一个新的日期, 它的值为下个月的最后一天
lastDayOfNextYear	创建一个新的日期, 它的值为明年的最后一天
lastDayOfYear	创建一个新的日期, 它的值为今年的最后一天

方 法 名	描　　述
lastInMonth	创建一个新的日期，它的值为同一个月中最后一个符合星期几要求的值
next/previous	创建一个新的日期，并将其值设定为日期调整后或调整前，第一个符合指定星期几要求的日期
nextOrSame/previousOrSame	创建一个新的日期，并将其值设定为日期调整后或调整前，第一个符合指定星期几要求的日期，如果该日期已经符合要求，直接返回该对象

上述方法的名称非常直观，基本可以见名知意。如果没有找到符合要求的预定义方法，则可以自行创建。实际上，TemporalAdjuster 接口只声明了单一的一个方法，它是一个函数式接口。如以下代码：

```
@FunctionalInterface
public interface TemporalAdjuster{
    Temporal adjustInto(Temporal temporal);
}
```

TemporalAdjuster 接口的实现需要定义如何将一个 Temporal 对象转换为另一个 Temporal 对象。例如，实现一个定制的 TemporalAdjuster 接口，能够计算明天的日期，同时过滤掉周六和周日这些节假日。如果当天的日期介于周一与周五之间，日期向后移动一天，如果当天是周六或周日，则返回下一个周一。如以下代码：

```
public class NextWorkingDay implements TemporalAdjuster{
    @Override
    public Temporal adjustInfo(){
        //读取当前日期
        DayOfWeek dow=DayOfWeek.of(temporal.get(ChronoField.DAY_OF_WEEK));
        int dayToAdd=1; //正常情况加1
        if(dow==DayOfWeek.FRIDAY)    dayToAdd=3; //周五加3天
        else if(dow==DayOfWeek.SATURDAY)    dayToAdd=2; //周六加2天
        return temporal.plus(dayToAdd, ChronoUnit.DAYS); //返回修改的日期
    }
}
```

由于 TemporalAdjuster 是一个函数式接口，只能以 Lambda 表达式的方式向该 Adjuster 接口传递行为。如以下代码：

```
date=date.with(temporal -> {
    DayOfWeek dow=DayOfWeek.of(temporal.get(ChronoField.DAY_OF_WEEK))
});
int dayToAdd=1; //正常情况加1
if(dow==DayOfWeek.FRIDAY)    dayToAdd=3; //周五加3天
else if(dow==DayOfWeek.SATURDAY)    dayToAdd=2; //周六加2天
return temporal.plus(dayToAdd, ChronoUnit.DAYS); //返回修改的日期
```

因此，如果希望在代码的多个地方使用同样的方式去操纵日期，可以将实现逻辑封装到一个类中，长期积累，方便后期或团队开发的代码复用。如果想用 Lambda 表达式定义

TemporalAdjuster 对象，推荐使用 TemporalAdjusters 类的静态工厂方法 ofDateAdjuster，接收一个 UnaryOperator<LocalDate>类型的参数。如以下代码：

```
TemporalAdjuster nextWorkingDay=TemporalAdjusters.ofDateAdjuster(Temporal -> {
  //读取当前日期
  DayOfWeek dow=DayOfWeek.of(temporal.get(ChronoField.DAY_OF_WEEK));
  int dayToAdd=1; //正常情况加1
  if(dow==DayOfWeek.FRIDAY)dayToAdd=3; //周五加3天
  else if(dow==DayOfWeek.SATURDAY) dayToAdd=2; //周六加2天
  return temporal.plus(dayToAdd, ChronoUnit.DAYS); //返回修改的日期
});
```

4. 格式化、解析日期和时间对象

将一个日期格式转换为不同的格式，之后再解析一个字符串，得到日期和时间对象，是处理日期和时间对象时的一个常用的重要功能。Java 8 及以后版本提供了 java.time.format 包实现该功能。包中最重要的类是 DateTimeFormatter，可以通过类的静态方法和常量来创建格式器。像 BASIC_ISO_DATE 和 ISO_LOCAL_DATE 这样的常量是 DateTimeFormatter 类的预定义实例。所有的 DateTimeFormatter 实例都能以一定的格式创建代表特定日期或时间的字符串。如以下代码中，通过两个不同的格式器生成字符串：

```
LocalDate date=LocalDate.of(2020, 11, 18);
String s1=date.format(DateTimeFormatter.BASIC_ISO_DATE); //20201118
String s2=date.format(DateTimeFormatter.ISO_LOCAL_DATE); //2020-11-18
```

也可以通过解析代表日期或时间的字符串重新创建该日期对象。所有日期和时间的 API 都提供了表示时间点或时间段的工厂方法 parse。如以下代码：

```
LocalDate date1=LocalDate.parse("20201118", DateTimeFormatter.BASIC_ISO_DATE);
LocalDate date2=LocalDate.parse("2020-11-18", DateTimeFormatter.ISO_LOCAL_DATE);
```

与之前的 java.util.DateFormat 类相比较，所有的 DateTimeFormatter 实例都是线程安全的。因此，可以以单例模式创建格式器实例，并能在多个线程间共享这些实例。

DateTimeFormatter 类还提供一个静态工厂方法 ofPattern，可以按照某个特定的模式创建格式器。如以下代码：

```
//指定格式器
DateTimeFormatter formatter=DateTimeFormatter.ofPattern("dd/MM/yyyy");
LocalDate date1=LocalDate.of(2020, 11, 18);
//LocalDate的formate方法使用指定的模式生成一个代表该日期的字符串
String formattedDate=date1.format(formatter); //18/11/2020
//静态parse方法使用同样的格式器解析生成的字符串，并重建日期对象
LocalDate date2=LocalDate.parse(formattedDate, formatter); //2020-11-18
```

ofPattern 方法还提供了一个重载的版本，可以用来创建某个 Locale 的格式器。如以下代码：

```
DateTimeFormatter italianFormatter=DateTimeFormatter.ofPattern("d. MMMM yyyy",Locale.ITALIAN);
LocalDate date1=LocalDate.of(2020, 11, 18);
String formattedDate=date1.format(italianFormatter); //18. november 2020
```

```
LocalDate date2=LocalDate.parse(formattedDate, italianFormatters);
```

如果需要更加细粒度的控制，DateTimeFormatterBuilder 类还提供了更复杂的格式器，可以选择合适的方法，进一步构造所需要的格式器。此外，该类还提供了强大的解析功能，比如区分大小写的解析、柔性解析（允许解析器使用启发式的机制去解析输入，不精确地匹配指定的模式）、填充，以及在格式器中指定可选字段。例如，以下代码的效果同上一段代码，且字符串转为小写：

```
DateTimeFormatter italianFormatter=new DateTimeFormatterBuilder()
.appendText(ChronoField.DAY_OF_MONTH)
.appendLiteral(". ")
.appendText(ChronoField.MONTH_OF_YEAR)
.appendLiteral(" ")
.appendText(ChronoField.YEAR)
.parseCaseInsensitive()
.toFormatter(Locale.ITALIAN); //18. november 2020
```

29.5 本章小结

本章介绍了更新的日期和时间 API 的一些关键概念和方法，本地化的日期和时间 API、使用时区的日期和时间 API，还介绍了操纵、解析和格式化的相关方法并举例说明。更新的日期和时间 API 能胜任大多数与日期和时间相关的开发任务。

第 **30** 章

第六部分自我测试

一、简答题

1. 什么是 Java 8 的函数编程？
2. 简述 Java 8 使用并行流如何实现。
3. 泛型是什么意思？有什么作用？
4. 简述 Java 8 中方法引用的使用方式。
5. 请列举出几个创建 Stream 的方法。
6. 简述 Optional 类的作用并列举使用场景。
7. 简述 LocalDate、LocalTime、LocalDateTime、Instant 的异同。
8. 简述 Duration 类和 Period 类的异同。
9. 列举几个 Stream API 终端操作中查找与匹配的方法。
10. 简述 Java 8 提供的操作日期和时间的方式。

二、选择题

1. 下列选项中不属于 Lambda 表达式特征的是（   ）。

   A．可选的类型声明　　　　　　　　　　B．可选的参数圆括号
   C．可选的主体花括号　　　　　　　　　　D．可选的返回值

2. 以下不是 Java API 提供的默认函数式接口的是（   ）。

   A．Callable　　　　　　　　　　　　　　B．Enum
   C．Comparator　　　　　　　　　　　　D．Runnable

3. 以下属于 Stream 中间操作方法的是（   ）。

   A．distinct()　　　　　　　　　　　　　B．findAny()
   C．count()　　　　　　　　　　　　　　D．collect()

4. 以下不是有效的 Lambda 表达式的是（   ）。

   A．() -> {}　　　　　　　　　　　　　　B．() -> "Zhangsan"
   C．() -> {return "Lisi";}　　　　　　　　D．(Integer i) -> return "Wangwu"+i;

5. 以下关于 "::" 运算符使用的说法中，错误的是（   ）。

   A．可以用于引用构造方法　　　　　　　B．可以用于引用静态方法
   C．可以用于引用抽象方法　　　　　　　D．可以用于引用普通方法

6. 以下代码的输出结果是（　　　）。

```java
public class Main{
    public static void main(String[] args){
        int sum=Stream.of(0,9,8,4,5,6,-1).reduce(0,(e1,e2) -> e1+e2);
        System.out.println(sum);
    }
}
```

A．编译错误　　　　　　　　　　　　　B．抛出异常

C．正确执行，返回 0　　　　　　　　　D．正确执行，返回 31

7. 将选项（　　　）填充在横线处，代码能实现计算平方数。例如，输入(1,2,3,4)，输出 (1,4,9,16)。

```java
List<Integer> nums=Arrays.asList(1, 2, 3, 4);
List<Integer> squareNums=nums.stream()._____
collect(Collectors.toList());
```

A．map(n -> n * n).　　　　　　　　　B．filter(n -> n * n).

C．forEach(n -> n * n).　　　　　　　D．sorted(n -> n * n).

8. 以下代码执行后的结果为（　　　）。

```java
LocalDate date=LocalDate.of(2020, 11, 18);
date=date.with(ChronoField.MONTH_OF_YEAR, 9);
date=date.plusYears(2).minusDays(10);
date.withYear(2018);
```

A．2018-11-18　　　　　　　　　　　B．2020-09-08

C．2020-11-18　　　　　　　　　　　D．2022-09-08

9. 不是 Java 8 的 Stream 中的中间操作方法的是（　　　）。

A．filter()　　　　　　　　　　　　　B．map()

C．findAny()　　　　　　　　　　　　D．limit()

10. Java 8 中用到了解决哈希冲突的开放定址法的是（　　　）。

A．LinkedHashSet　　　　　　　　　　B．HashMap

C．findAny(ThreadLocal)　　　　　　　D．TreeMap

三、编程题

1. 定义 Person 对象，包括 Address 等属性，Address 属性还嵌套一个 validFrom 的属性。所有的值都可能是 null。使用 Optional 定义 Person 属性解决空指针异常问题。

2. 使用更新的日期和时间 API，分别编程实现获取一周后的日期、一年后的日期并输出。

3. 使用更新的日期和时间 API，编程实现检查输入的某个日期年份是不是闰年。

4. 使用更新的日期和时间 API，编程实现使用自定义的格式器来解析日期。

5．编写一个求和函数，计算 Stream 中所有数的和。

6．用 Stream 的方法编程，获取 String 集合中最长的元素、Integer 集合中的最大值。

7．编写程序，分别使用和不使用 Lambda 表达式实现 Runnable 接口。

8．定义一个厨师接口 invokeCook，包括唯一的抽象方法 makeFood，且无参数、无返回值。使用 Lambda 表达式的标准格式调用 invokeCook 方法，输出"吃饭啦！"字样。

9．创建员工类 Employee，包括姓名、年龄等属性。创建一个集合并添加 10 个 Employee 对象。集合调用 Collections.sort 方法，通过自定义排序，将 Lambda 作为参数传递，实现 Employee 先按年龄排序，再按姓名排序。

10．编写程序实现：创建专辑类 Album，类中包含一个返回本专辑所有歌曲集合的方法 getTrackList()；创建函数，参数为专辑集合，返回一个由"最多包含 3 首歌曲的专辑"组成的集合。

● 第七部分 ●

编 程 实 战

　　教材的前 6 个部分循序渐进地介绍了 Java 程序设计的方方面面，包括 Java 语言基本语法、Java 面向对象编程思想、Java 异常处理、常用 API 的使用，以及多线程编程、I/O 处理、网络编程等多个高级主题。要进一步提高程序设计的实践能力，完整实现一个案例非常关键。本部分以连连看游戏为案例，分为 11 个任务，以一步接一步的形式实现该案例，以便读者对前几部分的知识点和技能点融会贯通，学以致用。

第 31 章

连连看游戏实现

到此为止，已经系统介绍了 Java 程序设计。虽然过程中有很多代码实现，但是还远远不够，本章将以连连看游戏为案例，从搭建工程开始，以一步接一步的形式完整实现案例，将本教材中的知识点融入案例实现中，使读者进一步理解面向对象编程思想，熟练掌握 Java 程序设计。案例将分为以下 11 个任务：

- 搭建工程基本结构；
- 实现静态界面；
- 随机生成游戏场景；
- 实现直连消除版本；
- 实现一折相连消除版本；
- 实现两折相连消除版本；
- 添加限时功能；
- 添加重新开始游戏功能；
- 添加可选择关卡功能；
- 添加可选择模型功能；
- 添加可选择图标功能。

31.1 搭建工程基本结构

首先创建一个 Java Project，名称为 lianliankan，在 Project layout 处，选择第一个选项，即将工程目录作为源文件及类文件的根目录，如图 31-1 所示，请注意图中标注的方框部分。

接下来将 JDK 中的 rt.jar 引入工程中。右击工程名称，在弹出的快捷菜单中选择 Properties 命令，弹出如图 31-2 所示的对话框。

选择 Java Build Path 选项→Libraries 选项卡，单击 Add External JARs 按钮，在弹出的对话框中选择 JDK 安装目录下的 jre\lib\rt.jar，导入工程中，如图 31-3 所示。

具体目录与 JDK 安装路径有关，由于笔者的 JDK 安装在 C 盘下，所以需要加入的 rt.jar 就存于 C:\Program Files\Java\jdk1.6.0_30\jre\lib 目录下。

图 31-1　创建一个 Java Project

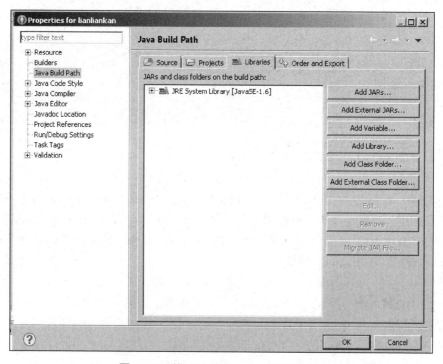

图 31-2　将 JDK 中的 rt.jar 引入工程中

图 31-3　rt.jar 的位置

31.2　实现静态界面

　　接下来实现游戏的静态界面，即不实现任何游戏功能，只把菜单、游戏场景、静态的时间条实现，如图 31-4 所示。

图 31-4　游戏的静态界面

实现该任务将分为 3 个步骤，分别为搭建只显示菜单的界面、实现展现
游戏场景和时间条的面板、将面板添加到游戏框架。

31.2.1 搭建只显示菜单的界面

实现步骤一

游戏中有 3 个菜单和 1 个按钮，菜单分别是"请选择关卡(P)""请选择
游戏玩法模型(M)""选择游戏图片(I)"，每个菜单下又有不同数量的菜单项；按钮是"玩新游
戏"。目前实现的界面不显示游戏中的图片，也不注册监听，即选择菜单和单击按钮没有任何
反应，仅实现静态界面，如图 31-5 所示。

图 31-5　只显示菜单的界面

右击工程名称，借助快捷菜单创建一个 Java Class，指定其包名及类名，并勾选生成 main
方法，该类将作为工程的主类运行。请注意指定包名和类名时要遵守规范，如图 31-6 所示。
生成源代码 MainFrame.java，主要代码如下：

```
public class MainFrame{
    public static void main(String[] args){
    }
}
```

该类将作为应用的主窗口存在，因此应继承 API 中的 JFrame 类。修改类的声明语句：

```
public class MainFrame extends JFrame
```

图 31-6 创建 Java Class

目前，希望能使用该类实现如图 31-5 所示的静态界面，该界面需要 1 个菜单条对象、3 个菜单对象、1 个按钮对象。因此，接下来修改 MainFrame 类：

```java
public class MainFrame extends JFrame{
    //声明GUI中需要的菜单条、菜单、按钮
    JMenuBar menuBar=new JMenuBar();
    JMenu partMenu=new JMenu();
    JMenu modelMenu=new JMenu();
    JMenu imageMenu=new JMenu();
    JButton newGame=new JButton();
    //在构造方法中设置主窗口的尺寸、调用initFrame方法初始化GUI，并设置当前窗口可见
    public MainFrame(){
        this.setSize(420, 585);
        initFrame();
        this.setVisible(true);
    }
    //自定义私有的initFrame方法，对GUI进行布局，注册监听等
    private void initFrame(){
    }
    /**
     *@param args
     */
    public static void main(String[] args){
        new MainFrame();
    }
```

```
        }
```

　　上述代码中首先声明并创建了需要使用的组件，在构造方法中设置了主窗口的尺寸，并调用 initFrame 方法进行初始化。在 main 方法中创建 MainFrame 对象，显示静态界面。接下来的主要任务是完成 initFrame 方法，在菜单中加入菜单项，最后把菜单条加入主窗口中。initFrame 方法的部分代码如下：

```java
//自定义私有的initFrame方法，对GUI进行布局，注册监听等
private void initFrame(){
    //设置关闭操作，单击"关闭"按钮直接退出应用
    setDefaultCloseOperation(JFrame.EXIT_ON_CLOSE);
    //将布局管理器设置为null，也就是取消默认布局管理器的作用
    getContentPane().setLayout(null);
    this.setTitle("中软国际ETC连连看GUI");
    this.setResizable(false);
    //对3个菜单对象设置文本、字体、助记符
    partMenu.setText("请选择关卡(P)");
    partMenu.setFont(new Font("微软雅黑", Font.PLAIN, 12));
    partMenu.setMnemonic('P');
    modelMenu.setText("请选择游戏玩法模型(M)");
    modelMenu.setFont(new Font("微软雅黑", Font.PLAIN, 12));
    modelMenu.setMnemonic('M');
    imageMenu.setText("选择游戏图片(I)");
    imageMenu.setFont(new Font("微软雅黑", Font.PLAIN, 12));
    imageMenu.setMnemonic('I');
    //在imageMenu菜单也就是"选择游戏图片"菜单下加入两个菜单项："默认"和"图标图片"
    JMenuItem defaultImageMenu=new JMenuItem();
    defaultImageMenu.setFont(new Font("微软雅黑", Font.PLAIN, 12));
    defaultImageMenu.setText("默认");
    imageMenu.add(defaultImageMenu);
    JMenuItem iconImageMenu=new JMenuItem();
    iconImageMenu.setFont(new Font("微软雅黑", Font.PLAIN, 12));
    iconImageMenu.setText("图标图片");
    imageMenu.add(iconImageMenu);
    …
}
```

　　至此，运行 MainFrame 类可以实现本节目标，展示只有菜单的静态界面。

31.2.2 实现展现游戏场景和时间条的面板

实现步骤二

　　第 31.2.1 节中实现的静态界面中只有菜单，该案例 GUI 中最主要的部分是游戏场景，本节将游戏场景和时间条加入界面中。最终实现效果如图 31-7 所示。

　　创建一个新的 Java 类 MainPanel，用来显示游戏场景和时间条，如图 31-8 所示。生成的类如下：

```
public class MainPanel{
}
```

该类要实现一个面板，因此需要继承 JPanel 类。修改上述代码：

```
public class MainPanel extends JPanel{
}
```

图 31-7 加入游戏场景和时间条

图 31-8 创建一个新的 Java 类 MainPanel

游戏面板中主要显示的就是游戏场景和时间条。要生成游戏场景，首先需要准备好资源图片，资源文件为 default.png，如图 31-9 所示。

图 31-9 资源文件 default.png

该资源图片中共有 29 个小图标，每个图标的大小为 40 像素×50 像素。在名为 lianliankan 的工程根目录下创建文件夹 res，将 default.png 复制到 res 目录下。此时，lianliankan 工程目录如图 31-10 所示。

图 31-10 lianliankan 工程目录

准备好游戏场景的资源图片后，就需要修改 MainPanel 类，实现具体功能。代码如下：

233

```
public class MainPanel extends JPanel{
    //缓冲图片对象，用来把图片存在内存中，处理结束后绘制到GUI中显示
    private BufferedImage bImage;
    //图形对象，用来画游戏场景
    private Graphics bGraphics;
    //用来保存游戏场景资源图片
    private Image image;
    //用来保存当前游戏场景中显示的小图片编号
    private int[][] map;
    public MainPanel(){
    }
    public void paint(Graphics g){
    }
    public static void main(String[] args){
    }
}
```

在 MainPanel 类中声明一个构造方法，对属性进行赋值。代码如下：

```
public MainPanel(){
    //为map数组赋值，共8个长度为8的一维数组，每个数字表示小图片在资源图片中的编号
    map=new int[][]{
        new int[]{8,3,2,5,12,4,6,7},
        new int[]{9,12,8,12,3,25,6,27},
        new int[]{16,7,8,12,3,5,6,7},
        new int[]{4,5,8,12,3,15,21,7},
        new int[]{13,17,8,12,1,15,6,7},
        new int[]{14,7,1,12,10,5,9,7},
        new int[]{2,7,8,12,13,5,16,7},
        new int[]{1,7,28,12,22,5,6,12}
    };
    //res/default.png是游戏场景的资源文件，也就是游戏场景中的小图标都从该文件中随机选取，编
号从左到右依次为1～29
    image=Toolkit.getDefaultToolkit().createImage("res/default.png");
    //创建缓冲Image对象
    bImage=new BufferedImage(400, 550, BufferedImage.TYPE_INT_RGB);
    //通过缓冲Image对象生成Graphics对象
    bGraphics=bImage.getGraphics();
    //调用repaint方法，系统将自动调用paint方法
    repaint();
    this.setSize(402, 506);
}
```

上述构造方法中，对 map 数组进行了模拟赋值，成为一个 8×8 的二维数组，最终显示的游戏场景也是 8×8 格式。后续修改过程中，map 数组的值应该随机生成，现阶段使用模拟的固定值进行测试。例如，map 数组中的第一个数组是{8,3,2,5,12,4,6,7}，表示当前游戏场景的第一行显示的图标是 default.png 中从左到右数的第 8 个、第 3 个、第 2 个……图标。接下来实现 paint 方法，代码如下：

```
public void paint(Graphics g){
    //设置画图区域为白色，大小为400像素×500像素
    bGraphics.setColor(Color.WHITE);
    bGraphics.fillRect(0, 0, 400, 500);
    //画一个240像素×20像素的青色矩形，用来表示时间条，游戏时计时使用
    bGraphics.setColor(Color.cyan);
    bGraphics.fillRect(5, 5, 240, 20);
    //通过循环，根据map数组中的编号，在指定区域画图，生成8行8列的游戏场景
    for(int i=0; i<8; i++){
        for(int j=0; j<8; j++){
            if(map[i][j] !=0){
                bGraphics.setClip((j+1)*40,(i+1)*50,40,50);
                bGraphics.drawImage(image,(j+1)* 40-(map[i][j]- 1)* 40,(i+1)* 50, this);
            }
        }
    }
    g.drawImage(bImage, 0, 0, this);
}
```

上述代码的 paint 方法中绘制了一个时间条，然后根据 map 数组中的数值，选取 default.png 中的图标显示到指定区域，生成游戏场景。上述 paint 方法中的难点是 for 循环部分，首先使用 setClip 方法设置了一个和小图标一样大小的有效区域，然后使用 drawImage 方法将 default.png 绘制出来。

为了能测试阶段性效果，在 MainPanel 类中定义 main 方法进行测试。代码如下：

```
public static void main(String[] args){
    JFrame test=new JFrame();
    MainPanel panel=new MainPanel();
    test.add(panel);
    test.setSize(420, 585);
    test.setVisible(true);
}
```

至此，MainPanel.java 已经完成，运行该类后将显示本节的目标界面。

实现步骤三

31.2.3 将面板添加到游戏框架

目前已经实现了 MainFrame 类和 MainPanel 类，需要把 MainPanel 类实现的面板添加到 MainFrame 类中，合成最终版的静态界面。合成的步骤特别简单，首先在 MainFrame 类中声明 MainPanel 变量，代码如下：

//声明并创建显示游戏场景的MainPanel变量
MainPanel panel=new MainPanel();

然后在 MainFrame 类的 initFrame 方法中添加以下代码：

//设置游戏场景Panel的边界，并添加到主窗口

```
panel.setBounds(5, 30, 404, 502);
this.add(panel);
```

至此，游戏静态界面已经完成，运行效果如图 31-11 所示。

图 31-11　游戏静态界面

31.3　随机生成游戏场景

在目前已经实现的界面中，游戏场景中的小图标是固定的，也就是通过指定了 map 数组的值确定了游戏场景中的图标。接下来实现游戏场景随机生成，即不需要修改源代码，每次运行该应用，游戏场景均随机生成。

31.3.1　创建抽象类 AbstractGameModel

与视图有关的类都存放在 com.chinasofti.lianliankan.gui 包中；与数据和算法有关的类都称为模型类，即 model 类，都存放在 com.chinasofti.lianliankan.model 中。首先创建一个抽象类 AbstractGameModel，如图 31-12 所示。该类将是各种模型的父类，类中会逐步定义其他属性和方法，本节主要实现游戏场景随机实现的功能，不关注其他功能。

图 31-12 创建抽象类 AbstractGameModel

为了能实现游戏场景随机生成，首先需要将游戏场景图标在资源文件 default.png 的位置存储起来，所以在类中定义二维数组，存放游戏场景中的图标。代码如下：

```
public abstract class AbstractGameModel{
    /**
     * 存放连连看游戏地图元素数据
     */
    public int[][] map;
    public void setMap(int[][] map){
        this.map=map;
    }
}
```

连连看游戏显示的图标是 8×8 格式的，那么 map 数组中应该存放 10×10 个元素信息，因为连连看游戏场景的四周是一圈 0，这是比较难理解的一点。map 数组中存储的是一个二维数组，二维数组本身是元素为一维数组的数组。也就是 10×10 的 map 数组中将存储 10 个长度为 10 的一维数组。数组中依次是第一行到第十行的元素信息，假设 map 的某个一维数组是 {0,6,13,12,3,4,5,12,7,0}，那么表示该行的第一个图标是空，就是不存在图标，第二个是 default.png 中的第 6 个图标，第三个是 default.png 中的第 13 个图标，以此类推。在连线算法中，主要就依靠判断 map[i][j] 是否为 0，来判断是否可以连线，因为 map[i][j] 为 0 表示当前位置没有图标。边界图标之间通过折线相连时，都需要通过在图标四周画线，因此四周必须设置为 0。

接下来在 AbstractGameModel 类中声明两个方法。代码如下：

```
public int[][] initMapHelper(int elementCount,int rowCount,int columnCount,int elementTypeCount){
```

```
    if((elementCount % 2 !=0)&&(elementCount !=((rowCount- 2) *(columnCount- 2)))){
        //如果参数不满足要求，则抛出异常
        throw new java.lang.IllegalArgumentException();
    }
    Random random=new Random();
    int[] initElement=new int[elementCount];
    //创建一个临时的一维数组保存初始化元素
    for(int i=0; i<elementCount; i+=2){
        //获取随机元素种类
        int randomNum=Math.abs(random.nextInt()) % elementTypeCount+1;
        //一次性为相邻的两个元素赋值，保证随机得到elementCount/2对元素
        initElement[i]=randomNum;
        initElement[i+1]=randomNum;
    }
    //随机打乱得到的原始数组
    initElement=getRandomArrayHelper(initElement);
    //将打乱后的一维数组复制到最后的二维数组。注意，连连看游戏地图四周有一圈0
    int[][] finalMap=new int[rowCount][columnCount];
    int index=0;
    for(int i=1; i<rowCount-1; i++){
        for(int j=1; j<columnCount-1; j++){
            finalMap[i][j]=initElement[index];
            index++;
        }
    }
    return finalMap;
}
/**
 * 随机打乱原始数组
 *
 * @param srcArray int型数组：存放未打乱的原始数据
 * @return int型数组：存放打乱后的结果
 */
public int[] getRandomArrayHelper(int[] srcArray){
    Random random=new Random();
    int resultArray[]=new int[srcArray.length];
    //srcIndex：剩下的元素个数
    int srcIndex=srcArray.length;
    for(int i=0;i<srcArray.length;i++){
        int randomIndex=Math.abs(random.nextInt()%srcIndex);
        //随机取数组下标
        resultArray[i]=srcArray[randomIndex];
        //将最后一个未使用的元素和取出来的元素交换
        srcArray[randomIndex]=srcArray[--srcIndex];
    }
    return resultArray;
}
```

上述代码中，initMapHelper 方法用来生成 map 对象，getRandomArrayHelper 方法是一个辅助方法，用来生成随机一维数组。调用 initMapHelper 方法时需要指定元素数量、行数、列数、元素类型的个数，如可以使用 initMapHelper(64, 10, 10, 29);调用该方法。其中 64 表示要显示的元素数量，这里是图标个数，第一个 10 表示行数，第二个 10 表示列数，29 表示元素类型的个数，也就是 default.png 中图标种类的数目。值得注意的是，10 行 10 列的图标共需要 100 个元素，但是元素数量是 64 个，即元素数量=(行数-2)×(列数-2)。目前已经完成了游戏的静态界面，也就是视图（view）已经完成。接下来需要实现游戏的"灵魂"部分，也就是模型（model），模型将封装游戏需要使用的数据和算法。

31.3.2　创建实现类 GameModelDefault

AbstractGameModel 类 是 一 个 抽 象 类 ， 不 能 够 实 例 化 。 目 前 AbstractGameModel 类没有任何抽象类的特征，没有抽象方法，在后面将逐步加入抽象方法，使其能被其他子类实现。为了能够尽快展示效果，接下来创建一个 AbstractGameModel 类的实现类 GameModelDefault，如图 31-13 所示。

实现步骤二

图 31-13　创建 AbstractGameModel 类的实现类 GameModelDefault

实现类的生成代码如下：

```
public class GameModelDefault extends AbstractGameModel{
}
```

目前抽象类中没有抽象方法，所以该类不需要实现具体方法，后面将逐步添加。

31.3.3 随机产生游戏场景

实现步骤三

有了 GameModelDefault 类后，可以修改 MainPanel 类，不再手工指定 map 数组的值，而是调用 initMapHelper 方法随机生成。

首先在 MainPanel 类中声明模型对象。代码如下：

```
//声明模型对象
private AbstractGameModel model=new GameModelDefault();
```

然后声明 reset 方法，初始化 map 对象。代码如下：

```
public void reset(){
    map=model.initMapHelper(64, 10, 10, 29);
    model.setMap(map);
}
```

上述代码中，reset 方法调用 model 的 initMapHelper 方法，实例化一个 10×10 的二维数组（四周是一圈 0），并将 map 对象赋值给 model 的 map 属性。

最后在 MainPanel 类的构造方法中，取消对 map 属性的赋值操作，调用 reset 方法。代码如下：

```
//调用reset方法
reset();
```

接下来运行 MainFrame 类，可见每次运行的效果都不同，游戏场景的图标是随机生成的，不再是固定布局，如图 31-14 所示。

图 31-14　游戏场景图标随机生成

31.4　实现直连消除版本

目前，程序已经能随机生成游戏地图，但是用户单击游戏图标时依然没有响应。本节的目标是实现一个简单玩法的版本，就是只能使用直连方式将相同图标相连，即两个相同的图标，只能在一行或一列且二者中间没有其他图标时，才可以相连，如图 31-15 所示。

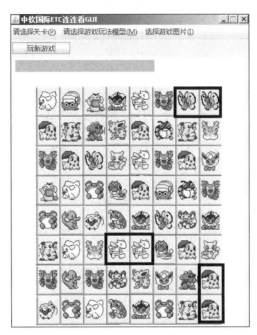

图 31-15　直连

31.4.1　修改 AbstractGameModel 类

要实现直连版本，首先需要实现相关算法，也就是如何判断两个图标可以通过直线相连。要理解这个算法，首先要清楚图标的坐标属性，任意一个图标都拥有一个在游戏地图中的坐标，例如图 31-15 中第 1 行第 7 列的蝴蝶，在游戏地图中的坐标就是(1,7)。其次要清楚该图标的类型属性，也就是存储在二维数组 map 中的信息，map 数组的索引值就是图标在游戏地图中的坐标值。例如蝴蝶是 default.png 中第的 15 个图标，而在游戏地图中的坐标是(1,7)，

实现步骤一

那么就有 map[1][7]=15 这样的关系存在。如果 map[i][j]=0，则表示当前位置没有图标。游戏刚开始时，游戏地图的四周都是 map[i][j]=0 的元素，在游戏过程中，连接成功的两个元素的 map[i][j] 值也将被设置为 0。所以，假设 map[i][j]=v，那么(i,j)表示当前图标在游戏地图中的坐标位置，v 表示该图标在资源文件中的图片类型。

理解了图标的这两种属性后，就能够明白直连的算法。假设两个元素在游戏地图中的坐标分别为(AI,AJ)和(BI,BJ)，则需要考虑以下问题。

（1）AI 与 BI 相同，在一行。

（2）AJ 与 BJ 相同，在一列。

（3）AI=BI 且 AJ=BJ 时，不能直连，表示在同一位置。

（4）map[AI][AJ]=0 或 map[BI][BJ]=0 时，不能直连，表示其中一个为空。

直连的条件：满足（1）或（2），且 map[AI][AJ]=map[BI][BJ]，同时在这两个图标直连的路径上，所有元素的 map[i][j] 都为 0，则表示可以直连。

基于以上理解，可以在 AbstractGameModel 类中添加算法。代码如下：

```java
/**
 * 判断两个元素是否能直连
 * @param itemAI：第一个元素的行值
 * @param itemAJ：第一个元素的列值
 * @param itemBI：第二个元素的行值
 * @param itemBJ：第二个元素的列值
 * @return 布尔值：如果为true，说明两个元素能够直连，反之，说明两个元素不能直连
 */
public boolean linkByLine(int itemAI,int itemAJ,int itemBI,int itemBJ){
    if(itemAI==itemBI){//两个元素在一条水平线上
        int minJ=itemAJ<itemBJ ? itemAJ : itemBJ;
        int maxJ=itemAJ<itemBJ ? itemBJ : itemAJ;
        for(int j=minJ+1; j<maxJ; j++){
            if(map[itemAI][j] !=0){
                return false;
            }
        }
        return true;
    }else if(itemAJ==itemBJ){// 两个元素在一条垂直线上
        int minI=itemAI<itemBI ? itemAI : itemBI;
        int maxI=itemAI<itemBI ? itemBI : itemAI;
        for(int i=minI+1; i<maxI; i++){
            if(map[i][itemAJ] !=0){
                return false;
            }
        }
        return true;
    }else{// 两个元素不在一条直线上
        return false;
    }
}
```

上述代码实现了判断这两个图标能否直连的算法。第一个分支判断是否在同一行，如果横坐标相同，则表示在同一行，进而判断该行两个图标之间的元素的 map[i][j] 值，只要遇到一个非 0 值，就表示这两个元素之间还存在没有消掉的图标，返回 false，不能直连。同样，实现第二个分支，也就是判断两个图标在同一列时是否能直连。如果既不在同一行也不在同一列，则直接返回 false。

实现步骤二

为了在后续阶段可以动态扩展游戏模式，在 AbstractGameModel 类中定义抽象方法，允

许子类分别实现。代码如下：

```
public abstract byte isConnected(int itemAI,int itemAJ,int itemBI,int itemBJ);
```

该方法是抽象方法，必须被子类实现，否则子类将提示编译错误。该方法通过判断两个元素在游戏地图中的坐标返回整数，表明两者能以什么方式连接。

31.4.2 修改 GameModelDefault 类

目前，GameModelDefault 类会提示编译错误。原因是父类 AbstractGameModel 中定义了 isConnected 抽象方法，而该类没有覆盖这个抽象方法。选择 Source 选项卡中的 Override/Implement Methods 选项，单击 OK 按钮，弹出如图 31-16 所示的对话框。

实现步骤三

图 31-16　Override/Implement Methods 对话框

勾选其中的抽象方法 isConnected，单击 OK 按钮，则在 GameModelDefault 类中添加以下代码：

```
@Override
public byte isConnected(int itemAI, int itemAJ, int itemBI, int itemBJ){
    return 0;
}
```

目前，只实现了两个图标能否直连的判断，因此 isConnected 方法只判断能否直连，能直连返回 1，不能直连返回 0。代码如下：

```
public byte isConnected(int itemAI, int itemAJ, int itemBI, int itemBJ){
    if(map[itemAI][itemAJ]==0||map[itemBI][itemBJ]==0
                        ||(map[itemAI][itemAJ] !=map[itemBI][itemBJ])
                        ||(itemAI==itemBI && itemAJ==itemBJ)){
        return 0;
    }
    if(linkByLine(itemAI, itemAJ, itemBI, itemBJ)){
```

```
        return 1;
    }
    return 0;
}
```

至此，能否直连的判断算法已经完成。

31.4.3 修改 MainPanel 类

目前已经在 Model 中实现了直连的判断算法，任意两个图标，只要知道它们在游戏地图中的坐标，就可以通过使用 Model 中的 isConnected 方法判断是否能直连。接下来修改 MainPanel 类，使得单击图标后能使用 Model 中的算法进行判断，能够将直连的元素消掉，并重画游戏地图。这部分的修改工作量比较大，下面分步骤进行。

实现步骤四

1. 在 MainPanel 类中声明需要的新属性

为了实现直连模式，需要在 MainPanel 类中定义如下属性：

```
public class MainPanel extends JPanel{
…
//定义状态常量
public int screenState=1;
public final static int SCREEN_STATE_PLAY=1;
public final static int SCREEN_STATE_DRAWLINE=2;
public final static int SCREEN_STATE_SELECT_ONE=3;
public final static int SCREEN_STATE_OVER=4;
//定义被选择的两个图标的坐标，如selectAI是A图标的横坐标
int selectAI;
int selectAJ;
int selectBI;
int selectBJ;
//定义鼠标指针所在位置的坐标
int mouseI;
int mouseJ;
//定义变量，标记两个图标能否相连，0表示不能
int code;
//定义图标大小
public final int cellWidth=40;
public final int cellHeight=50;
```

上述代码中的 screenState 用来保存当前的状态，1 表示游戏正在进行，为默认值；2 表示选择的两个图标可以连接，需要画连接线；3 表示已经选择了某个元素；4 表示游戏结束。selectAI、selectAJ、selectBI、selectBJ 是 4 个坐标值，用来存储选择的两个图标在游戏地图中的位置。mouseI 和 mouseJ 表示鼠标指针当前的位置。code 是 isConnected 方法的返回值，目前返回 0 表示不可连接，返回 1 表示可连接。cellWidth 和 cellHeight 表示图标的大小，也就是游戏地图中每个小图标的大小。

2. 定义两个新方法，处理鼠标事件

为了使用户单击游戏图标时游戏界面有响应，在 MainPanel 类中定义两个新的方法，分别是 panelMouseMoved 方法和 panelMouseClicked 方法。其中，panelMouseMoved 方法用来处理鼠标滑动的事件，将鼠标指针所在位置转换成游戏地图中的坐标，并赋值给 mouseI 和 mouseJ。panelMouseClicked 方法用来处理鼠标单击事件。代码如下：

实现步骤五

```java
public void panelMouseMoved(MouseEvent e){
    int x=e.getX();
    int y=e.getY();
    int i=y / 50;
    int j=x / 40;
    if(i > 0 && i<9 && j > 0 && j<9){
        mouseI=i;
        mouseJ=j;
    }
}
public void panelMouseClicked(MouseEvent e){
    if(e.getButton()==e.BUTTON1){
        int x=e.getX();
        int y=e.getY();
        int i=y / 50;
        int j=x / 40;
        if(i > 0 && i<9 && j > 0 && j<9){
            switch(screenState){
                case SCREEN_STATE_PLAY:
                if(map[i][j] !=0){
                    selectAI=i;
                    selectAJ=j;
                    screenState=SCREEN_STATE_SELECT_ONE;
                }
                break;
                case SCREEN_STATE_SELECT_ONE:
                if(map[i][j] !=0){
                    code=model.isConnected(selectAI, selectAJ, i, j);
                    if(code !=0){
                        selectBI=i;
                        selectBJ=j;
                        screenState=SCREEN_STATE_DRAWLINE;
                    }else{
                        selectAI=i;
                        selectAJ=j;
                    }
                }
                break;
            }
        }
```

```
    }
  }
```

上述代码中，panelMouseClicked 方法是难点，其核心部分是 switch case 分支语句，一个分支代表一种状态。先判断是否使用鼠标左键单击，如果是，则将当前坐标转换成游戏地图中的位置坐标，然后根据 screenState 的值进行相关操作。具体判断流程如下：第一次单击某个图标时，screenState 的值为 SCREEN_STATE_PLAY，只要单击的图标的 map[i][j]值不是 0，则将当前位置赋值给类的属性 selectAI 和 selectAJ，并将 screenState 的值修改为 SCREEN_STATE_SELECT_ONE；再次单击某个图标元素时，将执行 switch 中 case 值是 SCREEN_STATE_SELECT_ONE 的分支，只要单击的图标的 map[i][j]值不是 0，则使用 Model 中的 isConnected 方法判断是否能与之前保存的值为(selectAI,selectAJ)的图标连接。如果 code 值不为 0，表示可以连接，则将 screenState 的值修改为 SCREEN_STATE_DRAWLINE，并把当前位置赋值给(selectBI,selectBJ)。如果判断后 code 值为 0，表示不可以连接，则把当前选择的图标位置赋值给(selectAI,selectAJ)，以备下一次选择新图标后进行判断。

3. 将 MainPanel 类的 paint 方法进一步完善

为了能够在用户选择某个图标，以及两个图标可以连接的时候绘制一些效果和直线，需要在 paint 方法中添加以下代码（添加在为 map 赋值的 for 循环后）：

实现步骤六

```
bGraphics.setClip(0,0,400,500);
if(mouseI > 0 && mouseI<9 && mouseJ > 0 && mouseJ<9&&map[mouseI][mouseJ]!=0){
    bGraphics.setColor(Color.BLUE);
    bGraphics.drawRect(mouseJ*cellWidth,mouseI*cellHeight,cellWidth,cellHeight);
}
switch(screenState){
    case SCREEN_STATE_SELECT_ONE:
    bGraphics.setColor(Color.RED);
    bGraphics.drawRect(selectAJ*cellWidth,selectAI*cellHeight,cellWidth,cell Height);
    break;
    case SCREEN_STATE_DRAWLINE:
    bGraphics.setColor(Color.RED);
    if(code==1){
        bGraphics.drawLine(selectAJ*cellWidth+cellWidth/2,
                           selectAI*cellHeight+cellHeight/2,
                           selectBJ*cellWidth+cellWidth/2,
                           selectBI*cellHeight+cellHeight/2);
    }
    break;
}
//paint方法的参数g调用drawImage方法，把已经在缓冲区的游戏场景绘制到GUI
g.drawImage(bImage, 0, 0, this);
```

上面增加的代码，一定要注意第一条语句。由于在 for 循环前使用 setClip 方法将有效区域设置为了 400 像素×500 像素，所以如果不重新设置，画图效果将不显现。上述代码中，首先通过判断 mouseI 和 mouseJ 的值，确定当前鼠标指针所在位置，将图标外框设置为蓝色。

然后判断 screenState 的值，当为 SCREEN_STATE_SELECT_ONE 时，将图标外框设置为红色；当为 SCREEN_STATE_DRAWLINE 时，以两个图标的中心为端点绘制一条红色直线。

4. 使 MainPanel 类实现 Runnable 接口，添加 run 方法

目前 MainPanel 类中已经有两个方法能够响应鼠标事件，当用鼠标选择某两个图标时，能够判断是否可以连接。如果可以连接，screenState 的值就是 SCREEN_ STATE_DRAWLINE，需要在两者之间画线，并把两个图标消掉，也就是 map[i][j]值为 0，并重新绘制游戏地图。为了能够随时处理这种状态，需要使 MainPanel 类实现 Runnable 接口，并覆盖 run 方法，在 run 方法中处理 SCREEN_ STATE_ DRAWLINE 状态。代码如下：

实现步骤七

```
public class MainPanel extends JPanel implements Runnable{
…
public void run(){
   while(true){
     try{
       if(screenState==SCREEN_STATE_DRAWLINE){
         paintImmediately(0,0,400,500);
         screenState=SCREEN_STATE_PLAY;
         map[selectAI][selectAJ]=0;
         map[selectBI][selectBJ]=0;
       }
       Thread.sleep(100);
       repaint();
     }catch(Exception ex){
       ex.printStackTrace();
     }
   }
 }
```

上述代码中，run 方法是线程的运行体，在一个死循环中不断判断 screenState 的值，只要值是 SCREEN_STATE_DRAWLINE，则表示需要画线并消掉两个图标，调用 paintImmediately 方法强制立刻调用 paint 方法，绘制连线等。然后重置 screenState 的值，并将两个图标的 map 值设置为 0，调用 repaint 方法，重新绘制游戏地图，使消掉的图标不再出现。

实现步骤八

5. 对鼠标事件进行注册监听

目前已经做了很多准备，但是鼠标事件没有注册监听，程序依然不会有响应。需在 MainPanel 类的构造方法中加入注册鼠标事件监听器。代码如下：

```
MouseInputAdapter mAdapter=new MouseInputAdapter(){
   @Override
   public void mouseClicked(MouseEvent e){
     panelMouseClicked(e);
   }
   @Override
   public void mouseMoved(MouseEvent e){
```

```
        panelMouseMoved(e);
    }
};
this.addMouseListener(mAdapter);
this.addMouseMotionListener(mAdapter);
```

上述代码中定义了鼠标事件监听器 mAdapter，重写了两个方法。mouseClicked 方法监听鼠标单击事件，调用 panelMouseClicked 方法，进而根据目前的 screenState 进行不同的操作。mouseMoved 方法监听鼠标滑动事件，调用 panelMouseMoved 方法，获得当前鼠标指针位置，将图标外框设置为蓝色。值得一提的是，前面在构造方法中加入了 repaint 方法以便调用 paint 方法初始化界面，现在通过线程调用，构造方法中的 repaint 方法可以不再使用。

31.4.4 启动 MainPanel 类创建的线程对象

实现步骤九

目前，MainPanel 类已经修改结束，MainPanel 类已经是 Runnable 类型，其中覆盖的 run 方法非常重要，能够一直监听 screenState 的值，一旦变为 SCREEN_STATE_DRAWLINE，就强制运行 paint 方法，进行渲染并重新绘制游戏地图。因此，需要在 MainFrame 类中创建线程并启动，保证应用运行后，该线程就被启动。在 MainFrame 类中 initFrame 方法的最后添加一行创建线程代码。代码如下：

```
new Thread(panel).start();
```

运行 MainFrame 类，可以通过直连的方式玩连连看游戏，效果如图 31-17 所示。

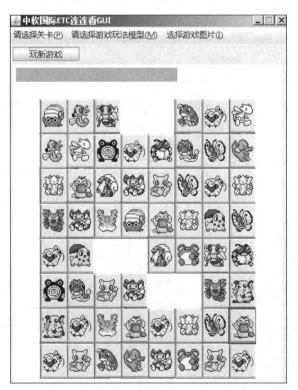

图 31-17 玩连连看游戏（直连）

31.5 实现一折相连消除版本

目前，连连看游戏只能直连两个相同的图标，接下来实现一折相连消除版本，效果如图 31-18 所示。

图 31-18 一折相连

图 31-18 中的两组蝴蝶就是一折相连的例子。与实现直连消除版本的思路相同，首先要清楚如何判断两个图标能够通过一折相连。如果存在两个图标，分别是(AI,AJ)及(BI,BJ)，通过一折相连时，需要满足以下条件。

（1）AI 和 BI 不相等，AJ 和 BJ 也不相等。因为同行或同列的图标，要么是直连，要么是两折相连，不可能一折相连。

（2）两个图标的一折相连路径上，map[i][j]值为 0。比起直连判断算法，一折相连在判断路径是否都是 0 元素上稍微复杂。直连只要判断一条直线路径即可，而一折相连需要判断两条。

（3）map[AI][AJ]与 map[BI][BJ]相等，表示同一种图标。

31.5.1 创建 Node 类封装折点信息

为了更好地封装位置信息，可以把游戏场景看成一张地图，将其中的每个图标看成一个节点。例如，目前实现的视图中，游戏地图有 8 行 8 列的小图标，它们的位置可以使用其所在的行列位置表示，例如(3,2)表示第 3 行第 2

实现步骤一

列的图标节点。为了能够存储折点的位置，现创建 Node 类，如图 31-19 所示。

図 31-19　创建 Node 类

Node 类的源代码如下：

```
package com.chinasofti.lianliankan.model;
public class Node{
    /**
     *节点行值
     */
    private int i;
    /**
     *节点列值
     */
    private int j;
    public int getI(){
        return i;
    }
    public void setI(int i){
        this.i=i;
    }
    public int getJ(){
        return j;
    }
    public void setJ(int j){
        this.j=j;
    }
}
```

```
            setTurningPoints(itemBI,itemAJ,1);
            return true;
        }else{
            return false;
        }
    }
```

如果两个图标(AI,AJ)及(BI,BJ)能一折相连，那么折点是固定的，要么是(AI,BJ)，要么是(BI,AJ)。上述代码分别判断这两种可能，确定折点并存入折点数组 turningPoints 中。

31.5.3 创建子类 GameModelOneTurn

实现步骤四

每种新的连接模式都在一个具体的子类中实现相关算法。
创建新的子类 GameModelOneTurn，重写 isConnected 方法。代码如下：

```
public class GameModelOneTurn extends AbstractGameModel{
    @Override
    public byte isConnected(int itemAI,int itemAJ,int itemBI,int itemBJ){
        if(map[itemAI][itemAJ]==0 || map[itemBI][itemBJ]==0
            ||(map[itemAI][itemAJ] !=map[itemBI][itemBJ])
            ||(itemAI==itemBI && itemAJ==itemBJ)){
            return 0;
        }
        if(linkByLine(itemAI, itemAJ, itemBI, itemBJ)){
            return 1;
        }
        if(linkByOneTurn(itemAI, itemAJ, itemBI, itemBJ)){
            return 2;
        }
        return 0;
    }
}
```

该方法中，先判断肯定不能连接的情况，返回 0；然后判断可以直连的情况，返回 1；最后判断可以一折相连的情况，返回 2。

31.5.4 修改 MainPanel 类

实现步骤五

为了能够实现一折相连，首先需要在 MainPanel 类中使用 GameModelOneTurn 子类作为模型对象，而不再使用 GameModelDefault 类。代码如下：

```
//声明模型对象
private AbstractGameModel model=new GameModelOneTurn();
```

其次，需要声明一个 Node 数组，存放折点信息。代码如下：

```
//存放折点信息
Node turnPoints[];
```

最后需要修改的是 paint 方法中的部分代码。以前版本的 paint 方法的 switch 分支中，case SCREEN_STATE_DRAWLINE 分支下只处理 code=1，也就是直连的情况，现在要加入 code=2，也就是一折相连的情况。代码如下：

```
else if(code==2){
    turnPoints=model.turningPoints;
    Node node=turnPoints[0];
    bGraphics.drawLine(selectAJ*cellWidth+cellWidth/2,
                selectAI*cellHeight+cellHeight/2,
                node.getJ()*cellWidth+cellWidth/2,
                node.getI()*cellHeight+cellHeight/2);
    bGraphics.drawLine(selectBJ*cellWidth+cellWidth/2,
                selectBI*cellHeight+cellHeight/2,
                node.getJ()*cellWidth+cellWidth/2,
                node.getI()*cellHeight+cellHeight/2);
}
```

上述代码中，首先将 model 中保存好的折点信息赋值给当前的 turnPoints 属性。然后进行画线，一折相连需要画两条直线，即第一个图标到折点和第二个图标到折点。最后运行 MainFrame 类，就可以同时使用直连及一折相连方式玩连连看游戏。

31.6　实现两折相连消除版本

接下来实现能够两折相连的版本，如图 31-20 所示。图中标注的两个图标就是通过两折相连的，有两个折点。

图 31-20　两折相连

与前面阶段的过程相同，首先分析判断两个图标是否能两折相连的算法。如果两个图标 (AI,AJ)和(BI,BJ)能两折相连，那么其中一个折点与(AI,AJ)要么同行，要么同列，与(AI,AJ)直连，且其同时与(BI,BJ)一折相连。换种方式说，如果在与(AI,AJ)一行的图标中，有一个值为 0，并能够与(AI,AJ)直连，同时又能与(BI,BJ)一折相连，那么(AI,AJ)一定能与(BI,BJ)两折相连。

31.6.1　在 AbstractGameModel 类中添加新的方法

为了能够实现两折相连，需要在 AbstractGameModel 类中添加新的方法，判断两个图标是否能两折相连。代码如下：

实现步骤一

```
/**
 * 判断两个元素是否能两折相连
 * @param itemAI：第一个元素的行值
 * @param itemAJ：第一个元素的列值
 * @param itemBI：第二个元素的行值
 * @param itemBJ：第二个元素的列值
 * @return 布尔值：如果为true，说明两个元素能两折相连，反之，说明两个元素不能两折相连
 */
public boolean linkByTwoTurn(int itemAI,int itemAJ,int itemBI,int itemBJ){
    for(int i=0;i<map.length;i++){
        if(map[i][itemAJ]==0&&linkByLine(i,itemAJ,itemAI,itemAJ)
                        &&linkByOneTurn(i,itemAJ,itemBI,itemBJ)){
            setTurningPoints(i,itemAJ,2);
            return true;
        }
    }

    for(int j=0;j<map[itemAI].length;j++){
        if(map[itemAI][j]==0&&linkByLine(itemAI,j,itemAI,itemAJ)
                        &&linkByOneTurn(itemAI,j,itemBI,itemBJ)){
            setTurningPoints(itemAI,j,2);
            return true;
        }
    }
    return false;
}
```

上述代码实现了本节开始时描述的算法思想，第一个 for 循环遍历与第一个图标同列的图标。如果存在一个值为 0 同时能直线连接到图标 A、能一折连接到图标 B 的折点，则表示 A、B 这两个图标可以两折相连，将当前值作为一个折点存到 turningPoints 数组中。值得注意的是，if 语句调用了 linkByOneTurn 方法，在执行该方法的过程中，将会把一折连接图标 B 的另一个折点找到，并将值存到 turningPoints 数组中，因此，最终 turningPoints 数组将存储两个折点信息。第二个 for 循环使用相同的流程遍历与第一个图标同行的图标。

31.6.2　创建新的模型子类 GameModelTwoTurn

实现步骤二

与前面的各阶段相同，要为每种新的连接模型创建一个 GameModelTwoTurn
子类，并实现 isConnected 方法。代码如下：

```
public class GameModelTwoTurn extends AbstractGameModel{
    @Override
    public byte isConnected(int itemAI, int itemAJ, int itemBI, int itemBJ){
        if(map[itemAI][itemAJ]==0 || map[itemBI][itemBJ]==0
                                ||(map[itemAI][itemAJ] !=map[itemBI][itemBJ])
                                ||(itemAI==itemBI && itemAJ==itemBJ)){
            return 0;
        }
        if(linkByLine(itemAI, itemAJ, itemBI, itemBJ)){
            return 1;
        }
        if(linkByOneTurn(itemAI, itemAJ, itemBI, itemBJ)){
            return 2;
        }
        if(linkByTwoTurn(itemAI, itemAJ, itemBI, itemBJ)){
            return 3;
        }
        return 0;
    }
}
```

上述代码中，两个节点能直连时返回 1；能一折相连时返回 2；能两折相连时返回 3。

31.6.3　修改 MainPanel 类

实现步骤三

准备好 Model 后，接下来修改 MainPanel 类。首先使用 GameModelTwoTurn
方法修改 MainPanel 类中关联的模型对象类型。代码如下：

```
//声明模型对象
private AbstractGameModel model=new GameModelTwoTurn();
```

接下来修改 paint 方法中 switch 分支语句的 case SCREEN_STATE_DRAWLINE 分支，目
前该分支下处理 code=1 及 code=2 的情况，也就是直连和一折相连的情况。现在要加入 code=3，
也就是两折相连的情况。代码如下：

```
else if(code==3){
    turnPoints=model.turningPoints;
    Node pNode=turnPoints[1];
    Node nNode=turnPoints[0];
    bGraphics.drawLine(selectAJ*cellWidth+cellWidth/2,
                    selectAI*cellHeight+cellHeight/2,
```

```
                            pNode.getJ()*cellWidth+cellWidth/2,
                            pNode.getI()*cellHeight+cellHeight/2);
        bGraphics.drawLine(pNode.getJ()*cellWidth+cellWidth/2,
                            pNode.getI()*cellHeight+cellHeight/2,
                            nNode.getJ()*cellWidth+cellWidth/2,
                            nNode.getI()*cellHeight+cellHeight/2);
        bGraphics.drawLine(selectBJ*cellWidth+cellWidth/2,
                            selectBI*cellHeight+cellHeight/2,
                            nNode.getJ()*cellWidth+cellWidth/2,
                            nNode.getI()*cellHeight+cellHeight/2);
    }
```

上述代码中，首先获得已经保存好的折点信息，保存到 turnPoints 数组中。共有两个 Node 对象，分别赋值给 pNode 和 nNode。然后画 3 条直线，将两个元素连接。其中理解画线坐标的算法是个难点，可以通过在纸上画图的方式理解。最后，运行 MainFrame 类，实现通过直线、一折、两折 3 种方式连接图标。

31.7 添加限时功能

实现步骤一

目前的连连看游戏，可以不限时地玩下去，实际情况中，大多游戏都有时间限制。接下来实现游戏限时功能，当开始游戏后，时间条逐渐缩短，时间到则显示红色提示框，如图 31-21 所示。

图 31-21　加入限时功能

要实现限时功能，只要修改 MainPanel 类即可。为了能够修改时间条的宽度，首先在 MainPanel 类中声明一个变量，保存初始时间条的宽度。然后需要设计一个算法来计算时间，将 timer 变量作为计时器，初始值为 0。代码如下：

```
//时间条的宽度和初始值
int timeRectWidth=240;
int timer=0;
```

接下来在 paint 方法中增加绘制时间条的代码，使用 timeRectWidth 属性设置时间条的宽度，不使用常量 240，这样可以通过修改 timeRectWidth 值重绘时间条。代码如下：

实现步骤二

```
//画一个矩形，用来表示时间条，在游戏时计时使用
bGraphics.setColor(Color.cyan);
bGraphics.fillRect(5, 5, timeRectWidth, 20);
```

在 paint 方法的 switch 分支中，增加一个 case 分支，用来处理游戏结束的提示。代码如下：

```
case SCREEN_STATE_OVER:
bGraphics.setColor(Color.WHITE);
bGraphics.fillRect(120, 230, 220, 40);
bGraphics.setColor(Color.RED);
bGraphics.drawRect(120, 230, 220, 40);
bGraphics.setFont(new Font("微软雅黑", Font.PLAIN, 24));
bGraphics.drawString("时间消耗完毕", 125, 258);
break;
```

上述代码中，绘制了一个白底红字的长方形，并显示"时间消耗完毕"。在 reset 方法中，增加重设 timeRectWidth 及 timer 值的语句。代码如下：

实现步骤三

```
public void reset(){
    map=model. initMapHelper(64, 10, 10, 29) ;
    model. setMap(map) ;
    timeRectWidth=240;
    timer=0;
}
```

修改 run 方法，使用 timer 值控制 timeRectWidth 值，如果 timeRectWidth 值为 0，则将 screenState 赋值为 SCREEN_STATE_OVER，执行 paint 方法中的 case SCREEN_STATE_OVER 分支，绘制提示框。代码如下：

```
public void run(){
    while(true){
        timer++;
        if(timer==10){
            timeRectWidth-=2;
            timer=0;
        }
        …
        if(timeRectWidth==0){
            screenState=SCREEN_STATE_OVER;
```

```
        }
        try{
            repaint();
        }catch(Exception ex){
            ex.printStackTrace();
        }
    }
}
```

上述代码中，使用 timer 进行自加，每当 timer 值为 10 时，就将时间条的宽度减 2，直到宽度为 0，表示游戏结束。

31.8 添加重新开始游戏功能

实现步骤一

如果在玩游戏的过程中想重新开始，或者在游戏结束后想重新开始，可单击"玩新游戏"按钮。要实现这个功能非常简单，修改 MainFrame 类即可。在 MainFrame 类的 initFrame 方法中加入以下代码：

```
newGame.addActionListener(new ActionListener(){
    public void actionPerformed(ActionEvent e){
        panel.reset();
        panel.repaint();
    }
});
```

上述代码中对按钮进行注册监听，单击按钮后，调用 MainPanel 类的 reset 方法和 paint 方法，游戏重新开始。

值得注意的是，游戏时间到而结束后，screenState 的值为 SCREEN_STATE_OVER，为了能够继续玩新游戏，需要重设。因此在 MainPanel 类的 reset 方法中加入一行重设 screenState 的值的代码：

实现步骤二

```
public void reset(){
    map=model.initMapHelper(64, 10, 10, 29);
    model.setMap(map);
    timeRectWidth=240;
    timer=0;
    screenState=SCREEN_STATE_PLAY;
}
```

31.9 添加可选择关卡功能

实现步骤

目前已经实现的连连看版本都是默认关卡，也就是当某些图标消除掉后，其他图标的位置不变。主窗口中的第一个菜单中定义了 5 个菜单项，分别是无变化、向下串、向上串、向左串、向右串，目前是无变化。向下串的意思是如果某个非0元素的下面是0元素，则把该元素与0元素对调，其他变化以此类推。

31.9.1 在 AbstractGameModel 类中实现算法

要实现不同关卡的重新布局功能，首先要实现核心算法。以向下串为例，首先需要在 AbstractGameModel 类中实现对调的算法。代码如下：

```
/**
 * 当游戏地图中存在上面为非0元素，而下面为0元素的情况时，将两个元素对调
 * @return 布尔值：判断是否执行过对调操作
 */
public boolean downHelper(){
  boolean change=false;
  for(int i=map.length- 2; i > 1; i--){
    for(int j=0; j<map[i].length; j++){
      if(map[i][j]==0 && map[i- 1][j] !=0){
        map[i][j]=map[i- 1][j];
        map[i- 1][j]=0;
        change=true;
      }
    }
  }
  return change;
}
```

上述代码中，默认返回值是 false，即没有对调。使用两层循环，第一层循环变量是游戏地图的行数，第二层循环变量是游戏地图的列数。当判断某个元素是 0 同时它上面的元素非 0 时，则把两个元素对调，并将返回值设置为 true。这个方法很容易理解，然而如何才能持续将所有需要对调的元素进行对调是难点。在 AbstractGameModel 类中定义 downMove 方法，代码如下：

```
/**
 * 使游戏地图中的所有非0元素往下串的方法
 */
public void downMove(){
  while(downHelper());
}
```

上述代码中，downMove 方法调用了 downHelper 方法，并将方法的返回值作为 while 循环的条件。只要调用 downMove 方法，就会调用 downHelper 方法，只要有一次对调，downHelper 方法的返回值就是 true，则该循环就一直有效，所以会反复调用 downHelper 方法进行向下串的操作。其他几种图标移动的算法和上述算法类似。

31.9.2 修改 MainPanel 类

实现算法后，需要修改 MainPanel 类，使得能够调用具体算法。首先在 MainPanel 类中添

加一个新的属性 level，用来保存选择的关卡。代码如下：

```
//关卡
int level=1;
```

在 reset 方法中，添加重设关卡的语句。代码如下：

```
public void reset(){
    map=model.initMapHelper(64, 10, 10, 29);
    model.setMap(map);
    timeRectWidth=240;
    timer=0;
    screenState=SCREEN_STATE_PLAY;
    level=1;
}
```

在 run 方法中，添加 switch 分支用来调用关卡。代码如下：

```
switch(level){
    case 1:
        break;
    case 2:
        model.downMove();
        break;
    case 3:
        model.upMove();
        break;
    case 4:
        model.rightMove();
        break;
    case 5:
        model.leftMove();
        break;
}
```

31.9.3 修改 MainFrame 类

目前已经实现了选择关卡的算法，并且已经在线程中调用了这些算法，接下来还需要对菜单项注册监听，实现用户能够选择不同关卡的操作。在 MainFrame 类的 initFrame 方法的 for 循环中加入以下代码：

```
partItem.addActionListener(new ActionListener(){
    public void actionPerformed(ActionEvent e){
        panel.reset();
        panel.level=index;
        panel.repaint();
    }
});
```

上述代码对关卡菜单项实现了注册监听，当用户选择某个具体关卡时，会先重设面板，然后把当前值传递给 level，并重新绘制游戏地图。

31.10　添加可选择模型功能

实现步骤一

目前主窗口的第二个菜单有两个菜单项，一折模型和默认模型，一折模型的意思是只能直连或一折相连，默认模型是可以直连、一折相连或两折相连。接下来实现可选择模型的功能。为了能够通过菜单选择模型，需要在 MainPanel 类中添加 setModel 方法。代码如下：

```
public void setModel(AbstractGameModel model){
    this.model=model;
}
```

接下来修改 MainFrame 类，在 initFrame 类中对两个菜单项注册监听。代码如下：

```
oneModelMenu.addActionListener(new ActionListener(){
    public void actionPerformed(ActionEvent e){
        panel.setModel(new GameModelOneTurn());
        panel.reset();
        panel.repaint();
    }
});
defaultModelMenu.addActionListener(new ActionListener(){
    public void actionPerformed(ActionEvent e){
        panel.setModel(new GameModelTwoTurn());
        panel.reset();
        panel.repaint();
    }
});
```

实现步骤二

上述代码分别对两个菜单项实现了事件监听，保证选择不同菜单项时，Model 的具体类型也会发生变化。至此，当用户选择不同的模型时，游戏的规则就会发生变化。

31.11　添加可选择图标功能

实现步骤一

目前版本的连连看游戏都使用默认图标，主窗口的第三个菜单中提供了可以更换图标的选择。为实现这个功能，首先将 other.png 复制到 res 目录下，在 MainPanel 类中添加 changeImage 方法。代码如下：

```
public void changeImage(String name){
    String fileName="res/"+name;
    image=Toolkit.getDefaultToolkit().createImage(fileName);
```

```
      repaint();
   }
```

接下来在 MainFrame 类中对菜单注册监听。代码如下：

```
defaultImageMenu.addActionListener(new ActionListener(){
   public void actionPerformed(ActionEvent e){
      panel.changeImage("default.png");
   }
});
iconImageMenu.addActionListener(new ActionListener(){
   public void actionPerformed(ActionEvent e){
      panel.changeImage("other.png");
   }
});
```

实现步骤二

程序运行后，如果选择"选择游戏图片"菜单项，则显示如图 31-22 所示的效果。

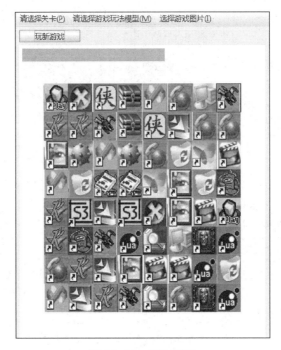

图 31-22　更换图标

31.12　本章小结

本章通过完整实现连连看游戏案例，将 Java 程序设计中的面向对象编程思想、集合框架、多线程编程等核心知识进行了应用，进一步提升读者的 Java 编程实践能力。

附录 A
企业关注的技能

　　"学以致用"是每位读者的心愿，本书讲解了 Java 核心编程的方方面面，附录 A 将从企业的角度，列举企业所关注的与本书内容相关的技能，帮助读者进一步理解书中的内容。读者也可以根据这部分内容有针对性地进行练习，以熟悉企业招聘面试官比较关注的技能点，提高面试成功率。下面将根据本书第一～第五部分的内容进行划分，列举企业关注的技能点，并进行分析。

A.1　Java 语言的类

　　1. 请解释 Java 语言的跨平台性。

　　解析：对一个 Java 程序员来说，理解跨平台特性有助于更深入地掌握 Java 语言，所以企业往往要求应聘者至少了解这个特性。

　　参考答案：Java 的跨平台性又称可移植性、平台无关性，即"一次编写，处处运行"。意思就是如果用 Java 语言编写一个应用，那么就可以在不同平台上运行，而不需要为不同平台单独进行开发。之所以能实现跨平台性，主要得益于 Java 虚拟机（JVM），JVM 中的解释器在运行 Java 应用时可以解释成符合当前平台规范的机器码，从而保证同样的应用能在不同平台上运行。

　　2. 请列举 Java 语言的主要特点。

　　解析：了解一门语言，往往从熟悉该语言的主要特点开始入手，所以企业也常常通过考查应聘者对 Java 语言特点的掌握程度而判断其语言基础是否扎实。

　　参考答案：Java 语言有很多特点，主要包括以下几个。①可移植性：一个应用可以不经过修改，就直接在不同的平台上运行。②面向对象：Java 语言是一门面向对象的语言，可以使用对象封装事物的属性和行为，可以使用面向对象的思想进行分析设计，并实现整个应用。③自动垃圾回收：Java 应用中的垃圾回收是自动进行的，JVM 中的后台线程将监视内存中数据的使用情况，当内存中的数据不再被引用时，将作为垃圾被回收，而不需要程序员手动回收。④鲁棒性：Java 语言在编译和运行时，对可能出现的问题进行检查，以消除错误的产生机会。⑤简单性：Java 语言取消了指针，内存管理通过后台线程自动进行，不再使用 goto 语句，不支持多继承。

3. 请说明一个 Java 类中主要包含哪几种元素，并说明每种元素的作用。

解析： 简单或复杂的 Java 应用都由若干类组成，所以类是 Java 应用的基本组成单位。了解一个类中包含的主要元素能够对类有一个清晰的认识。一个类中往往包含 5 种元素，即属性、方法、构造方法、块及内部类，其中块和内部类较为少见。

参考答案： Java 类中主要包含属性、方法、构造方法、块及内部类。属性用来定义对象的数据；方法用来定义对象的行为；构造方法用来创建对象；块用来在类加载时执行通用操作或者在每次实例化前执行通用操作；内部类作为类的一个成员存在，能够访问外部类的属性和方法。

4. 请说明构造方法的作用和特征。

解析： 类是对象的模板，使用类前往往需要对类进行实例化，即创建对象。要创建对象就必须使用 new 关键字调用构造方法（constructor）才能完成。在构造方法中可以对属性进行初始化，也可以实现其他必要的功能，如读取属性文件等。构造方法有两个独有的特征：名称必须与类名相同且大小写敏感，而且构造方法不能声明返回值，这两个特征缺一不可。使用 MyEclipse 工具时，可以使用菜单 Generate Constructor 自动生成不同的构造方法。

参考答案： 构造方法的作用是创建对象，使用 new 关键字调用。构造方法名必须与类名完全相同且大小写敏感，同时构造方法不能声明返回值类型，可以使用任意一种访问权限修饰符，但是不能使用其他修饰符进行修饰。如 static、final、abstract 等修饰符都不能修饰构造方法。

5. 请说明什么是方法重载（overload）。

解析： 一个类的某个行为，会有不同的算法和逻辑，例如，Math 类计算绝对值的方法，可以计算 int 类型数值的绝对值，也可以计算 double 类型数值的绝对值。这种情况下，如果对每种类型定义一个不同的方法名，如 absInt、absDouble，那么类的可读性就较差，使用该类时，必须熟悉处理每种类型参数的方法名。然而，如果使用同一个方法名，而使用不同的形式参数来区别这些方法，那么代码就具有很好的可读性，如 abs(int i)、abs(double d) 等。能编写可读性强的代码是企业对开发人员的基本要求，方法重载能够使得代码有很好的可读性。

参考答案： 方法重载指的是在一个类中可以声明多个相同名称的方法，而方法的形式参数有所区别。调用这些同名方法时，JVM 会根据实际参数的不同绑定到不同的方法。

6. 请列举 Java 语言中的访问权限修饰符，并说明每种权限的含义。

解析： 正确使用访问权限修饰符能够有效控制类及类成员的安全性。Java 语言中有 public、protected、default 及 private 4 种访问权限修饰符。一般情况下，应用中的类多是 public 权限，属性多是 private 权限，方法多是 public 权限。

参考答案： Java 语言中有 public、protected、default 及 private 4 种访问权限修饰符。public 表示公共权限，即任何包都可以访问；protected 表示受保护权限，即同包可以访问，不同包中的子类可以访问；default 权限是默认权限，即不显式指明访问权限修饰符的时候就是同包权限，表示只有同包可以访问；private 是私有权限，表示只能在本类中访问。

7. 请列举 Java 语言中的 8 种基本数据类型，并说明每种数据类型的含义及长度。

解析： 数据类型在任何一门编程语言中都是很重要的知识点，属性、方法参数、方法返回值都需要指定各自的数据类型。Java 语言虽然是一门面向对象的语言，但是也定义了基本数据类型。基本数据类型可以直接赋值，不需要使用 new 关键字创建，也可以直接使用运算符进行运算。而且 Java 语言中的基本数据类型的长度固定，不会随着平台的不同而不同。

参考答案：Java 语言的 8 种基本数据类型如下：byte（字节型），长度为 8；short（短整型），长度为 16；int（整型），长度为 32；long（长整型），长度为 64；float（单精度浮点型），长度为 32；double（双精度浮点型），长度为 64；char（字符型），长度为 16；boolean（逻辑型），表示逻辑值，有 true 和 false 两个值，分别表示真和假。

8. 什么叫引用类型？引用类型和基本数据类型有什么区别？

解析：很多初级程序员都能够理解 int i=20;中的 int 是一种类型，称为整型。而对类似 Employee e=new Employee();中的 Employee 却感觉无所适从。其实，任何一个类都是一种类型，如 Employee 就是一种类型，可以说变量 e 的类型就是 Employee。Java 语言将类的类型称为引用类型，即 reference type。可以说，8 种基本数据类型之外的类型都是引用类型，包括 API 中所有的类、自定义的所有类，也包括数组。引用类型和基本数据类型的直观区别就是引用类型的变量需要使用 new 关键字调用构造方法来赋值，而基本数据类型可以直接使用=赋值。但是，引用类型中的 String 类型比较特殊，既可以使用 new 关键字赋值，也可以直接使用=赋值，一般情况下使用=直接赋值。

参考答案：Java 语言中，基本数据类型之外的类型都称为引用类型。引用类型就是类的类型，所有的对象都是引用类型，包括数组对象。引用类型必须使用 new 关键字调用构造方法进行赋值，引用类型的变量拥有自己的属性和方法，可以使用圆点调用自己的属性和方法。基本数据类型可以直接使用=进行赋值，且没有自己的属性和方法，往往都在声明属性或方法时使用。

9. 对于 String 对象，可以使用=赋值，也可以使用 new 关键字赋值，两种方式有什么区别？

解析：String 类型是实际工作中经常使用到的类型，从数据类型上划分，String 是一个引用类型，是 API 中定义的一个类。所以 String 类型的对象可以使用 new 关键字创建,例如 String name=new String("ETC");就是对变量 name 进行赋值，值为 "ETC"。然而，String 类比起其他类有些特殊，可以使用=直接赋值，如 String name="ETC";也是为变量 name 赋值，值为 "ETC"。这两种赋值方式是有差别的，使用 new 关键字赋值，永远都是创建一个新的对象，在新的内存空间初始化了字符串值；而使用=赋值，不会每次都初始化，而是在一个字符串实例池中去查找有没有要赋值的字符串，如有则直接引用，如没有则初始化一个字符串，并放入字符串实例池中。在实际编程中，往往使用=对 String 类型变量进行赋值。

参考答案：使用=赋值不会每次都创建新的对象，而是在字符串实例池中查找字符串。使用 new 关键字赋值，则每次都创建新的对象。

10. String 类是一个不可变类，请解释不可变类的含义。

解析：String 类是一个不可变类，即 immutable 类。所谓不可变，是指当一个字符串被初始化后，它的值就不会被改变。例如，String s=new String("hello");将初始化一个值为 hello 的字符串，如果调用 s.toUpperCase()看起来是把 hello 变为大写的 HELLO，然而事实上并不会把已有的 hello 变为 HELLO，而是在新的空间初始化一个 HELLO 字符串。也正因为有这种不可变性，所以才能支持字符串实例池的使用。

参考答案：所谓不可变类，即实例在初始化赋值后，就不能被修改。

11. String 类和 StringBuffer 类有什么区别？

解析：String 类是不可变类，字符串一旦初始化后，就不能被改变。而 StringBuffer 类是可变类，字符串值可以被改变。在实际应用中常常看到类似 String s=new String("hello"); s+="world";这样的代码，这两句代码首先创建一个字符串 hello，然后将 world 追加到 hello 后面，重新赋值给变量 s。然而，这个过程实际上是这样的：首先创建一个 StringBuffer 对象，然后调用 StringBuffer 类的 append 方法追加字符串，最后对 StringBuffer 对象调用 toString 方法转换成字符串返回。可见，使用+连接字符串时，本质上是使用了可变的 StringBuffer 类，但是经过转换，性能和效率肯定受到影响，所以建议需要追加字符串时，可以考虑直接使用 StringBuffer 类。

参考答案：String 类是不可变类，即字符串值一旦初始化后就不能被改变。StringBuffer 类是可变字符串类，类似于 String 类的缓冲区，可以修改字符串的值。

12. StringBuffer 类和 StringBuilder 类有什么区别？

解析：StringBuilder 类是 JDK 5.0 版本增加的类，在以前版本中不存在这个类。StringBuilder 类中的方法和 StringBuffer 类中的方法基本相同，但是 StringBuffer 类是线程安全的，而 StringBuilder 类不是线程安全的，因此在不考虑同步的情况下，StringBuilder 类有更好的性能。

参考答案：StringBuffer 类是线程安全的字符串缓冲，而 StringBuilder 类不是线程安全的。

13. 包装器类型包括哪些类？有什么作用？

解析：初级程序员常常对 float 和 Float 或者 double 和 Double 感到混淆。在 Java 语言中，存在 8 种基本数据类型，即 byte、short、int、long、float、double、char、boolean。对应这 8 种基本数据类型，API 中定义了 8 个类，能把这些基本数据类型转换成引用类型，分别是 Byte、Short、Integer、Long、Float、Double、Character、Boolean。这 8 个类被统称为包装器类型。JDK 5.0 及以后版本中，包装器类型和基本数据类型之间可以直接转换，称为自动装箱（boxing）、自动拆箱（unboxing）。例如代码 Integer it=3; it++;虽然在写法上可以像使用基本数据类型一样使用包装器类型，但是本质上依然是进行了类似 it=new Integer(3);语句的转换。因此，不要轻易使用包装器类型的自动装箱、自动拆箱，以免影响性能，能够使用基本数据类型就使用基本数据类型。

参考答案：包装器类型包括 Byte、Short、Integer、Long、Float、Double、Character、Boolean 8 个类，主要用来对 byte、short、int、long、float、double、char、boolean 这 8 种基本数据类型进行包装，使其成为引用类型。

14. 请说明 Java 语言中的值传递规则。

解析：值传递是编写应用时不可避免的操作。例如，某方法的声明形式是 public void f(int x){}，使用该方法时，必须为其传递一个 int 类型的实际参数，如 f(10)。又如 public void g(Employee e){}，使用该方法时，必须为其传递一个 Employee 类型的实际参数，如 g(new Employee())。所以，对初级程序员来说，了解 Java 语言的值传递规则非常重要。Java 语言中，基本数据类型传递的是复制的值，如 f(10)，表示仅仅把 10 赋给形式参数 x，是值的复制。而引用类型传递的是引用，即虚地址，例如 g(new Employee())是把实际参数的虚地址传递给形式参数 e，也就是实际参数和形式参数的虚地址相同，物理上是同一个对象。

参考答案：基本数据类型传递的是复制的值，引用类型传递的是引用，即虚地址。

15. 使用 static 修饰属性或方法后，属性和方法有什么特征？

解析：static 修饰符是一个非常常见且重要的修饰符，称为静态修饰符。静态不是指值不能改变，这是很多初级程序员容易望文生义的地方。static 常常用来修饰类的属性或方法。当一个属性或方法和对象没有关系，或者说可被任何对象共享时，就应该使用 static 进行修饰。例如，某类中的计数器用来计算实例的个数，那么这个计数器属性就是可被所有对象共享的属性，就应该使用 static 修饰。又如 Math 类中的 abs(int) 方法，用来返回参数的绝对值，这个方法和 Math 类的对象没有关系，Math 类的所有对象可以共享这个方法，那么这个方法就可以用 static 修饰。程序员必须深入理解 static 修饰符的使用规则。

参考答案：用 static 修饰属性或方法后，属性和方法不再属于某个特定对象，而是可被所有对象共享，即 static 成员不依赖某个对象，在类加载时就被初始化。static 修饰的属性或方法可以直接使用类名调用，而不用先实例化对象再调用。

16. 使用 final 修饰属性后，属性有什么特征？

解析：属性可以是变量也可以是常量，如果是常量，就需要使用 final 修饰。如果使用 final 修饰了某个属性，那么该属性一旦被赋值，就不能被修改。实际编程中常常有这样的代码：private static final int ERROR=0;，也就是说，常常会声明静态常量。静态常量的命名规范比较特殊，往往都使用大写字母，如果包含多个单词，每个单词之间使用下画线连接。静态常量的意思是该类所有对象都拥有一个不变的常量 ERROR，值为 0。API 中的很多类都定义了这样的静态常量，使用时直接使用类名调用即可。

参考答案：用 final 修饰属性后，属性就成为一个常量。常量只要被赋值，就不能被改变。

17. 请说明操作符 == 的作用。

解析：实际编程中，== 是常用的操作符。很多初级程序员会使用这样的代码：if(s=="save"){}，结果会发现，即使当字符串 s 的值为 save 时，if 条件依然不能被执行。原因是 == 在比较引用类型时，比较的是两个对象的虚地址，而不是内容。要比较两个对象的内容是否相同，往往需要使用 equals 方法，如 if(s.equals("save")){}。用 == 比较基本数据类型时，是比较数值的二进制是否相等，例如 if(x==0.5){}。值得注意的是，与空指针 null 值进行比较，往往使用 ==，如 if(s==null||s.equals(""))，表示如果字符串是空指针或空串。

参考答案：== 可以用来比较基本数据类型或引用类型。比较基本数据类型时，== 用来比较数值的二进制值；比较引用类型时，用来比较对象的虚地址。

18. 请说明操作符 && 与 & 的区别和联系。

解析：实际编程中，常常需要使用"与"或"或"的逻辑。其中 && 和 & 存在一定区别，用 && 可能发生"短路"问题，如 if(s!=null&&s.length()==6)中，如果 s 的值为 null，那么第一个表达式的值为 false，返回值肯定是 false，就不会计算第二个表达式的值，这就是"短路"。然而如果使用 &，如 if(s!=null&s.length()==6)，假设 s 的值为 null，虽然返回值肯定为 false，但是依然会判断第二个表达式的值，将发生空指针异常。实际工作中，经常使用 && 操作符。

参考答案：用 && 会发生"短路"问题，当第一个表达式的值为 false 时，将直接返回结果 false，而不会判断第二个表达式的值。而用 & 不会发生"短路"问题，即使第一个表达式的值是 false，依然会判断第二个表达式的值。

19. 请列举 Java 语言中的几种位运算符，并说明位运算符的作用。

解析：位运算符对二进制数值进行运算，左移一位相当于乘以 2 运算，右移一位相当于除以 2 运算。移位运算符效率较高，在游戏开发中经常使用。

参考答案：Java 语言中有 3 种移位运算符。<<：左移运算符，左移 1 位相当于乘以 2；>>：有符号右移，右移一位相当于除以 2；>>>：无符号右移，忽略符号位，空位都以 0 补齐。

20. break 语句能在什么场合使用？

解析：break 语句表示中断，不能随便使用，只能在循环语句中或 switch 语句中使用。初级程序员往往容易将 break 语句和 return 语句混淆。return 语句可以在方法体中的任意位置使用，可以带值返回也可以不带值返回，执行 return 语句后，该方法将返回，也就是方法执行结束。而 break 语句只能在循环体中或 switch 的 case 语句中使用，不能随意使用。

参考答案：break 语句可以在循环体中使用，也可以在 switch 的 case 语句中使用。

21. 简述 for 循环中的 break 语句和 continue 语句的作用。

解析：很多时候，循环是为了查找某些符合条件的数据，只要找到就没有必要继续下去，即中断循环，break 语句就可以用来中断循环。而 continue 语句恰恰相反，是用来继续下一次循环的。

参考答案：break 语句可以用来中断循环，continue 语句可以用来继续下一次循环。

A.2 类之间的关系

1. 用代码表示 A 类关联 B 类的情况。

解析：一个 Java 应用中不可能只有一个类，所以了解类之间的关系对程序员来说非常重要。关联关系是一种常用的关系，如果说 A 类关联 B 类，那么就是 B 类作为 A 类的属性存在。关联关系是一种复用策略，即 A 类关联 B 类的时候，A 类可以复用 B 类的行为。

参考答案：

```
class A{
    private B b;
    public void setB(B b){
        this.b=b;
    }
}
```

2. 请说明 Java 语言中数组的基本概念、作用，以及数组的声明创建方式。

解析：数组是任何一门语言里都常用的类型，Java 语言也不例外。程序员了解数组，不能仅仅从语法上了解，而应该深入理解数组的作用。数组可以用来存储类型相同的元素，作为一种数据容器使用。和数组类似的概念是集合，也能作为数据容器使用。

参考答案：数组是相同元素的集合，作为数据容器使用。声明创建一个 int 型数组，代码如下：

```
int[] x=new int[3];
```

其中 3 是数组的长度，表示该数组能够存储 3 个 int 型变量。

3. 使用代码，创建一个长度为 5 的 String 型数组，并使用增强 for 循环迭代数组，输出数组中的元素。

解析：增强 for 循环是 JDK 5.0 版本增加的特性，可以方便地遍历数组或集合。程序员需要注意的是，如果 JDK 版本低于 5.0，则不支持这个功能。另外，并不是说有了增强 for 循环后，传统的 for 循环就不会被使用，增强 for 循环只能用来方便地遍历数组或集合，其他情况下还只能使用传统的 for 循环。

参考答案：

```
String[] sArray=new String[5];
for(String s:sArray){
    System.out.println(s);
}
```

4. 说明 Arrays 类的作用。

解析：在实际工作中，常常需要对数组中的元素进行处理，如排序等。初级程序员往往选择自己编写算法实现。实际上，API 中提供了 Arrays 类，该类中定义了很多和数组有关的方法，能够方便地处理数组，是程序员必须掌握的类。

参考答案：Arrays 类是 java.util 包中的一个类，类中的所有方法都是 static 方法，这些方法都是数组对象的方法，能够对数组进行处理，如 sort 方法可以对数组元素进行排序。

5. 请使用简单代码展示 A 类依赖 B 类的含义。

解析：对程序员来说，了解类和类之间的关系非常有必要。依赖关系是一种瞬时关系，如果 A 类依赖 B 类，一般指的是 A 类的某个行为需要 B 类对象作为参数。

参考答案：

```
class A{
    public void f(B b){}
}
```

6. 请说明依赖关系和关联关系的区别。

解析：依赖关系和关联关系是两种常见的关系，二者的区别也很明显，程序员了解二者的区别能够更深入地理解面向对象的思想。

参考答案：依赖关系是一种瞬时关系，A 类依赖 B 类，指的是 A 类的某个行为的参数是 B 类的类型，也就是说，A 类要想实现这个行为，必须依赖 B 类的实例。A 类关联 B 类，是一种长久的关系，指的是 B 类作为 A 类的属性存在，只要实例化一个 A 类的对象，就会为这个 A 类的对象实例化一个 B 类的对象，作为它的属性使用，可以在 A 类中任何需要使用 B 类的地方使用 B 类。

7. 继承有什么作用？Java 语言中的继承有什么特点？

解析：继承是面向对象语言的一大特征，主要作用是重复使用，子类通过继承父类能够重复使用父类的属性和方法。值得注意的是，有两个策略可以实现重复使用，一个是关联，另一个是继承，实际编程中，关联用得更多。因为子类继承父类后，相当于父类中的细节将暴露给子类。初级程序员一定不要随意使用继承。

参考答案：继承主要为了能够重复使用父类中的成员。Java 语言中的继承是单继承，也就是说一个类最多只能继承一个父类。

8. 什么是方法覆盖（override）？说明方法覆盖与方法重载的区别。

解析：方法覆盖是一个非常重要的概念，是多态性的一个体现。方法覆盖发生在继承关系中，当子类需要修改从父类继承到的某个方法的方法体时，就可以声明一个和父类同名、同参数、同返回值的方法，这样就对父类中的那个方法进行了覆盖，子类对象调用该方法时将自动绑定到子类中的方法。API 的很多类中都进行了方法覆盖，如 String 类中的 toString 方法，就覆盖了父类 Object 中的 toString 方法。

参考答案：方法覆盖发生在继承关系的子类中。当子类要修改从父类继承到的某个方法的方法体时，就可以在子类中声明一个与父类同名、同参数、同返回值类型的方法，这就是方法覆盖。而重载与继承没有关系，指的是在一个类中可以同时声明多个同名但不同参数的方法。

9. 请说明什么是抽象类，以及抽象类有什么作用。

解析：初级程序员往往不需要自己创建抽象类，但是必须了解抽象类的概念，并且会使用抽象类。抽象类往往是设计阶段的概念，用来定义多个子类的模板，一些具体的实现可以在子类中进行。初级程序员应会创建子类继承抽象类，实现抽象类中的方法。在 API 中，抽象类比比皆是。

参考答案：抽象类是不能实例化的类，使用 abstract 修饰。抽象类往往用来做父类使用，定义一些子类的共同属性或行为。

10. 请说明抽象方法的含义，并说明抽象类与抽象方法的关系。

解析：抽象方法都是在抽象类中定义的，是用来定义子类"怎么做"的策略，而具体的"如何做"都在子类中实现。

参考答案：抽象方法是没有方法体的方法，使用 abstract 修饰。抽象类中不一定有抽象方法，但是有抽象方法的类一定是抽象类。

11. super 关键字的两种用法。

解析：使用一些 IDE 生成代码时，常常会在构造方法中见到 super 关键字。super 是和父类有关的一个关键字，熟悉其用法对熟练掌握继承很有必要。

参考答案：super 关键字有两种用法。第一种是在子类构造方法的第一行，调用父类的某个构造方法，如 super();表示调用父类中没有参数的构造方法，又如 super(10);表示调用父类中具有一个整型参数的构造方法；第二种是在子类中调用父类中的成员，如 super.f();表示调用父类中的 f 方法。

12. final 类与 final 方法有什么作用？

解析：final 修饰符是一个用途非常广泛的修饰符，可以修饰类、方法和属性。

参考答案：final 类是不能够被继承的类，称为终极类，如 String 类就是 final 类，不能有子类。用 final 修饰符修饰的方法是终极方法，不能被子类覆盖，但是可以被子类继承使用。

13. 什么是多态参数? 多态参数有什么作用?

解析: 多态性是面向对象语言的一大特征, 重载、覆盖、多态参数是多态性的几种主要表现形式。多态参数处处可见, 如方法 f(Object o), 这个方法的参数类型是 Object, 那么使用该方法时, 只要传递给 f 的参数类型是 Object 即可。也就是说, Object 类的任意子类对象都可以传递给 f 方法。这就是多态参数, 意思是对外形式都一样, 都是 Object, 具体实现的时候, 可以是这个类型的任意子类。这就使得该方法比较灵活, Object 类即使有了新的子类, 该方法也可以在不进行修改的情况下直接作用到该子类。了解多态参数的含义和使用, 对编写 Java 程序来说特别关键。

参考答案: 多态参数就是参数的类型是某个父类类型, 具体为这个参数赋值的时候, 就可以使用该父类的任意子类的对象。使用多态参数, 可以使得程序的扩展性更好, 即使扩展了新的子类, 方法也不需要任何修改, 就能对子类类型进行处理。

14. Object 类有什么特点?

解析: Object 类是一个非常重要的类, 是所有类的父类, 包括数组在内。也就是说, 任何一个 Java 类, 不管是在 API 中定义的, 还是自定义的类, 都直接或间接地继承了 Object 类。所以, 如果有一个方法 f(Object o), 那么可以传递给这个方法任意一个类的对象, 包括数组对象, 因为所有对象都可以说是 Object 类型。

参考答案: Object 类是所有类的直接或间接的父类。

15. Object 类中的 toString 方法有什么作用?

解析: Object 类是所有类的父类, 所以 Object 类中的方法是所有类都默认具有的方法, 其中的 toString 方法可以将任意一个对象作为字符串返回, 默认的格式是 "类名@内存地址"。API 中的很多类已经覆盖了这个方法, 将其返回值的格式进行了自定义, 如 String 类的 toString 方法已经覆盖为返回字符串的字符序列。toString 方法在很多场合被自动调用, 例如输出一个对象时, 就自动调用该对象的 toString 方法, 如果需要修改返回字符串的格式, 就需要在类中覆盖 toString 方法。

参考答案: toString 方法可以把对象作为字符串返回。

16. Object 类中的 equals 方法与 hashCode 方法分别有什么作用?

解析: Object 类中定义了 equals 方法和 hashCode 方法。在 Object 类中, equals 方法用来比较对象的引用值, 也就是只有物理上是同一个对象的两个引用, 在使用 equals 方法比较时才返回 true。hashCode 方法返回一个对象的内存地址的十六进制数值。由于 Object 类是所有类的父类, 所以任意类中都拥有这两个方法, 并都可以进行覆盖。尤其在操作 Set、Map 对象时, 覆盖集合元素类的 equals 方法和 hashCode 方法非常有必要, 因为 Set 和 Map 判断元素是否重复, 主要依靠这两个方法进行。一般的规则如下: 如果存在 x 和 y 两个对象, 在调用 x.equals(y)返回 true 时, 调用 hashCode 方法的返回值也应该相同; 调用 x.equals(y)返回 false 时, 调用 hashCode 方法的返回值可能相同, 也可能不同。值得注意的是, 只要覆盖了 equals 方法, 一定要按照规则覆盖 hashCode 方法。在实际工作中, 很多 IDE 环境都支持覆盖 equals 方法和 hashCode 方法的功能。

参考答案: Object 类中的 equals 方法用来比较两个引用的值, hashCode 方法用来返回引用的内存地址的十六进制数值。在 Set 和 Map 集合中, 判断两个元素是否重复时, 往往需要使用这两个方法。这两个方法往往被子类覆盖，覆盖的规则如下：假设存在 x 和 y 两个对象，如果调用 x.equals(y)返回 true，那么调用 hashCode 方法的返回值也应该相同；如果调用 x.equals(y)返回 false，那么调用 hashCode 方法的返回值可能相同，也可能不同。

17. 接口有什么特点？与抽象类有什么区别？

解析： 接口是一个设计层面的概念，初级程序员往往不会自己定义接口，但是会使用接口。理解接口的概念非常有必要。接口定义了实现类的规范，即"怎么做"的部分，所有实现类必须按照这个规范进行实现。

参考答案： 接口的特点是不能定义变量，而且所有方法都是抽象方法。抽象类中可以有变量，不强制必须有抽象方法。

18. 类继承父类与类实现接口有什么区别？

解析： 类继承父类和类实现接口，本质上其实是一样的，都是将父类或接口作为模板，在这个模板上进行扩展或重写。程序员在实际编程时，常常需要继承父类或实现接口。

参考答案： 类继承父类只能是单继承，也就是一个子类最多只能有一个父类；而类实现接口可以多实现，也就是一个子类可以同时实现多个接口，并覆盖所有接口中的所有抽象方法。

19. Comparable 接口有什么作用？

解析： Comparable 接口是在实际编程中常常使用的接口，该接口定义了 compareTo(Object o)方法，用来定义对象的比较逻辑。这个接口在其他 API 中常常会强制使用，例如 Arrays 类的 sort(Object[])方法，就强制数组元素必须实现 Comparable 接口。与这个接口类似的另一个接口是 Comparator 接口。

参考答案： Comparable 接口定义了 compareTo(Object o)方法，可以用来实现对象的比较逻辑。这个接口在其他 API 中常常强制使用，用来规范对象的比较逻辑。

A.3 异 常 处 理

1. 什么是异常？异常和错误有什么区别？

解析： 异常处理是面向对象语言比起过程式语言的一大改进。对 Java 程序员来说，要想顺利编程，必须了解异常处理。

参考答案： 异常是一些不正常的事件，能够中断程序的正常执行，例如除以 0 的计算就是异常。异常和错误不同，异常是可以被处理的，而错误往往是不能够被处理的，如内存溢出错误。

2. NullPointerException 是什么异常？什么情况下会发生该异常？

解析： 程序员必须理解常见异常的发生原因，并能够进行处理。NullPointerException 就是一种特别常见的运行期异常。

参考答案： NullPointerException 是空指针异常，若一个引用没有被赋值，就是 null 值。在这种情况下，使用该引用调用其属性或方法，就会发生 NullPointerException 异常。

3. 说明 try、catch、finally 块的作用。

解析：编写 Java 程序，避免不了处理异常，一般使用 try、catch、finally 块处理异常。其中的 finally 语句非常值得程序员关注，可以用来执行必须实现的功能，如关闭数据库连接等操作。

参考答案：try 块用来包含可能发生异常的语句，catch 块用来捕获异常，finally 块用来包含必须执行的语句。

4. 如何使用语句抛出异常？抛出异常后如何处理？

解析：某些业务逻辑的非正常事件流可以使用抛出异常来标记。抛出的异常必须是自定义的异常类型。建议不要使用 API 中的标准异常类，避免混淆。

参考答案：使用 throw 语句就可以抛出异常，如 throw new XxxException()。抛出异常后，一般情况下会在方法声明处使用 throws 声明该类型的异常，调用该方法时编译器将提示处理异常。

5. throw 关键字和 throws 关键字有什么区别和联系？

解析：throw 关键字和 throws 关键字是异常处理时两个常见的关键字，初级程序员容易混淆。如果能正确理解 throw 关键字和 throws 关键字的作用和区别，说明已经能比较深入地理解异常处理。throw 关键字用来抛出异常，如果执行了 throw 语句，程序将发生异常，启动异常处理机制。throws 关键字用来声明异常，表明这个方法可能会发生某些类型的异常，那么编译器在调用这个方法的时候将强制处理异常。API 中的很多方法都使用 throws 关键字声明了异常，所以在使用这些方法时编译器会提示需要处理异常。

参考答案：throw 关键字用来在方法体内抛出异常，而 throws 关键字用来在方法声明处声明异常。这两个关键字有着一定的联系，如果一个方法中使用了 throw 关键字抛出了异常，那么要么立即使用 try-catch 语句进行捕获，要么就使用 throws 关键字进行声明，否则将出现编译错误。然而，并不是只有使用了 throw 关键字后才能使用 throws 关键字，从语法上来说，任何一个方法都可以直接使用 throws 关键字，包括抽象方法。

6. 什么是自定义异常类？为什么要自定义异常类？

解析：企业应用中，往往会自定义一系列异常类，标记一些非正常的事件流。然而，这些自定义的异常类不会让每个程序员自定义，而是会由专人定义，分发给程序员使用。

参考答案：自定义异常类有别于 API 中的标准异常类，指的是开发人员自己创建的异常类。只要继承 API 中的某个异常类就可以自定义一个异常类，常常继承 Exception 类。自定义异常类主要为了标记业务逻辑中的非正常事件流，避免与 API 中的标准异常混淆。

A.4　核心 API 的使用

1. 请画出 Java 集合框架的主要接口和类的继承关系。

解析：集合是非常重要的类型，也是企业考查员工编程能力时常关注的知识点。程序员应该熟悉 Java 集合框架的主要继承关系，掌握常用集合的用法和特点。

参考答案：

2. Collection 接口和 Map 接口分别定义了什么集合类型？有什么区别？

解析： Collection 接口和 Map 接口是 Java 集合框架中的两个基本集合类型，要区别不同的集合，首先要从区别 Collection 接口和 Map 接口开始。

参考答案： Collection 接口是传统的集合接口，可以把单个对象存储进来。而 Map 接口是映射接口，存储的是键值对。

3. 用简单代码演示创建一个泛型类型为 Customer 类的 List 对象，并使用增强 for 循环迭代该集合。

解析： JDK 5.0 及以后版本，集合框架中的接口和类都是泛型类及泛型接口，并可以使用增强 for 循环迭代集合。所以程序员需要先确认开发平台的 JDK 版本，如果低于 5.0 则不能使用这些功能。

参考答案：

```
List<Customer> list=new ArrayList<Customer>();
for(Customer cust:list){
}
```

4. List 集合和 Set 集合有什么区别？

解析： List 接口和 Set 接口是 Collection 接口的两个子接口，也是使用得较多的两种集合类型。程序员掌握这两个接口的基本特征，能够更准确地选择集合类型。

参考答案： List 实现了列表类型的集合，其中的元素是有顺序的，每个元素根据加入集合的顺序拥有一个索引值，可以根据这个索引值返回集合元素。而 Set 实现了不重复的集合，即其中的元素不能够重复，重复的元素将无法添加到集合中。

5. List 接口有哪几个主要的实现类？分别说明其特征。

解析： List 是用得较多的集合类型，是一个接口。具体使用 List 类型集合时，需要使用其实现类。List 接口的每个实现类也都实现了不同的数据结构，各自具有不同的特征，其中 ArrayList 是常用的 List 实现类。

参考答案： List 接口中有以下几个常用的实现类。①ArrayList：实现了可变长度数组。②LinkedList：实现了链表的数据结构，也可以作为栈或队列。③Vector：Vector 类的功能 ArrayList 类都可以实现，区别在于 Vector 类是线程同步的。

6. Collection 和 Collections 有什么区别？

解析： 很多初级程序员容易将 Collection 和 Collections 混淆，二者名称类似，本质却大大不同，Collection 是接口，而 Collections 类与 Arrays 类类似，都是工具类，程序员应该熟练掌握。

参考答案： Collection 是一个接口名，定义了集合类的共同行为。而 Collections 是一个类名，是集合的工具类，类中定义了大量的静态方法，能够操作集合对象。

7. 如何将一个 Collection 转换成数组？

解析： 集合和数组有很多共同的地方，二者都作为数据容器使用，用来持有数据。然而，数组的长度总是固定的，集合的长度却可以动态扩展，数组由于可以直接通过索引操作其中的元素，所以性能和效率较高。实际应用中，可能使用集合作为临时变量持有数据，然后将最终的结果转换成数组返回。

参考答案： Collection 接口中定义了 toArray(T[] a)方法来将集合转换为数组，其中的 T 是泛型类型。

8. 假设存在文本文件 etc.doc，请用代码展示将该文件按行读出，并输出到控制台。

解析： 能够使用 java.io 包进行文件的输入/输出操作是一个程序员的必备技能，使用 I/O 的步骤基本类似，都需要经过选择 I/O 类、创建流对象、进行读/写操作、关闭流对象的过程。程序员应该熟悉常用的 I/O 流，能够根据需要选择适当的 I/O 类。

参考答案：

```
File file=new File("etc.doc");
try{
    FileReader fr=new FileReader(file);
    BufferedReader br=new BufferedReader(fr);
    String line=br.readLine();
    while(line==null){
        System.out.println(line);
        line=br.readLine();
    }
}catch(FileNotFoundException e){
    e.printStackTrace();
}catch(IOException e){
    e.printStackTrace();
}
```

9. 请说明 AWT、Swing 及 SWT 的区别和联系。

解析： 目前，使用 Java 开发 GUI 的应用比较少，但是程序员至少应该了解利用 Java 进行 GUI 编程的主要概念。

参考答案： AWT（Abstract Window Toolkit）是 Java 语言中的原始 GUI 工具包；Java Swing 是 Java Foundation Classes（JFC）的一部分，是在 AWT 基础上发展而来的 GUI API；AWT 和 Swing 都是原 Sun 公司推出的 Java GUI 工具包，而 SWT 是 Eclipse 组织为了开发 Eclipse IDE 环境所编写的一组底层 GUI API。

10. 假设某 GUI 中存在一个按钮 button，请用代码演示使用匿名内部类对该按钮注册监听器，使得单击按钮后应用能够退出。

解析：使用 Java 语言进行 GUI 开发的应用较少。只要进行 GUI 开发，事件处理就是非常重要的知识点。GUI 的事件处理，很多时候使用匿名内部类实现，程序员至少需要熟悉匿名内部类的语法。

参考答案：

```
button.addActionListener(new ActionListener(){
    public void actionPerformed(ActionEvent arg0){
        System.exit(0);
    }
});
```

11. 如何使用 Java 语言创建线程对象？请列出两种常用的方法。

解析：Java 语言能够支持多线程编程，将线程封装成 Thread 类型的对象，只要创建 Thread 类型的对象，就能够便捷地启动线程、执行线程体。程序员必须掌握创建线程的常用方法。

参考答案：Java 语言中经常使用两种方法创建线程。① 创建 Thread 类的子类，在子类中覆盖 Thread 类的 run 方法，实现线程的运行体，只要创建该子类对象就是线程对象。② 创建 Runnable 接口的实现类，在实现类中覆盖接口中的 run 方法，实现线程的运行体。使用 Thread(Runnable)构造方法可以创建线程对象，参数是 Runnable 接口实现类的实例。

12. synchronized 关键字有什么作用？用简单代码展示 synchronized 关键字的用法。

解析：线程可以共享数据，而共享数据时，可能会因为多个线程并发处理共享数据而导致数据不一致。这时，线程同步就非常关键。程序员必须掌握同步的用法，但是不能随意将代码同步，因为同步将降低性能，所以一定不能把不需要同步的代码同步，而是只把必须同步的代码同步。

参考答案：synchronized 关键字可以将某个代码块或者某个方法线程同步，被同步的代码块在一个时刻只能被一个线程访问，只有当前线程处理结束后，方能被其他线程访问。例如：

```
public void run(){
    for(int i=0;i<50;i++){
        synchronized(this){
            System.out.println(Thread.currentThread().getName()+" :x="+x);
            x++;
        }
    }
}
```

13. 线程通信的方法有哪几个？分别起到什么作用？

解析：如果多个线程共享了某些数据，同时线程之间又存在一定的"依赖"关系，即执行某类线程必须依赖另一类线程的执行结果，如消费者必须等待生产者生产了商品才能购买。这种情况下，线程之间就需要通信。必须在同步代码块中调用线程通信的方法。

参考答案：线程通信的方法有 3 个，在 Object 类中定义。①wait 方法：使得线程进入等待状态。②notify 方法：随意通知等待池中的某个线程。③notifyAll 方法：通知等待池中的所有线程。

14. 基于 TCP 的网络编程, 如何在客户端和服务器端传输数据?

解析: 使用 Java 语言进行网络编程, 主要是针对传输层进行编程。传输层主要有两种协议, 即 TCP 和 UDP。基于 TCP 的网络编程, 主要使用 Socket 类和 ServerSocket 类。程序员应该掌握基于 TCP 网络编程的连接方式、通信方式等。

参考答案: 基于 TCP 的网络编程, 主要使用 Socket 类获得输入流和输出流, 进一步在客户端和服务器端进行输入和输出操作。

15. 基于 UDP 的网络编程, 如何在客户端和服务器端传输数据?

解析: 除了 TCP, 传输层还可以使用 UDP。基于 UDP 的网络编程主要使用数据报传输数据。

参考答案: 基于 UDP 的网络编程主要使用数据报传输数据。Java 语言 API 中定义了 DatagramPacket 类, 用来表示一个数据报。

16. Date 和 Calendar 类有什么区别和联系?

解析: 实际开发中经常需要对日期进行处理。Java 语言中与日期有关的类包括 Date 类和 Calendar 类, 程序员应该熟悉这两个类。

参考答案: Date 类用来表示某个特定瞬间, 能够精确到毫秒。而在实际应用中, 往往需要把一个日期中的年、月、日等信息单独返回进行显示或处理, Calendar 类中就定义了这样的一系列方法。往往可以先创建一个 Date 实例, 然后通过 Calendar 类中的 setTime 方法将该实例关联到 Calendar 类, 接下来就可以使用 Calendar 类中的方法处理 Date 实例中的信息。

17. DateFormat 类有什么作用? 用简单代码展示其使用方法。

解析: DateFormat 类是与日期格式相关的类, 当需要将日期按照一定格式显示时, 应该考虑使用 DateFormat 类, 对这样常用的类, 程序员都应该熟练使用。

参考答案: DateFormat 类是一个用来对日期和时间类型进行格式转换的类。该类是一个抽象类, 定义了格式化日期和时间的通用方法。例如:

```
DateFormat format1=DateFormat.getInstance();
System.out.println(format1.format(new Date()));
```

18. SimpleDateFormat 类有什么作用? 用简单代码展示其使用方法。

解析: SimpleDateFormat 类是 DateFormat 类的子类, 能够灵活定义日期显示格式。对程序员来说, 要想灵活定义日期格式, 必须熟悉 API 中定义的字符模式。

参考答案: SimpleDateFormat 类是 DateFormat 类的子类, 可以非常灵活地定义日期显示格式。例如:

```
SimpleDateFormat sdf1=new SimpleDateFormat("yyyy年MM月dd日 hh时mm分ss秒 EE", Locale.CHINA);
System.out.println(sdf1.format(new Date()));
```

19. Java 语言中与国际化相关的类有哪几个? 分别说明其主要作用。

解析: 如果应用需要支持不同的语言环境, 那么就需要进行国际化编程。目前有很多框架对国际化进行了封装和支持, 然而了解 Java 语言对国际化底层的支持, 对于程序员进行国际化编程是非常有必要的。

参考答案：Java 语言中与国际化相关的类主要有 3 个。①java.util.Locale：对应一个特定的国家/区域、语言环境。②java.util.ResourceBundle：用于加载一个资源包，并从资源包中获取需要的内容。③java.text.MessageFormat：用于将消息格式化，如动态为占位符赋值。

20. Java 语言中与格式化相关的类有哪几个？分别说明其主要作用。

解析：格式化在编程中常常出现，如将数字以货币或百分数格式输出等。Java 语言定义了一系列类，能够实现不同类型的格式化，程序员应该熟悉这些类的使用。

参考答案：Java 语言中主要有 3 个与格式化相关的类。①DateFormat：用来对日期进行格式化，并有子类 SimpleDateFormat 对其进行了扩展。②MessageFormat：用来对消息进行格式化。③NumberFormat：用来对数字进行格式化，并有 ChoiceFormat 和 DecimalFormat 两个子类对其进行了扩展。

21. Java 语言中使用哪两个类封装大数据类型？分别有什么作用？

解析：实际编程中，往往会由于数值超出长度范围而失去精度。Java 语言中提供了大数据类型解决这个问题，程序员应该熟练掌握，在需要进行大数据运算时使用。

参考答案：Java 语言中有两个大数据类型，即 BigInteger 和 BigDecimal，其中 BigInteger 可以封装任意精度的整型数值，而 BigDecimal 可以封装任意精度的有符号数，包括整数和浮点数。

22. 什么是反射？反射有哪些作用？

解析：Java 语言对反射进行了支持，很多框架的底层也使用了反射技术，例如 Spring 框架的 IoC 技术就基于反射技术。了解反射技术，对于程序员理解很多其他框架和技术非常有必要。

参考答案：反射是一种强大的工具，能够用来创建灵活的代码，这些代码可以在运行时装配。利用反射机制能够实现很多动态的功能，例如在运行期判断一个对象有哪些方法、动态为对象增加成员、运行期调用任意对象的任意方法等。

23. 有哪几种方法可以返回 Class 类的对象？

解析：初级程序员往往容易对 Class 类产生混淆，Class 是 API 中的一个类名，而不是关键字 class。Class 类是反射技术的核心，用来封装类的类型，通过 Class 实例，可以动态获得类的其他信息。

参考答案：有 3 种方式可以返回 Class 类的对象。①使用 Object 类的 getClass 方法。②使用 Class 类的 forName 方法。③使用"类名.class"形式返回 Class 实例。

A.5 特 性 总 结

1. 什么是泛型？泛型有什么作用？

解析：泛型是 JDK 5.0 版本增加的特性，API 中有大量的泛型接口、泛型类、泛型方法等。程序员需要了解泛型的作用，尤其在使用集合框架时，往往需要使用泛型。

参考答案：泛型的本质就是参数化类型，也就是把数据类型指定为一个参数。在需要声明数据类型的地方，就可以不指定具体的某个类型，而是使用这个参数。这样一来，就能够在具体使用时再指定具体类型，实现了参数的"任意化"。泛型的好处是在编译的时候能够检查类型安全性，并且所有的强制转换都是自动和隐式的，提高了代码的重用率。

2. 请声明一个简单的泛型类，并说明泛型的作用。

解析：泛型可以用在很多地方，可以声明泛型类、泛型接口、泛型方法等。其中泛型类的使用是程序员必须掌握的知识点。

参考答案：

```
public class GenClass<E>{
    private E attr;
    public GenClass(E attr){
        this.attr=attr;
    }
    public E getAttr(){
        return attr;
    }
    public void setAttr(E attr){
        this.attr=attr;
    }
    public static void main(String[] args){
        GenClass<String> g1=new GenClass<String>("hello");
        System.out.println(g1.getAttr());
        GenClass<Integer> g2=new GenClass<Integer>(new Integer(100));
        System.out.println(g2.getAttr());
    }
}
```

上面的 GenClass 类就是一个泛型类，其中 E 代表类型的一个参数，不是一个具体的类，可以使用任意字母替代。在类中声明属性、方法的时候，都可以使用 E 这个参数表示类型，达到了类型任意化的效果。可见，使用该类时，可以根据需要将 E 替换为任意具体类型。

3. 下述代码是否会出现编译错误？如果会，请指出代码位置。

```
List<String> ls=new ArrayList<String>();
List<Object> lo=ls;
```

解析：Object 类是 Java 中的顶级类，是所有类直接或间接的父类。然而，继承关系在使用泛型集合时非常容易出错，程序员必须谨慎使用。例如，虽然 String 类型是 Object 类型的子类型，然而一个泛型类型为 String 的 List 并不是一个泛型类型为 Object 的 List 的子类型。

参考答案：代码会出现编译错误，在第二行。一个泛型类型为 String 的 List 并不是一个泛型类型为 Object 的 List 的子类型。

4. 请使用简单代码声明一个枚举类型，并说明枚举的作用。

解析：枚举是 JDK 5.0 版本增加的类型，在这之前，只有类和接口两种类型。枚举类型主要能够解决静态常量的类型不安全问题。例如，某类中有一系列 int 型的静态常量，并都赋予了特定的值。然而在使用这些常量时，完全可以用任意一个 int 型的值替代，编译器不会发现错误。而枚举作为一种类型存在，编译器将在编译期检查类型，不能随意使用其他值替代。当应用中需要一系列预定义的常量值时，程序员就应该考虑是否使用枚举实现。

参考答案： 枚举使用 enum 关键字声明。代码如下：

```
public enum StudentGrade{
    A,B,C;
}
```

使用枚举的时候，可以通过枚举的名称 StudentGrade 进行引用。代码如下：

```
public void setGrade(StudentGrade grade){
    this.grade=grade;
}
```

在使用 setGrade 方法时，实际参数值只能是枚举 StudentGrade 中的预定义值，否则将出现编译错误。

5. 假设有一个枚举的类型是 Grade，请用代码展示遍历该枚举的方法。

解析： 枚举中往往定义了一系列数据点，在某些场合下可能需要遍历这些值。程序员应该掌握遍历枚举的方法。

参考答案： 遍历枚举需要使用 values 方法。代码如下：

```
Grade[]grades=Grade.values();
for(Grade g:grades){
    System.out.println(g);
}
```

6. 增强 for 循环在什么场合使用？用简单代码展示其使用方法。

解析： 增强 for 循环是 JDK 5.0 版本增加的特性，只能在遍历数组或集合时使用。遍历集合时，最好使用泛型集合，否则将比较复杂。增强 for 循环并不能完全替代传统循环，如果不是遍历数组或集合，还是只能使用传统的 for 循环。

参考答案： 增强 for 循环可以用来遍历数组或集合。代码如下：

```
for(String s:sArray){
    System.out.println(s);
}
```

上述代码中的 sArray 是一个 String 类型的数组。

7. 什么是自动装箱和自动拆箱？使用该特性有哪些注意事项？

解析： 自动装箱和自动拆箱指的是 8 个包装器类型与 8 个基本数据类型之间相互转换。然而，这个特性需要谨慎使用，因为虽然表面上看起来非常方便，而实质上依然需要创建对象、进行转换等，使用不当会降低性能。

参考答案： 自动装箱指的是可以直接将基本数据类型转换为包装器类型，自动拆箱指的是可以直接将包装器类型转换为基本数据类型。如以下代码：

```
int m=100;
Integer im=m;
```

```
int n=im;
```

上述代码中，直接将 m 赋值给包装器对象 im，这就是自动装箱；然后直接将 im 赋值给基本数据类型 n，这就是自动拆箱。虽然表面上看代码简洁方便，然而本质上装箱时依然使用 new 关键字创建了对象，而拆箱时也依然调用了方法进行运算。因此，不要在没有必要的时候频繁使用自动装箱和自动拆箱，会降低性能。

8. 什么是可变参数？用简单代码展示可变参数的使用。

解析：如果一个类中的某个方法要接收某个类型的参数，而参数个数却不确定，可以使用数组类型或集合类型封装这个参数。但使用该方法时比较麻烦，必须先把参数封装成数组或集合。可变参数就能够解决这个问题。

参考答案：可变参数是指参数个数不确定的参数。如以下代码：

```
public static int add(int...args){
    ...
}
```

上述方法的参数 args 就是可变参数，使用 add 方法时，形式参数可以是任意多个 int 型数值。

反侵权盗版声明

电子工业出版社依法对本作品享有专有出版权。任何未经权利人书面许可，复制、销售或通过信息网络传播本作品的行为；歪曲、篡改、剽窃本作品的行为，均违反《中华人民共和国著作权法》，其行为人应承担相应的民事责任和行政责任，构成犯罪的，将被依法追究刑事责任。

为了维护市场秩序，保护权利人的合法权益，我社将依法查处和打击侵权盗版的单位和个人。欢迎社会各界人士积极举报侵权盗版行为，本社将奖励举报有功人员，并保证举报人的信息不被泄露。

举报电话：（010）88254396；（010）88258888

传　　真：（010）88254397

E-mail：　dbqq@phei.com.cn

通信地址：北京市万寿路 173 信箱

　　　　　电子工业出版社总编办公室

邮　　编：100036